21世纪高等院校教材

数 学 实 验

焦光虹 主编

王希连　张云飞　尚寿亭 副主编

科学出版社

北 京

内 容 简 介

数学实验是借助数学软件,结合所学的数学知识解决实际问题的一门实践课.本书是国家工科数学教学基地之一的哈尔滨工业大学数学系,根据数学教学改革成果而编写的系列教材之一.包括数学软件 MATLAB 的入门知识,数学建模初步及运用高等数学、线性代数与概率论等相关知识的实验内容.亦尝试编写了几个近代数学应用的阅读实验,对利用计算机图示功能解决实际问题安排了相应的实验.实验选材贴近实际,易于上机,并具有一定的趣味性.

本书可作为工科大学本科生的数学课教材,亦可供参加大学生建模竞赛的学生参考.

图书在版编目(CIP)数据

数学实验/焦光虹主编. —北京:科学出版社,2006
(21 世纪高等院校教材)
ISBN 7-03-015462-2

Ⅰ.数… Ⅱ.焦… Ⅲ.高等数学-实验-高等学校-教材 Ⅳ.O13-33

中国版本图书馆 CIP 数据核字(2005)第 044014 号

责任编辑:赵 靖 / 责任校对:张 琪
责任印制:徐晓晨 / 封面设计:陈 敬

科 学 出 版 社 出版
北京东黄城根北街 16 号
邮政编码:100717
http://www.sciencep.com

北京科印技术咨询服务公司 印刷
科学出版社发行 各地新华书店经销

*

2006 年 1 月第 一 版 开本:B5(720×1000)
2014 年 1 月第四次印刷 印张:19
字数:356 000

定价:38.00 元
(如有印装质量问题,我社负责调换)

哈尔滨工业大学数学教学丛书编写委员会

前　　言

　　数学建模,是应用数学的语言与方法刻画并反映实际问题规律性的一种科学方法.20 世纪 50~60 年代,许多数学模型因实验时庞大的数据计算量,使其应用受到限制,模型的验证与改进亦相当困难.进入 80 年代,尤其 90 年代中期,基于计算机技术及相应软件技术的高速发展,已相当程度地解决了上述问题.

　　数学实验课作为一门对数学理论与方法的实践课,侧重于以下几个方面.

　　1. 对具体数学模型提供的数据,学习处理与分析的方法.本教材主要借助于数学软件 MATLAB,在验证过程中要使学生学会确定所给模型的适合度,并提出修改模型的意见与方法.

　　2. 针对简单问题,提出数学模型并分析数据以修正模型.

　　3. 辅助于前两项工作的完成,同时掌握对计算机及软件 MATLAB 的使用,培养一定的编程能力.

　　由于建模与实验的关系,教程中提供了一些建模实例,其实例选取满足:

　　1. 贴近实际,直观有趣,使同学在理解这些例子的基础上对数学内涵有更深入的理解,并进一步促进同学们学习理论的热情;

　　2. 模型的数学形式便于上机编程验证其结果,所用数学方法涵盖所学的数学内容;

　　3. 适当选取几个建立在近代数学理论基础上的数学模型,以开阔同学们的眼界;

　　4. 对有些模型的建立,不追求理论的完整与逻辑的严密,重点强调背景与直观.

　　作为本门课程的主要工作平台,MATLAB 的一般使用方法将作为重要内容加以介绍.MATLAB 是现在流行的数学、科技应用软件中国际公认的最优秀的软件之一,其特点为:

　　1. 算法先进的数值计算与功能强大的符号演算;

　　2. 可编程的可视化运算与文字统一处理功能;

　　3. 外挂众多实用工具箱,为各种科研工作提供了相当程度的技术支持.

　　基于上述优点,在国外许多高校,MATLAB 的使用已成为大学生、硕士生乃至博士生必须掌握的基本技能. 随着对 MATLAB 认识的深入,相信这一软件一定会成为同学们学习与科研的良师益友.

　　对在本书编写过程中给予热情支持的李容录教授、张宗达教授、薛小平博士、严质彬博士一并表示深深的谢意.

　　由于个人学术水平有限,在教材的选材与编写过程中出现疏漏与问题在所难免,恳请读者给予批评指正.

作　者

2004 年 8 月于哈尔滨

目　　录

绪　　论

20 世纪 70 年代末 80 年代初,英国一些高校率先开设了称之为"数学实验"的一门新课.其后,美国一些重点大学及至 90 年代末国内几所重点院校亦相继开设了同类课程,但模式不尽相同.

在现代数学教育中,国内外同行逐渐形成的共识是:讲授数学知识不能再局限于几个世纪形成的经典理论,教师在讲授数学知识的同时,还应培养其应用数学知识的技能,特别是数学建模和计算机模拟的本领,在强调抽象思维的同时,亦应强调形象思维与几何方法.借助计算机的图示功能,培养想像力和创造力,并强调能较好理解计算机的运算结果.

正是由于上述教育观念的转变,铺垫了开设数学实验课的内因,而现代计算机软、硬件技术的发展,则为开设此类课程提供了相应的硬件支持.

本门课程的开设以培养学生应用数学知识的能力为主线,借助计算机的计算与图示功能,使学生在用数学中学数学,更深层次地体会所学数学知识的内涵,培养他们学习数学的热情,启迪创新意识.

此类课程的开设模式,按国内外我们所见教材的形式,认为可大体分为三类.

(1) 以计算方法(包括传统计算方法、优化问题、概率统计中的计算问题等)为主要教学内容,配置大量的实际相关背景,使学生在学习新知识的同时应用其解决实际问题.教学手段的重要辅助成分包括建模、上机、验证并分析结果等.但总的来说,仍以学习新知识和方法为主,只是教学手段已发生了革命性的变化.教学与上机时数比约为 2：1.

(2) 以建立数学模型为主线,利用所学过的数学知识,培养加强处理实际问题的技巧与能力.适当引入一些新的数学方法是必要的,但所占比例不大,其教学过程仍以教师为主,重点讲解经典数学模型建立的思想、方法.一般分为如下几个步骤:提出问题;分析并转化为数学问题(建模);上机并分析数据,验证结果并与实际问题相比较;修改模型(如有必要);再重复上机,最后如有可能,还应依据模型给出更深刻的结论性理论分析结果.教学与上机时数比约为 1：1.

(3) 以加深理解已学数学知识为主,通过对一些简单实际问题的接触,增加学生应用已学知识的意识与兴趣.其主要精力放在对所布置实验在计算机上产生的数据及图像的分析与理解.例如,在线性变换的实验中,考虑线性方程

$$A\begin{bmatrix} x_1 \\ y_1 \end{bmatrix} = \begin{bmatrix} x_2 \\ y_2 \end{bmatrix}, \tag{0.1}$$

其中

$$A = \begin{bmatrix} a & b \\ c & d \end{bmatrix}.$$

(0.1)式给出了一个平面点到平面点的线性变换 $f:(x_1,y_1) \rightarrow (x_2,y_2)$,那么,当 f^n 作用于 (x_1,y_1) 即

$$A^n \begin{bmatrix} x_1 \\ y_1 \end{bmatrix} = A^{n-1} \left(A \begin{bmatrix} x_1 \\ y_1 \end{bmatrix} \right)$$

时,问 (x_1,y_1) 的轨迹是怎样的,或问点列

$$A \begin{bmatrix} x_1 \\ y_1 \end{bmatrix}, A^2 \begin{bmatrix} x_1 \\ y_1 \end{bmatrix} = A \begin{bmatrix} x_2 \\ y_2 \end{bmatrix}, \cdots, A^n \begin{bmatrix} x_1 \\ y_1 \end{bmatrix}, \cdots$$

的发展趋势如何?

讨论的主要方式是对 A 的 4 个参数选择不同的值,计算其特征值与特征向量,并观察理解相应点列的变化规律.之后要求学生对平面一个图形作线性变换,要求在指定方向将图形拉长,而在另一方向将图形压缩,以体会计算机动态生成过程中的基本数学原理,更深入的结论性内容在实验中亦有说明.

因涉及的数学内容基本为已学知识,而提出的应用背景又很直观,本着留下更多时间给学生的原则,课堂教学与上机时数比为 1∶2 或 1∶3.

本教材的编写模式以方式(3)为主.

无论以何种模式开设实验课,提供实际背景,建立数学模型都是必要的.亦考虑到各层次大学生的建模竞赛,在教材中增加相当数量的建模内容,对提高同学们的科研能力有积极的意义.本书中,有一章选自哈尔滨工业大学往届大学生建模竞赛的作品,以供参赛同学参考.

下面介绍建模竞赛的规则与评奖标准.

(1) 竞赛期间,参赛队员可以使用各种图书资料,计算机和软件及网上资源,但不得与队外任何人讨论,包括指导教师.

(2) 评奖以假设的合理性、建模的创造性、结果的正确性、文字表述的清晰程度为主要评分标准.

下面介绍两个建模实例,其中第二个实例讨论较详细,并给出相应 MATLAB 程序.进一步的深入讨论,在实验正文中给出.

例 0.1 "椅子能否放平"问题.

这里的放平应理解为椅子的所有腿能否同时着地,而地面显然不应假设为几何平面.对三腿椅子,在一般地面均能放平,这是已知的几何事实,因而提出如下假设:

(1) 椅子有 4 条腿;

(2) 地面光滑;

（3）三腿椅子总能放平.

依据上述假设建立数学模型.

（1）建立坐标系如图 0.1 所示，A,B,C,D 为 4 腿初始位置，令椅子绕 z 轴旋转.

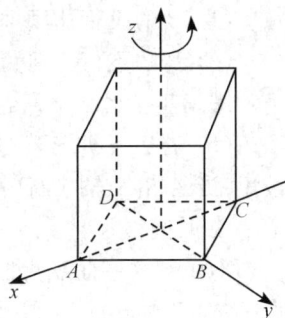

（2）设 $f(\theta),g(\theta)$ 分别为转角等于 θ 时 A,C 腿和 B,D 腿与地之间的距离之和. 当 $\theta=0$ 时，4 腿位置如图 0.1 所示. 令

$$F(\theta) = f(\theta) - g(\theta),$$

则由地面的光滑性知 F 是 θ 的连续函数. 由假设，三腿总能着地，所以 $f(\theta),g(\theta)$ 中至少一个为 0，若 $f(\theta)=g(\theta)=0$，意味着 4 腿着地. 不妨设初始状态（$\theta=0$）下 $f(0)>0,g(0)=0$，则有

$$F(0) = f(0) - g(0) > 0.$$

图 0.1

当 $\theta=\dfrac{\pi}{2}$ 时，$f\left(\dfrac{\pi}{2}\right)=0,g\left(\dfrac{\pi}{2}\right)>0$，此时

$$F\left(\frac{\pi}{2}\right) = f\left(\frac{\pi}{2}\right) - g\left(\frac{\pi}{2}\right) < 0.$$

由介值定理，$\exists\,\xi\in\left[0,\dfrac{\pi}{2}\right]$，使得

$$F(\xi) = f(\xi) - g(\xi) = 0,$$

从而 $f(\xi)=g(\xi)=0$. 这因为对任意转角 θ，f 与 g 至少一个为 0，此时，椅子 4 腿着地. 在图 0.1 中椅子为方形，考虑椅子是长方形时，上述讨论是否仍然正确.

例 0.2 设敌方飞机 A 沿 y 轴正向以速度 $\boldsymbol{v}$ 飞行. 过 $O(0,0)$ 点时，位于 $M_0(16,0)$ 处的导弹 B 起飞，其飞行速度矢量始终指向 A，大小是 A 速度大小的 2 倍. 求 B 的追踪曲线 $y=f(x)$ 与 B 击中 A 的位置.

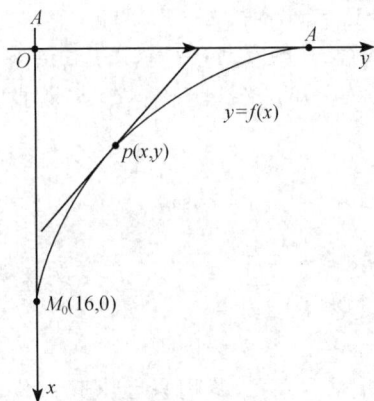

图 0.2

解 （图 0.2）通过分析，建立方程

$$y'' = \frac{\sqrt{1+y'^2}}{2x}.$$

这是一个缺 y 型可降阶的微分方程，化为一阶后，分离变量，可得 $y=f(x)$ 的解析解，从而击中点易求. 下面的问题是，当 A 发现导弹 B 时，不再沿直线 $x=0$ 飞行，而是沿曲线 l

$$l:\begin{cases} X = X(t), \\ Y = Y(t), \end{cases} \quad t\geqslant 0 \qquad (0.2)$$

飞行，此时导弹 B 的追踪轨迹是什么？假设条件为：

(1) B 的飞行速度大小为 $k|\boldsymbol{v}|$，$\boldsymbol{v}$ 为 A 的飞行速度矢量，k 为大于 1 的常数；

(2) B 的飞行方向为：任意时刻 t，B 始终指向 A.

进一步考虑如下问题.

(1) 若当飞机飞至 $O(0,0)$ 点时，改变航向，直向 M_0 点飞来，B 击中 A 的时间最短；当 A 沿 y 轴飞行时，B 击中 A 需较长时间. 那么，当 A 沿什么曲线飞行时，B 击中 A 时间最长？

不妨称这一曲线为摆脱曲线. 有同学可能认为摆脱曲线为沿 x 轴负向飞行的直线，但仔细想想，又似乎并非如此.

(2) 若要求在限定时间内使 B 追上 A，k 值至少应为多少？

同学们自己还可再提出一些问题，至于最终能否解决，取决于诸多因素. 例如，我们提出的进一步问题目前虽无法解决，但还是提出以供思考. 下面的讨论集中于当 A 沿路线 (0.2) 式飞行时 B 的追踪路线. 为简化问题，先假设 A，B 之间的距离保持不变. 此后，请同学以此为基础，分析 A，B 之间距离不断变小，最终追上 A 时 B 的飞行轨迹.

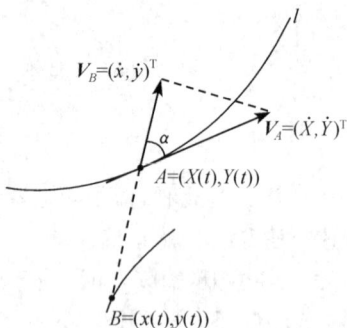

图 0.3

设 t 时刻，A 的位置函数为 $(X(t),Y(t))$，飞行曲线为图 0.3 中的 l，B 在 t 时刻的位置函数为 $(x(t),y(t))$，故 t 时刻 B 的飞行方向为

$$\boldsymbol{V} = (X-x,Y-y)^{\mathrm{T}} = \begin{bmatrix} X-x \\ Y-y \end{bmatrix},$$

且

$$(X-x)^2 + (Y-y)^2 = S^2,$$

其中 S 为一个与时间 t 无关的常数. 所以 B 的飞行速度 $\boldsymbol{V}_B$ 为

$$\boldsymbol{V}_B = (\dot{x},\dot{y})^{\mathrm{T}} = r(X-x,Y-y)^{\mathrm{T}}.$$

注意：B 的速度依赖于 A 的速度矢量 $\boldsymbol{V}_A = (\dot{X},\dot{Y})^{\mathrm{T}}$ 的方向，若 A 沿半径为 S 的圆飞行，而 B 在圆心时，则 B 根本不运动. 由图 0.3 知，$|\boldsymbol{V}_B| = |\boldsymbol{V}_A|\cos\alpha$，若设 $\boldsymbol{w} = \boldsymbol{V}/|\boldsymbol{V}|$，又

$$\boldsymbol{V}_A^{\mathrm{T}} \cdot \boldsymbol{w} = (\dot{X},\dot{Y}) \begin{bmatrix} w_1 \\ w_2 \end{bmatrix} = |\boldsymbol{V}_A||\boldsymbol{w}|\cos\alpha = |\boldsymbol{V}_A|\cos\alpha,$$

所以

$$\begin{bmatrix} \dot{x} \\ \dot{y} \end{bmatrix} = |\boldsymbol{V}_B|\boldsymbol{w} = (\boldsymbol{V}_A^{\mathrm{T}} \cdot \boldsymbol{w})\boldsymbol{w}. \tag{0.3}$$

一般，微分方程 (0.3) 关于 $(x(t),y(t))$ 的解析解不存在，我们只能求其数值解. 下面的程序将完成这一工作，并对特定的 (0.2) 式给出飞机与导弹的飞行路线.

```
function  xs = f(t,x)
```

```
[X,Xₛ,Y,Yₛ] = A(t);
V = [Xₛ;Yₛ];
w = [X - x(1);Y - x(2)];
w = w/norm(w);                    %norm(w) = |w|
xs = (v´ * w) * w;                %V´ = Vᵀ
function [X,Xₛ,Y,Yₛ] = A(t)
X = 5 * cos(t);   Xₛ = - 5 * sin(t);
Y = 5 * sin(t);   Yₛ = 5 * cos(t);
%main 1.m
y0 = [10,0]´;                     %B 的初始位置
[t,x] = ode45('f',[0,100],y0);
hold on
axis([- 6,10,- 6,10]);           %设定 x,y 轴范围
plot(x(:,1),x(:,2))
%以下程序在同一图中加入 A 的飞行路线
t = 0:0.05:6.3;
[X,Xₛ,Y,Yₛ] = A(t);
plot(X,Y,':');
hold off;
```

练习　设 A 的飞行路线为

$$l:\begin{cases}x(t) = t,\\y(t) = 5\sin t,\end{cases}\quad\begin{cases}x(0) = 0,\\y(0) = 0,\end{cases}$$

求 B 的追踪路线的数值解并画图.

学习本门课程使用的数学软件为 MATLAB,作为产品推出始于 1984 年.国外,尤其美国的许多大学,早于 20 世纪 80 年代末,将其列入本科生与研究生的必修课和实验环节中必须掌握的技术工具.这里强调的是:实验课不是程序语言课,要求同学通过自学必须掌握 MATLAB 的一般编程技能,在许多实验中,要求自己编写程序.实践证明,大多数同学在教师指导下能完成这一工作.在一些实验中,只给出编程伪码,同学们需将伪码转换成程序代码,否则实验无法进行,我们觉得这样做是必要的.实验中使用的主要工具箱包括符号工具箱,统计工具箱,优化工具箱等.

对 MATLAB 中数据输入,重点强调以下几点.

(1) 分号";"的作用.

① 在括号[　]内时,是矩阵行与行之间的分隔符,可以用回车键↙代之.

② 可用作指令与指令间的分隔符.

③ 在赋值指令后加分号";"时,其结果将不在屏幕显示.

(2) 逗号","的作用.

① 在方括号[ ]内时,可作为同一行间元素与元素的分隔符,亦可用空格键代之.

② 可用作指令与指令间的分隔符.

③ 当其存在于赋值指令之后时,该指令执行后的结果在屏幕上显示.

④ 当位于函数 $f(\ )$ 的小括号内时,其作用是充当参数与参数之间的分隔符.

(3) 输入向量或矩阵数据的几点注意.

① 输入矩阵必须以方括号"[ ]"为其首尾.

② 矩阵中行与行之间必须用";"或回车键隔开.

③ 每一行元素之间需用逗号","或空格键分开.

(4) 简单数组创建.

创建包含指定元素的行向量,用记号"≫"表示键入.

≫   x=[22 * pi,sqrt(2),2−3j];

创建第一个元素为 first,第二个元素为 first+1,……,最后一个为 last 的行向量.

x=first:last;

x=first:increment:last;

增量 increment 可正可负,如 $x=1:-0.5:-3$.

x=linspace(first,last,n);

创建从 first 开始到 last 结束的 n 个元素的行向量,在 first 与 last 之间均匀插入 $n-2$ 个点.可由下列函数生成特殊矩阵,包括:

zeros(n,m);ones(n,m);eye(n,m);

rand(n,m);randn(n,m);

在第 1 章中,要较详细介绍 MATLAB 的使用,但还是在这里开列了一些最常用的指令,以引起关注.

在第二个建模例子中给出了一段完整的程序,希望通过运行这一程序,增加同学们的感性认识与兴趣,也希望通过教师对程序的说明使同学们能体会出其中的数学味道,了解掌握基本数学原理对编写程序代码的重要性.

在第 2 章中,用较大篇幅讨论微分方程的建模问题,能对研究生考试有所帮助也是编写该章目的之一.

第 1 章　MATLAB 简介与入门

1.1　简　　介

MATLAB 是矩阵实验室 matrix laboratory 的简写,其基本数据单位为矩阵,它的指令表达式与数学及工程中的书写习惯十分类似,如矩阵方程 $b = Ax$,在 MATLAB 中写为 b=A*x,欲求 x,只需输入指令 x=A\b 即可,这比 C 语言或其他语言要方便得多.

MATLAB 经过多年发展,现已成为线性代数、自控理论、数理统计、数字信号处理、时间序列分析、动态系统仿真等现代课程的基本教学软件.在科研设计部门,MATLAB 更是广泛应用于各个领域而成为不可缺少的助手.

值得一提的是,除内部函数外,MATLAB 所有主包文件与各工具箱文件都是可读可改的源文件,这无疑极大方便了读者的使用与学习.

还需说明的是,在 MATLAB 中所有数据单位作为矩阵处理带来的便利,使算法统一且便捷,这是 C 语言与其他语言所不具备的.例如,对实数 x 可看成 1×1 矩阵,对多项式

$$P(x) = a_n x^n + a_{n-1} x^{n-1} + \cdots + a_1 x + a_0,$$

其系数为 $1 \times (n+1)$ 阶矩阵,从而对其根的求解即可转化为求其伴随矩阵的特征值问题,关于矩阵求特征值的方法皆可使用.理论已证明此种求根方式无论精度还是可靠性都高于经典的迭代方式.

计算结果的可视化是 MATLAB 的重要特征.学生在学习一元函数微积分学时就有这样一个愿望,若对所给函数都能看到伴随它的图形该有多好,而这一愿望随着对多元函数微积分学的学习而变得愈加强烈.

从事数据整理与计算结果分析的科研人员往往要面对一大堆离散数据,而这些数据的内在关系的表现,莫过于图形手段.

同学们通过使用 MATLAB 会惊喜地发现,它的图形功能大大超出你的想像,其奇妙的近乎完美的图形会使你惊叹,进而想到,它的内核编程是如何做的,自己若也能编出这样的程序该多好!

在各专业领域,MATLAB 提供了许多功能强大的工具箱,开列一些以供参考.动态仿真(simulink),控制(control),优化(optimization),神经网络(neural network),样条(spline),系统识别(system identification),符号演算(symbolic math),模糊控制(fuzzy control)等,关于它们的使用,已有很专业的书籍问世以说明.

　　MATLAB 为初学者提供了大量的演示例程,同学们可通过帮助窗口获得,亦可在命令窗口内直接键入要演示的例程文件名,这些例程展示了 MATLAB 的功能,亦是初学者的入门向导.

　　应注意的是,MATLAB 对大、小写敏感,而其所有命令的键入均以小写形式给出.

1.2　应　用　入　门

　　MATLAB 6.5 版是一个高度集成的语言环境,在其命令窗口中(MATLAB command window)可编写、运行程序,其执行方式类似于 BASIC 程序的执行方式,但更快捷简便,命令窗口本身又是一个功能强大的计算器,输入要计算的表达式,按回车键即得结果.下面分几段介绍 MATLAB 的基本应用并约定用"↙"表示按下回车键.

1. 启动

　　假设快捷方式已经建立,只需用鼠标即可方便启动.若未建立快捷启动图标,可在目录 c:\matlab\bin 下运行 matlab.exe 文件.

2. 对输入指令的编辑(表 1.1)

表 1.1

键　名	作　用	键　名	作　用
↑	前寻式调回已	Home	光标移至当前行首
	输入指令行	End	光标移至当前行尾
↓	略	Delete	删去光标右边字符
←	当前行中左移光标	Backspace	删去光标左边字符
→	略	ESC	清除当前行全部内容
Page UP	前寻翻阅窗口中内容	ctrl+c	中止命令执行
Page Down	略		

MATLAB 工作窗中部分通用指令见表 1.2.

表 1.2

键入的指令	作　用
quit	退出 MATLAB
clc	擦除工作窗中所有显示内容
clf	擦除当前图形窗中的图形
clear	清除内存中的变量与函数
dir	列出当前目录下的文件与子目录清单
cd	改变当前工作目录

续表

键入的指令	作　用
disp	(在运行中)显示变量或文件内容
type	显示指定文件的全部内容
echo	控制文件指令是否显示的开关
hold on(hold off)	控制当前图形窗口对象是否刷新

3. MATLAB 的帮助功能

MATLAB 的命令很多,功能各异,为帮助用户使用,它提供了广泛的在线帮助功能,主要指令为 Help,Lookfor 及交互式的 help 菜单.

help 命令

如果用户要寻求已知标题的帮助,可键入如下命令:

help sqrt↙

其中 sqrt 是你想使用的一个函数名,但使用方法不详,即可借助 help 命令,具体显示内容.同学们可上机实习.需要说明的是,帮助信息中 sqrt 的形式为大写的 SQRT,具体使用时要用小写.

在大多数情形下当你不知道具体标题时,若键入

help↙

你会发现这一命令形式会帮助你找到所需的确切标题.而命令

help general↙

返回 MATLAB 的一般命令列表.

lookfor 命令

lookfor 命令提供的帮助方式是通过搜索所有 MATLAB help 标题及 MAT-LAB 路径中 M 文件的第一行,返回包含指定关键词的那些项.最重要的是关键词不必是 MATLAB 的命令.如下面的指令:

lookfor complex↙

关键词 complex 不是 MATLAB 命令,但在显示的 6 条内容中都会有这个词,此时再结合命令 help 即可显示某一特定指令的帮助.

菜单驱动的帮助

对 PC 机,用户可直接选择 help 菜单中的 Help Desk 项获得,此时会打开一个帮助窗口,用户可在显示列表中双击鼠标以选择任何标题或函数.MATLAB 帮助窗口采用标准格式,允许用户搜索主题,设置书签,注释主题及打印帮助屏幕.

4. 数学运算

在 MATLAB 指令窗口下,可方便进行演草纸式的数学运算,分别介绍以下

几种.

算术运算

包括 a+b;a-b;a*b,a\b,a^b;最后一式表示 a 的 b 次方,a,b 代表使运算有意义的实数.

复数运算

a+bi 为复数基本运算单位,其中 i$=\sqrt{-1}$,例如,在窗口中键入

x=1+2i;y=3+5*i;↙

c=x*y↙

c=-7+11i

说明　复数 x 亦可记为 x=r*exp(φ*i),这里 φ 为幅角,r 是其模.关于输入指令的方式简要说明,几条语句可在同一行书写,语句与语句间可由";"或";"隔开,";"指明运算结果不显示,要注意虚部的输入可写为 ai(a 与 i 之间无空格),或 a*i.如果表达式很长,一行写不下,可键入"…"(续行号)后回车在下一行续写,如

$$S=1-1/2+1/3-1/4+1/5-\cdots↙$$
$$1/6+1/7-1/8+1/9-1/10$$

在任何情形中,同时按下 ctrl+c 键,都将终止程序运行.

在复数运算中,类似于求模运算,求复角运算,取虚、实部的运算方法要借助 MATLAB 所提供的数学函数.表 1.3 开列了一些常用的数学函数.

表 1.3

符　　号	功　　能	符　　号	功　　能
abs(x)	绝对值或复数的模	floor(x)	对-∞方向取整数
acos(x)	反余弦	gcd(x,y)	整数 x,y 的最大公约数
acosh(x)	反双曲余弦	imag(x)	复数虚部
angl(x)	取复数相角	lcm(x,y)	x,y 的最小公倍数
asin(x)	反正弦	log(x)	自然对数
asinh(x)	反双曲正弦	log10(x)	常用对数
atan(x)	反正切	real(x)	复数实部
atanh(x)	反双曲正切	rem(x,y)	x/y 的余数
ceil(x)	对+∞方向取整数	round(x)	四舍五入到最近的整数
conj(x)	复数共轭	sign(x)	符号函数
cos(x)	余弦	sin(x)	正弦
cosh(x)	双曲余弦	sinh(x)	双曲正弦
exp(x)	指数函数 e^x	sqrt(x)	平方根
fix(x)	对 0 方向取整数	tan(x)	正切

向量与矩阵的输入与运算,因向量与矩阵所含元素较多,一个一个地输入不但麻烦而且容易出错,MATLAB 提供了一些有效的输入方法,现简介如下.

在 MATLAB 中,冒号":"是一个重要字符,如键入 x＝1:4;则产生一个首元素为 1,尾元素为 4,步长是 1 的含 4 个元素的行向量.此时,x＝[1,2,3,4].同学们在输入指令时省略分号看看会出现什么情形.再输入 y＝0:0.5:3,产生的行向量 y＝[0,0.5,1,1.5,2,2.5,3],当然可直接输入 y,但要注意,作为行向量输入,元素之间要用逗号,或空格分隔.下面给出一个例子,说明一些问题.键入 x＝(0:0.2:2.0)′;y＝exp(－x).＊sin(x);[x,y]↙显示:

$$
ans = \begin{bmatrix}
0 & 0 \\
0.2000 & 0.1627 \\
0.4000 & 0.2610 \\
0.6000 & 0.3099 \\
0.8000 & 0.3223 \\
1.0000 & 0.3096 \\
1.2000 & 0.2807 \\
1.4000 & 0.2430 \\
1.6000 & 0.2018 \\
1.8000 & 0.1610 \\
2.0000 & 0.1231
\end{bmatrix}
$$

说明 x＝(0:0.2:2.0)是一个行向量,"′"表示转置,故 x＝(0:0.2:2.0)′是列向量,第一行为 0,步长为 0.2,最后一行数为 2.000,x 是一个 11 维列向量. exp(－x)是对列向量 x 每项取负,再对每项进行指数运算而得到一个新的 11 维列向量,sin(x)同样,之后两个列向量作.＊运算,即处于相同行的元素相乘组成新的 11 维列向量 y.第三条语句[x,y]构成一个 2 列 11 行的矩阵.再注意一些细节,在前两句输入,结束时有";",所以不显示结果,第三句后无分号,所以显示了计算结果,又第三行不是输入 z＝[x,y],而是[x,y],故 MATLAB 自动将结果赋给内置变量 ans,并显示之,关于其他一些内置变量见表 1.4.

表 1.4

记　号	含　义
pi	π 的近似值 $\pi=3.14159265358979$
inf	正无穷大,定义为 $\frac{1}{0}$
NaN	在 IEEE 运算中产生 $\frac{0}{0}$,$\frac{\infty}{\infty}$,$0\times\infty$ 等运算
i,j	虚数单位,定义为 $i=j=\sqrt{-1}$

内置变量是 MATLAB 启动时自动定义的,不会被 clear 清除,最好不要将这些变量再重新定义为其他值,尽管可以重新定义.

下面给出几种矩阵的赋值形式

A＝[1 2 3;4 5 6;7,8,9]↙

A＝

   1 2 3

   4 5 6   （＊）

   7 8 9

说明 各元素间可用空格分隔,亦可用逗号",",分隔,分号表示换行,（＊）式为显示的结果.

av＝1:9； ％ 产生 9 个元素行向量.

C＝[av(7:9);av(4:6);av(1:3)]↙

C＝

   7 8 9

   4 5 6

   1 2 3

无论对矩阵还是向量,都可借助下标访问,如 C(1,1)＝7,C(3,3)＝3,av(1)＝1,av(4)＝4.顺便说明,"％"后的文字部分为注释语句,且一个"％"只管一行.若注释语句过长需要换行,则必须再加"％".

B＝C(1:2,3)↙

B＝9

   6

说明 C(1:2,3)表示第一行第三个元素与第二行第三个元素组成的二维列向量,而 C(2:3,2:3)则表示矩阵

$$\begin{bmatrix} 5 & 6 \\ 2 & 3 \end{bmatrix}.$$

A(:,3)代表第三列元素组成的子矩阵,A(1:2,:)表示 A 中前两行组成的子矩阵,这些内容同学们可方便地上机验证.

关于矩阵的运算,仅给出同学们熟悉的一些基本指令,如表 1.5 所示.

表 1.5

运算指令	含 义
A′	转 置
A±B	矩阵相加减
s＊A	数乘矩阵,s 是一个数值
inv(A)	求逆运算
A^n	矩阵 A 的 n 次幂
det(A)	矩阵 A 的行列式值
[L,U]＝lu(A)	矩阵 A 的 LU 分解
[Q,R]＝qr(A)	矩阵 A 的 QR 分解

续表

运算指令	含 义
rank(A)	矩阵 A 的秩
[X,D]＝eig(A)	X 为 A 的特征向量，D 为特征值
poly(A)	求 A 的特征多项式
size(A)	返回 A 的大小

最后给出一个利用下标索引矩阵的技术小结表(表 1.6)，其中 A 表示一个矩阵.

表 1.6

输入形式	含 义
A(r,c)	A 中第 r 行第 c 列元素
A(r,:)	A 中第 r 行构成的行向量
A(:,c)	A 中第 c 列构成的列向量
A(:)	对 A 按列看作一个列向量
A(i)	表示列向量 A(:)中第 i 个元素

说明 对 A(:)，若 A 为一个 3×3 矩阵如下

$$A = \begin{bmatrix} 1 & 2 & 3 \\ 4 & 5 & 6 \\ 7 & 8 & 9 \end{bmatrix},$$

则 A(:)＝$\begin{bmatrix} 1 & 4 & 7 & 2 & 5 & 8 & 3 & 6 & 9 \end{bmatrix}'$，A(4)＝2.

1.3 MATLAB 的语言程序设计简介

熟悉 BASIC 语言的读者都知道编程的基本语句是由赋值、数值运算、关系运算、逻辑运算与程序流控制语句几部分组成.MATLAB 亦不例外，赋值与数值运算前边已有介绍，下面简介余下几部分，之后给出几个小程序.

1. 关系运算

共有 6 个关系操作符，如表 1.7 所示.

表 1.7

关系操作符	注 释
＜	小于
＞	大于
＜＝	小于等于
＞＝	大于等于
＝＝	等于
～＝	不等于

函数 find( )在关系运算中很有用,如 y 是一个向量,语句 k＝find(y＞3.0),x＝y(k).k 表示 y 中所有大于 3 的元素的下标,而 x 是 y 中大于 3 的值组成的新的向量.

2. 逻辑运算

共有 4 种逻辑运算,分别为"&"、"|"、"～"、"xor",分别代表与、或、非、异或.如果两个标量 a 和 b 参加运算,因为在逻辑运算中只有两个量,0 与 1,任何非零数均为 1,所以在表 1.8 的运算规则表中,输入 a,b 的值,或者为 0,或者为 1.

表 1.8

输	入	与	或	异或	非
a	b	a&b	a│b	xor(a,b)	～a
0	0	0	0	0	1
0	1	0	1	1	1
1	0	0	1	1	0
1	1	1	1	0	0

说明 "&","|","xor"用于比较两个同阶矩阵(包括标量与向量),具体到矩阵中的元素,如 A,B 是两个同阶矩阵,那么 A&B 表示 A,B 中处于相同行、列中相应元素作逻辑"与"运算而得到的另一个 0-1 矩阵.比较特殊的是标量 a 与矩阵 A 作逻辑运算,则将 a 和 A 中元素逐一进行逻辑运算,得到一个与 A 同阶的 0-1 矩阵.

需要强调的是:在逻辑操作符、关系操作符与运算操作符三者中,逻辑操作符优先级最小,而在逻辑操作符中,"与"、"或"有相同的优先级,且级别最小,"非"的优先级最高,这些规则很难记忆,最好的方法是加括号"( )",以确定运算的先后顺序.

"～"为一元操作符,如 A＝[0 2;3 0],～A＝[1 0;0 1],故无论 A 为何值,A│(～A)返回 1,A&(－A)返回 0.

3. 关系与逻辑运算函数

除前面介绍的关系与逻辑运算符外,MATLAB 还提供了一些关系与逻辑运算函数,如表 1.9 所示.

表 1.9

函 数	说 明
xor(x,y)	异或运算,x 或 y 非 0,返回 1,其余返回 0
any(x)	向量 x 中有任一元素非 0 返回 1
all(x)	向量 x 中所有元素非 0 返回 1,矩阵 x 中的每一列所有元素非 0 返回 1

续表

函　　数	说　　明
isinf(x)	元素为无穷大,返回 1
isnan(x)	元素为不定值时返回 1
finite(x)	元素有限返回真值 1

说明　any 与 all 命令对于矩阵,总是按列处理并返回一个带有处理列所得结果的一个行向量,故 any(any(A))总是将矩阵 **A** 化为一个标量条件,类似函数还有一些,不再一一介绍.

4. 控制语句

for 循环
以具体例子说明. 键入:

```
x = zeros(1,5)                %预定义 x 为 1 行 5 列 0 向量
                              %以加快循环速度
for n = 1:5
    x(n) = sin(n * pi/10);    %";"不显示结果
end
```

键入:
```
    x
```
显示:
```
    x = 0.3090   0.5878   0.9511   1.000   0.9511
```

说明　1:5 是 MATLAB 标准的赋值语句,n 为行向量[1　2　3　4　5],第一次循环中,取 n(1)=1,……,第五次循环中取 n 中第五个元素 n(5)=5,之后循环结束,故而循环内不能对 n 重新赋值,如在 end 语句前加 n=5 以结束循环.

类似 C 语言的循环嵌套,对 MATLAB 也是适用的,仅以一例说明. 键入:
```
for   n = 1:5
    for  m = 5: -1:1          %嵌套中适当的缩进格式使
        A(n,m) = n^2 + m^2;   %程序清晰
    end
    disp(n);                  %显示 n 的值
end
```

键入:
```
    A
    A =
```

```
     2    5   10   17   26
     5    8   13   20   29
    10   13   18   25   34
    17   20   25   32   41
    26   29   34   41   50
```

读者可依据显示 A 的值自己考虑 A 的生成过程.

while 循环

for 循环在循环之初就已定下其循环次数,而 while 循环则以不定次数执行 while 与 end 间的语句,确切的循环次数依赖于对一个表达式真伪的判别. 看下例. 键入:

```
num = 0;EPS = 1;
while(1 + EPS)>1
        EPS = EPS/2;                  %分号不显示结果
        num = num + 1;                %num 记录循环次数
end
```

键入:

```
num  ↙
num = 53
```

说明   变量 EPS 不断被 2 除,当 EPS 小至 1+EPS=1 时(由计算机精度所定),循环条件为假,循环结束,又因 eps 为内置变量,所以用大写 EPS.

if-else-end 结构

这一结构的最简单形式为

```
if   表达式
     指令
end
```

当表达式条件为真,执行 if-end 之间命令段,否则跳过 if-end 结构.

两种选择的结构形式为

```
if          表达式
     命令段 1                %若表达式真,执行此段
else
     命令段 2                %若表达式假,执行 2 段
end
```

当有三个或三个以上选择时,具有类似形式,仅以三个选择为例说明.

```
if        表达式 1
          命令段 1
```

```
elseif    表达式 2
          命令段 2
elseif    表达式 3
          命令段 3
else      命令段 4
end
```

MATLAB 将依次检查表达式 1,2,3 等,只执行第一个表达式为真的命令段,而略过余下的表达式不予检验,若所有表达式为假,则执行命令段 4,而 else 语句可缺省,若不存在 else 语句而所有表达式之值为 0 时,程序跳过 if-end 间所有语句而按顺序执行 end 后的语句.

可利用 if-else-end 结构给出跳出或中断 for 与 while 循环的合理方法如下例.键入:

```
EPS = 1;
for  num = 1:1000
     EPS = EPS/2;              %要有分号
     if(1 + EPS)< = 1
       EPS = EPS * 2
       break
     end
end
EPS = 2.2204e - 016
```

键入:

```
num  ↙
num = 53
```

if-else-end 结构检验 EPS 是否变得足够小. 若是执行 EPS * 2,且用 break 中断 for 循环,这时 num＝53,而非进行 1000 次循环.

应注意,当执行 break 语句时,MATLAB 跳出 for 循环,并执行"EPS＝"语句,在本例情形下,在返回提示符同时并显示 EPS 的值. 如果 break 语句出现在一个嵌套 for 或 while 结构中时,MATLAB 只跳出 break 所在循环而不是整个嵌套结构.

最后给出一个 M 文件实例,通过注解与文件的运行,可了解一些有关程序设计的方法.

```
function   f = mmono(x)          %要调用的函数
%   MMONO 测试单调向量
%   如果 x 是严格单调增加,返回值 2
```

```
%    如果 x 非减,返回 1
%    若 x 非增,返回 - 1
%    若 x 是严格单调减,返回 - 2
%    其他情形返回 0
x = x(:)                    %使 x 成为一个列向量,维数不定
y = diff(x)                 %在相继元素之间作差
if all(y>0)                 %先测试严格增
    f = 2;
elseif   all(y> = 0)
    f = 1;
elseif   all(y<0)          %测试严格减
    f = - 2;
elseif   all(y< = 0)
    f = - 1;
else
    f = 0;                  %其余情形
end
```

试运行上述函数.键入:

```
mmono(1:12)                 %严格单增
ans = 2
mmono([1,3,2, - 1])        %非单调
ans = 0
mmono([12: - 1:0,0, - 1])  %非增
ans = - 1
```

要编写一个应用程序,还应简要知道 M 文件与 M 函数及它们的调用及存盘方式,亦应知道一些有关编程方面的功能语句及 MATLAB 所提供的大量内部函数,这需要读者去查阅有关 MATLAB 编程问题的相关书籍.本章最后亦有简单介绍.

1.4　特殊量与常用函数

1. 几个特殊量

(1) 最小浮点数 eps;

(2) 正无穷大 inf;

(3) 不定值 NaN，特指 $\frac{0}{0}$.

例 1.1　a = [0,1,0]; b = [1　0　0]; c = a./b ✏

Warning Divide by Zero

C = 0 inf NaN

说明　"./"表示两个向量的右除. a./b 的结果是一个与 a,b 同维数的向量，各分量按如下方式得到：b 的第一个分量去除 a 的第一个分量得 c 的第一个分量等."\"则表示向量的左除，a.\b 的结果为 $\left(\begin{array}{ccc}\frac{1}{0} & \frac{0}{1} & \frac{0}{0}\end{array}\right)=(\text{inf},0,\text{NaN})$.

2. 常用函数

(1) 标量函数 round：四舍五入取整；

(2) floor：向 $-\infty$ 方向取整；

(3) ceil：向 $+\infty$ 方向取整；

(4) fix：向 0 方向取整；

(5) rats：有理逼近.

这些函数本质上是作用于标量的，当作用于矩阵与数组时，则作用于其每一个元素.

例 1.2　键入：

a = [- 3.5,4.6];

b = round(a),c = floor(a),d = ceil(a),…

e = fix(a),f = rats(a) ✏

b = - 4　5

c = - 4　4

d = - 3　5

e = - 3　4

f = - 7/2　23/5

另一个计算函数值的命令是 feval('F',x)，F 是表示函数名的字符串.

例 1.3　键入：

x = (0:0.2:1) * pi;

y = feval('sin',x) ✏

y =

　　0　0.5878　0.9511　0.9511　0.5878　0.0000

3. 向量函数

有些函数只有作用于行或列向量时才有意义，这样的函数称为向量函数. 向量函数亦可作用于矩阵,此时它产生一个行向量,行向量的每个元素是函数作用于矩阵相应列的结果. 常用的有 max;min;sum(和);length(长度);mean(平均值);median(中值);prod(乘积);sort(从小到大排列).

例 1.4   键入:

a = [4,3.1, − 1.2,0,6];

b = min(a),c = sum(a),d = median(a),e = sort(a)↙

b = − 1.2

c = 11.9

d = 3.100

e = − 1.200   0   3.1000   4.000   6.000

4. 矩阵函数

(1) zeros:生成 0 矩阵;

(2) ones:生成 1 阵;

(3) eye:生成单位阵;

(4) rand:生成(0,1)均匀分布随机矩阵;

(5) randn:生成标准正态分布矩阵;

(6) hilb:生成 Hilbert 矩阵;

(7) magic:生成幻方矩阵;

(8) triu:生成或提取上三角阵;

(9) tril:生成或提取下三角阵;

(10) diag:生成或提取对角阵;

(11) norm(A):给出矩阵 A 的范数.

例 1.5   键入:

w = zeros(2,3)↙   %生成 2×3 零矩阵

w = 0   0   0

       0   0   0

≫   u = ones(3)↙   %3×3 阶 1 矩阵

   u = 1   1   1

         1   1   1

         1   1   1

v = eye(3,4)↙   %3×4 阶对角线为 1 的矩阵

v = 1   0   0   0

       0   1   0   0

       0   0   1   0

x = rand(1,3)↙   ％1×3 阶的(0,1)均匀分布随机矩阵

x =

　　0.2311　0.8913　0.0185

1.5　图 形 功 能

1. 二维图形

MATLAB 常用于绘制二维图形的命令是 plot,看几个实例.键入:

y = [0,0.58,0.70,0.95,0.83,0.25];

plot(y)↙

读者可自行上机试验.生成的图形是以 $1,2,3,\cdots,6$ 为横坐标,数组 y 的数值为纵坐标画出的折线.键入:

x = linspace(0,2 * pi,30);

y = sin(x);

plot(x,y)↙

函数 linspace(a,b,n)生成从 a 到 b 共 n 个数值的等差数组,上述语句生成[0,2π]上由 30 个点连成的光滑正弦曲线.

在同一个画面上,可画出多条曲线.键入:

x = 0:pi/15:2 * pi;

y1 = sin(x);

y2 = cos(x);

plot(x,y1,x,y2)↙

或者将第二句至第四句改写为:

y = [sin(x);cos(x)];plot(x,y)↙

二者绘图效果相同.键入:

y1 = sin(x);

y2 = cos(x);

plot(x,y1,'b:',x,y2,'g-')↙

与下面 plot 生成图形比较,键入:

plot(x,y1,'b:',x,y2,'g-',x,y1,'+',x,y2,'*')↙

说明　格式(线性与颜色)说明是一个字符串,故一定要用单引号' '括起来.

在一个图形上可以加网格、标题、x 轴标记、y 轴标记,用下列命令完成这些工作.键入:

x = linspace(0,2 * pi,30);

```
y = [sin(x);cos(x)];
plot(x,y);
grid                                    %加网格线
xlabel('independent variable x')        %加 x 轴标记
ylabel('dependent variable y')
title('sine and cosine curves')✓       %加标题
```

可以在图形的任何一个位置上加一个字符串,如用命令:

```
text(2.5,0.7,'sinx')
```

表示在坐标 x=2.5,y=0.7 处加上字符串 sinx. 更方便的是用鼠标来确定字符串的位置,如输入指令:

```
gtext('sinx'),gtext('cosx')
```

在图形窗口,"十"字线的交点是字符串的位置,用鼠标一点,即可将字符串放在那里.

关于坐标轴的定制,可用 axis 命令控制,常用的方式有:

```
axis([xmin,xmax,ymin,ymax])
axis equal  或  axis('equal')          %x,y 轴单位长相同
axis square  或  axis('square')        %图形呈方形
axis off  或  axis on                   %清除及恢复坐标刻度
```

此外还有 axis auto;axis image;axis xy;axis ij;axis normal;axis on ;axis(axis).用法参考在线帮助.

欲在同一屏上建立多个坐标系,可用命令 subplot,subplot(m,n,p)将一个画面分成 m×n 个图形区域,p 代表当前区域号,在每个区域中可分别画一个图. 键入:

```
x = linspace(0,2 * pi,30);
y = sin(x);z = cos(x);
u = 2 * sin(x). * cos(x);   %". *"两向量对应元素乘积作为新向量对应元素
v = sin(x)./(cos(x) + eps);
subplot(2,2,1),
plot(x,y),axis([0  2 * pi  - 1  1]),title('sin(x)')
subplot(2,2,2),
plot(x,z),axis([0  2 * pi  - 1  1]),title('cos(x)')
subplot(2,2,3),
plot(x,u),axis([0  2 * pi  - 1  1]),title('2sin(x) * cos(x)')
subplot(2,2,4),
plot(x,v),axis([0  2 * pi  - 20  20]),title('sinx/cosx')
```

得到 2×2 共 4 幅图.

还有一些其他画二维图形的命令如下:

```
fplot('fun',[xmin xmax ymin ymax])
```

这一命令在区间[xmin,xman]内画出以字符串 fun 表示的函数图形,[ymin, ymax]给出了对 y 的限制. 其他几个函数如下:

```
semilog(x,y)              %x 轴为常用对数坐标
semilogy(x,y)             %y 轴为常用对数坐标
loglog(x,y)               %x 轴与 y 轴均为常用对数坐标
```

利用下面语句画一个图,体会 fplot 的方便. 键入:

```
fplot('sin(x)./x',[-20  20  -0.4  1.2])
gtext('sin(x)/x')
```

如果你在一段程序中画了几个图形,需要逐个观察,那么应该在每两个 plot 命令之间加一个 pause 命令,它使命令暂停执行,直到你击下任何一个键. 接下来, 再给出几个特殊的绘图函数,具体使用请查询在线帮助.

(1) polar(Theta,Rho,s):画极坐标图. Theta 表示角度(弧度制),Rho 为极半径,字符串 s 为线型定制,可以缺省.

(2) bar(x,y):画条形图. 可运行如下语句,观察其功能. 亦可查询 help bar. 键入:

```
x = linspace(-2.5,2.5,20);
y = exp(-x.*x);
bar(x,y);
title('Bar chart of a Bell Curve')
pause
```

(3) stem(x,y,s):画离散序列数据图,x,s 可缺省,其中 s 为字符串,确定数据序列的线型. 运行如下语句. 键入:

```
y = randn(50,1);               %产生一些随机数据
stem(y,':')                    %用虚线画离散序列数据图
pause
```

用 plot 可绘制以参数方程形式确定的函数图形,请仔细体会下列语句. 键入:

```
t = 0:pi/100:2*pi;
x = cos(t);y = sin(t);
plot(x,y)
axis square
```

2. 三维图形

带网格曲面

作 $z = f(x,y)$ 的图形,其中$-7.5 \leqslant x \leqslant 7.5$;$-7.5 \leqslant y \leqslant 7.5$;$z = \dfrac{\sin\sqrt{x^2+y^2}}{\sqrt{x^2+y^2}}$. 用

以下程序实现. 键入:

```
x = - 7.5:0.5:7.5;y = x;
[x,y] = meshgrid(x,y);          %为三维图准备的网格数据(xᵢ,yⱼ)
R = sqrt(x.^2 + y.^2) + eps;    %加 eps 防止出现 0/0
z = sin(R)./R;
mesh(x,y,z)↙                    %画三维曲面
```

这里 mesh 命令可改为 surf,图形效果有所不同.

画空间曲线

作螺旋线 $x = \sin t, y = \cos t, z = t$,用以下程序实现. 键入:

```
t = 0:pi/50:10 * pi;
plot3(sin(t),cos(t),t)          %空间曲线图,plot3 用法类似 plot
```

画等高线图

用 contour 或 contour3 画曲面等高线,在画网格曲面的程序后试接如下语句. 键入:

```
contour(x,y,z,10)↙
```

即可得 10 条等高线.

其他

函数 view(azi,ele)给三维图形指定观察点,azi 是方位角,ele 是仰角,缺省时 $azi = -37.5°, ele = 30°$.

1.6　M　文　件

前面我们已提到关于函数 M 文件的编写,这里再给出进一步的说明,明确一些概念与细节.

1. 文本 M 文件

一个比较复杂的程序常常要作反复的调试,这时你不妨建立一个文本文件,并将其存盘以备随时修改、调用.

建立文本文件可在 File 菜单中选择 New,再选择 M-file. 这时 MATLAB 将打开一个文本编辑窗口,可在这里输入命令与数据,存盘时文件名遵循 MATLAB 变量名规则,但应以 m 为扩展名,其一般形式为

〈M 文件名〉.m

如 hilb1. m,pp. m 等.

值得注意的是,文本 M 文件中的变量都是全局变量,文本 M 文件中的命令可

以使用当前工作区中的变量,它所产生的变量也将成为工作区变量的一部分.

下面的文件生成 Hilbert 矩阵.键入:

```
for i = 1:m
        for j = 1:n
            a(i,j) = 1/(i + j - 1);
        end
end
a = rats(a);          %将 a 中元素化为分数
```

命名 hilb1.m 存盘,那么,当需要一个 2×3 阶 Hilbert 矩阵时,可在工作区内输入如下语句.键入:

```
m = 2;n = 3;hilb1;
a
a =
```

$$
\begin{matrix}
1 & \dfrac{1}{2} & \dfrac{1}{3} \\[2mm]
\dfrac{1}{2} & \dfrac{1}{3} & \dfrac{1}{4}
\end{matrix}
$$

因为文本 M 文件中使用的变量均为全局变量,所以将改变当前工作区内已存在的同名变量值,且当文件执行完毕时,这些变量都将驻留在工作区内,挤占存储空间,这都是我们不希望的,其改进方法为将文本 M 文件改写为函数 M 文件.

2. 函数 M 文件

函数 M 文件是另一类 M 文件,它能像库函数一样方便调用,从而极大扩展 MATLAB 的能力.如果对于一类特殊问题,建立起许多 M 文件,最终可形成该类问题的工具箱.

函数 M 文件的第一行有其特定形式,它必须是:

$$\text{function} \quad \langle \text{因变量} \rangle = \langle \text{函数名} \rangle (\langle \text{自变量} \rangle)$$

其余各行为利用指定的自变量计算因变量的语句,并最终将结果赋予因变量.而这个 M 文件的文件名必须是⟨函数名⟩.m,下面给出一个简单例子.

如果我们经常要调用这样的随机矩阵,其每个元素等概率地取从 0 至 9 的整数值,可建立如下的函数 M 文件.

```
function  a = randint(m,n)
% RANDINT Randomly generated integral matrix randint(m,n)returns an
%m - by - n such matrix with entries between 0 and 9
a = floor(10 * rand(m,n));
```

当需要这样一个 2×3 矩阵时,只需键入:

    x = randint(2,3)↙

    x =

        9　6　8

        2　4　7

当函数 M 文件有多个因变量时,要用方括号[　]将其括起来,如下例.

    function　[mean,stdev] = stat(x)

    % For a vector x,stat(x)returns the mean and standard deviation of x

    % For a matrix x,stat(x)returns two row vectors containing,respectively,the

    % mean and standard deviation of each column.

    [m,n] = size(x)　　　　　　　　　　%确定 x 的行数与列数

    if m == 1　　　　　　　　　　　　　%m 为行数,n 为列数

        m = n;　　　　　　　　　　　　%若只是一个行向量

    end　　　　　　　　　　　　　　　%令 m 为其维数

    mean = sum(x)/m

    stdev = sqrt(sum(x.^2))/m − mean.^2);

当求一个数组 x 的平均值和均方差时,键入:

    x = [2,4, − 7,0,5, − 1];

    [xm,xd] = stat(x)↙

    xm = 0. 5000

    xd = 3. 9476

　　函数 M 文件中变量一般是局部变量,其变量名独立于当前的工作区和其他函数. 在函数定义中,可用 global 命令将某些变量说明为全局变量,但应考虑到与工作区内其他变量的重名问题.

　　一般情况 MATLAB 不显示 M 文件中的内容,不过命令 echo on 可改变这一约定,echo off 则关闭显示.

　　在 M 文件中可引用其他 M 文件,包括递归地调用自己.

　　最后,说明关于 MATLAB 变量与函数名的命名规则. 变量与函数名可由字母、数字、下划线组成,最多 31 个字符,区别大小写字母. 第一个字符必须是字母,对变量,MATLAB 不需任何类型的说明或指定维数语句,当输入一个新变量名时,自动建立变量并为其分配内存空间.

1.7　符号运算与应用

　　对 $y = \sin x$,欲求其导函数,数值计算的方法不再适用,为解决此类问题,引入

符号变量.

定义一个变量或表达式为符号型的,要用到符号运算工具箱(symbolic math toolbox)中的指令 sym 或 syms 来完成. 具体的定义形式是很灵活的,我们只介绍其中一种. 在接下来的应用,亦有类似问题.

1. 符号变量表达式

键入(在键入前可使用 clear 清空工作区,以保证程序顺利执行):

```
syms␣a␣b␣x␣y;        % sysm 指令对空格"␣"敏感,不能用逗号代替空格
f = a * x^2 + b * y^2✓    %f 被自动定义为符号型
f =
    a * x^2 + b * y^2
```

可用 findsym 来确认符号表达式中的符号变量. 键入:

```
findsym(f)✓
ans=
    a   b   x   y
```

2. 符号方程

键入:

```
equ = sym('a * x^2 + b * y^2 = 0')✓
equ =
    a * x^2 + b * y^2 = 0
```

3. 符号矩阵

键入:

```
clear
syms x y z;                          %注意分隔符为空格,而不是逗号","
f = x^2 + 2 * x;
g = x * y * z;
eq = sym('x + y + z = 0');           %注意定义符号方程的方式
M = [1,2,3;x   y   z;f,g,eq]✓        %与数值矩阵输入格式相同
M =
    [1,   2,   3]
    [x,   y,   z]
    [x^2 + 2 * x, x * y * z, x + y + z = 0]
```

　　注意符号矩阵与数值矩阵在显示时表现出的差异. 下例将数值矩阵转化为符号矩阵. 键入：

```
M=[1  2  3  ;4  5  6;7  8  9];s = sym(M)
M =
    1  2  3
    4  5  6
    7  8  9
S =
    [1,2,3]
    [4,5,6]
    [7,8,9]
```

对创建有规律分布的符号矩阵时, 可用函数

```
function M = symmat(row,column,f)
%symmat 命令利用通式创建符号矩阵
%参数 row 与 column 分别为待创建矩阵的行与列数
%f 为矩阵元素通式
for R = 1:row
     for C = 1:column
          c = sym(C);
          r = sym(R);
          M(R,C) = subs(sym(f))
     end
end
```

键入：

```
syms c r
f = sin(c + (r - 1) * 3);
A = symmat(3,3,f)
A =
    [sin(1),sin(2),sin(3)]
    [sin(4),sin(5),sin(6)]
    [sin(7),sin(8),sin(9)]
```

　　关于数值变量、符号变量与字符串变量间的相互转换, 请借助帮助系统查询如下几个函数：double；str2num；numerisc；sym；int2str；num2str 等.

4. 微积分运算与方程求解

导数
键入：
syms x y t a b
f = a * (2 * x + t) + sin(b * y);
g = diff(f)✔
g =

　　2 * a

说明 diff(f)对符号变量 x(若存在)或字母表上最接近 x 的符号变量求导，请键入 F＝sin(y * t);g＝diff(F)并运行之.

若对指定符号变量求导，可利用如下方式，f 仍为前边程序段的情形. 键入：
g = diff(f,b)✔
g = cos(b * y) * y

对于上面的 f,还可利用 diff(f,2)求二阶导数. 键入：
g = diff(f,y,2)✔
g =

　　- sin(b * y) * b^2

当微分运算作用于符号矩阵时,diff 将作用于矩阵中每个元素.

积分

int(f,t)表示 f 关于符号变量 t 求不定积分,int(f,t,a,b)表示 f 对符号变量 t 求从 a 到 b 的定积分. 键入(假设 a,x 为符号变量)：
f = sin(a * x);
g = int(f,x,0,pi)✔　　　　　　　％x 可省略
g =

　　- cos(pi * a) + 1/a

当不定积分无解析表达式时,可用 double 计算其定积分数值. 键入：
f = exp(- t^2);g = int(f,t,0,1)✔

g = 1/2 * erf(1) * pi^ * (1/2)　　　％erf(x) = $\dfrac{2}{\sqrt{\pi}}\displaystyle\int_0^x e^{-t^2}dt$

键入：
a = double(g)✔
a = 0.7468

极限

limit(f,t,a)计算当符号变量 t→a 时函数 f 的极限. 键入：

$f = \sin(x)/x; g = \text{limit}(f,x,0)$↙

g =

　　1

$f = (\cos(x+a) - \cos x)/a;$

$g = \text{limit}(f,a,0)$↙

g =

　　$-\sin(x)$

键入：

　　$\text{limit}((1+x/t)\hat{~}t,t,\text{inf})$↙　　　　$\%t \to \infty$

ans =

　　$\exp(x)$

级数和

$\text{symsum}(s,t,a,b)$表示求表达式 s 中的符号变量 t 从 a 加到 b 的级数和. 键入：

　　$\text{symsum}(1/x,x,1,3)$↙

ans =

　　11/6

键入：

　　$s1 = \text{symsum}(1/x\hat{~}2,x,1,\text{inf});$　　　　$\%计算 \sum\limits_{n=1}^{\infty} \dfrac{1}{n^2} 的值$

　　$s2 = \text{symsum}(x\hat{~}k,k,0,\text{inf});$　　　　$\%计算 1 + x + x^2 + \cdots + x^n + \cdots 的和函数$

键入：

　　$s1,s2$↙

s1 =

　　$1/6 * \text{pi}\hat{~}2$

$s2 = -1/(x-1)$

泰勒多项式

$\text{taylor}(f,x,n,a)$表示求函数 f 对符号变量 $x=a$ 点的 $n-1$ 阶泰勒多项式,n 缺省时设定为 $n=6$,a 缺省时设定 $a=0$. 键入：

　　$\text{taylor}(\sin(x))$↙

ans =

　　$x - 1/6 * x\hat{~}3 + 1/120 * x\hat{~}5$

解方程

$\text{solve}(f,t)$表示对 f 中的符号变量 t 解方程 $f=0$. 键入：

$f = a * x\hat{~}2 + b * x + c;$　　　　$\%a,b,c,x 均为符号变量$

　　　s = solve(f,x)↙

　　　s =

　　　　　$[1/2/a * (-b + (b^2 - 4 * a * c)^(1/2))]$

　　　　　$[1/2/a * (-b - (b^2 - 4 * a * c)^(1/2))]$

键入：

　　　f = a * x^2 + b * x + c; solve(f,b)↙

　　　ans =

　　　　　$-(a * x^2 + c)/x$

键入：

　　　[x,y] = solve('x^2 + x * y + 3 = 3', 'x^2 - 4 * x + 3 = 0')↙

　　　x =

　　　　　[1]

　　　　　[3]

　　　y =

　　　　　[1]

　　　　　[-3/2]

solve 可用于解方程组,其解为(1,1),(3,-3/2).

解微分方程

　　　dsolve('s','s1','s2',…,'x'),其中 s 为方程,s1,s2,…为初始条件,x 为自变量.方程 s 中用 D 表示求导数,D2,D3…表示二阶、三阶等高阶导数,初始条件缺省时给出带任意常数 c1,c2…的通解,自变量缺省时设定为 t. 键入：

　　　dsolve('Dy = 1 + y^2')↙

　　　ans =

　　　　　$\tan(t + c1)$

键入：

　　　y = dsolve('Dy = 1 + y^2', 'y(0) = 1', 'x')↙

　　　y =

　　　　　$\tan(x + 1/4 * pi)$

键入：

　　　x = dsolve('D2x + 2 * D1x + 2 * x = exp(t)', 'x(0) = 1', 'Dx(0) = 0')↙

　　　x =

　　　　　$1/5 * (\exp(t)^2 + 3 * \sin(t) + 4 * \cos(t))/\exp(t)$

5. 线性代数

MATLAB 中大多数用于数值线性代数计算的命令均可用于符号变量线性代

数的运算. 将下面程序存盘, 读懂, 并键入: mos↙ (文件以 mos. m 存盘)

```
%matrix operat for symbolic
clear
syms a b c d real          % 定义 a,b,c,d 为实符号变量
G = [a  b;c  d];           % G = sym('[a  b;c  d]')
B = inv(G);                % B = G⁻¹
I = B * G;                 % I = symmul(B,G)
I1 = simplify(I);          % pretty('str'),simplify
I2 = simple(I);            % simple are the sympolic
                           % function of simple
e = eig(G);                % e is a vector of eigensys of G
e = simplify(e);
[V,D] = eig(G);            % V is a matrix,D is e
                           % and G * V = D * V
V = simplify(V);
D = simplify(D);
f = poly(G);
f = simplify(f);
F = sym('[1/2,1/4;1/4,1/2]');
[E,J] = jordan(F);         % inv(E) * F * E = J
pause on;
G
s1 = 'B = inv(G)';
disp(s1)
B
pause
s1 = 'I = B * G';
disp(s1)
I
s1 = 'with simplify and simple simplify I result I1 and I2';
disp(s1)
I1
I2
pause
s1 = 'e is a vector of eigensys evalue of G';
```

```
disp(s1)
e
s1 = 'V is a eigensys vector matrix of G and D = e';
disp(s1)
V
D
pause
s1 = 'f = a1 * x^2 + a2 * x + a3';
disp(s1)
f
F
s1 = 'inv(E) * F * E = J';
disp(s1)
E
J
```

6. 化简与代换

工具箱中提供了许多化简符号表达式的函数,如 collect:合并同类项;simplify:利用各种恒等式化简代数式;simple:化简并找出长度最短的表达式.前边的程序中已多次用到 simple 与 simplify 化简表达式,下面再给出几个例子说明其用法.键入:

```
simplify((1 - x^2)/(1 - x))↙
ans =
     x + 1
```

键入:

```
s = simplify(sin(x)^2 + cos(x)^2)↙
s =
     1
```

键入:

```
f = simple((1/a^3 + 6/a^2 + 12/a + 8)^(11/3))↙
f =
     (2 * a + 1)/a
```

试运行如下语句:simple((1/a^3+6/a^2+12/a+8)^(1/3)).你会发现 MATLAB 除对表达式化简外,还输出用各种函数的化简结果.请与用 simplify 化简的结果相比较.

工具箱提供的常用代换命令为

subs(s,old,new),　　　　　％用符号 new 替换表达式 s 中的符号 old

键入：

subs(a + b,a,4)↙

ans =

　　4 + b

键入：

f = subs(cos(a) + sin(b),[a,b],[sym('alpha'),2])↙

f =

　　cos(alpha) + sin(2)

7. 绘图

在许多场合,希望将符号表达式可视化,工具箱提供的绘图函数为 ezplot.

设表达式中只有一个符号变量,如 x,则 ezplot(f,xmin,xmax)画出以 x 为横坐标的曲线 f,x∈[xmin,xmax].键入：

```
syms x
y = (x^2)^(sin(x)^2);
ezplot(y, - 6,6)↙
```

注　本章实验内容见附录.

第 2 章　微分方程建模初步

从小学、中学乃至大学,数学建模始终是数学学习与考核过程中的热点与难点问题.如针对实际问题列方程解应用题,在中小学,侧重于初等代数的方法;在大学学习期间,则主要考虑微积分的方法.对于实际问题建立微分方程并求其解,应属难点之一.在研究生数学升学考试中,此类题目亦占有一定比例.

2.1　模式与若干准则

例 2.1　某人驾车正午 12 点离开 A 地,下午 3 点 20 分到达 B 地.假设他从静止开始,均匀地加速,当到 B 处时,速度为 60km/h(km/h 表示千米/小时),问 A,B 两地相距多少千米?

解　车匀速增加速度,意味车速 $v(t)$ 是时间 t 的线性函数,即 $v(t)=at+b$.由 $v(0)=0=b$ 知 $v(t)=at$.

设时刻 t,车距 A 点的距离为 $S(t)$,即由 12 点开始计时,至时间 t,汽车产生的位移为 $S(t)$,所以有

$$\frac{\mathrm{d}S}{\mathrm{d}t}=v(t)=at\,(\mathrm{km/h}).$$

解得

$$S=\frac{1}{2}at^2+C\,(\mathrm{km}).$$

若 t 以小时度量,则由

$$S(0)=0 \Rightarrow C=0,$$

$$\left.\frac{\mathrm{d}S}{\mathrm{d}t}\right|_{t=3\frac{1}{3}}=60 \Rightarrow a=18,$$

可得,A,B 相距

$$S=\frac{1}{2}\cdot 18\cdot\left(\frac{10}{3}\right)^2=100\,(\mathrm{km}).$$

对于涉及时间 t 的一个量 $x(t)$,当建立一个含 $x(t)$ 的导数,$x(t)$ 与 t 的方程时,它应对任何特定时刻 t 都成立,而问题中的一些特定时刻的信息,则用来确定参数及积分求解时产生的常数.

即使给出无数条有关解决应用问题的准则,也找不到一种建立和解决所有问题的通用法则,但还是可以列出必须予以充分注意的关键几点.

1. 导数的同义语

当建立方程时,有许多表示导数的常用词如"速率","增长率"(在生物学及人口问题研究中),"衰变"(在放射性问题中)等."改变"、"变化"、"增加"、"减少"这些词是信息,要注意什么在变化,导数也许用得上.

2. 一个模式

想一想,你所考虑的问题是否遵循什么原则或物理定律,当涉及你不熟悉的领域时,开始可能往往感到无从下手,在后续例题中,对于这一点将给予特别关注.

不少问题都遵循着下面的模式:

$$净变化率 = 输入率 - 输出率,$$

或

$$净增长率 = 增长率 - 消耗率.$$

如果此类模式出现时你能理解它,或许你所要的方程就近在咫尺了.

3. 方程的建立

微分方程是一个在任何时刻都必须正确的瞬时表达式,这是数学问题的核心. 如果你看到了表示导数的关键词,当要建立如关于 x', x, t 之间的关系式时,首先,应将注意力集中在文字形式的总的关系式上,如变化率=输入-输出,写出这些关系式,并确信你填好了式子中的所有项.

4. 单位

一旦认定哪些项应列入微分方程中,你应确保每一项都采用了同样的物理量,而在我们处理此类问题时,通常忽略这一点. 这里强调它,是因为对物理量的注意往往有助于正确地建立微分方程.

5. 定解条件

这些条件是关于系统在某些特定时刻的信息,它们独立于方程而存在,其作用前边已提及.

将前边的讨论总结归纳,在着手研究一个具体应用问题时,应写出有关这个问题的每一个事件,包括用框框、黑点、各种记号及辅助的参考图形组成框架形式的关键语句,之后按框架语句一步步讨论.框架语句一般形式如下:

将语言叙述的内容概念转化为文字方程;

陈述出所涉及的原理或物理定律;

将文字方程转化为微分方程;

列出给定的各种独立于方程的初始条件;

解方程,确定各类常数.

下面几节,给出一些例子,这些例子可能对你解决某些疑问有所帮助,但也可能没有,我们只是提供一种可能的思维训练而已.

2.2 阅读与理解

净增长率=增长率-消耗率.

出生与死亡、增长与衰减是大自然的永恒主旋律,而其中涉及数学问题的最重要概念之一是种群(包括动、植物)增长率,它关乎生物界中任何种群的盛衰存亡,亦包括人类自身.

$x(t)$ 表示时刻 t 某种群的数量测度,$b=b(t)$,$d=d(t)$ 分别表示速率,种群按此二值生殖(或增加)与死亡(或衰减),前者称为瞬时出生率,后者称为瞬时死亡率.

在时刻 t,给时间增量 Δt,则在微小时间间隔 $[t, t+\Delta t]$ 内,种群数量增加值$\approx$ $b(t)x(t)\Delta t$,减少值$\approx d(t)x(t)\Delta t$. 之所以用约等于"$\approx$",是因为当 Δt 很小时,认为 b,d,x 在时间间隔 $[t, t+\Delta t]$ 内为常量. 当然,实际情形并非如此,但当 b,d,x 连续或更进一步要求其可导或存在高阶导数时,这一近似产生的误差 $r(t)$ 随 $\Delta t \to 0$ 而有 $r(t) \to 0$,从而种群在此时间间隔的纯增量

$$\Delta x = x(t+\Delta t) - x(t) \approx (b-d)x(t)\Delta t = \mu x \Delta t, \tag{2.1}$$

其中 $\mu = b-d$,称为种群数量变化率. 将(2.1)式改写为

$$\mathrm{d}x = \mu x \, \mathrm{d}t \tag{2.2}$$

或

$$\frac{\mathrm{d}x}{\mathrm{d}t} = \mu x, \tag{2.3}$$

从求解的角度考虑,往往(2.2)式更有效.

再看一例,其问题背景与前例不同,但分析的手段十分相似,注意与前例中各量的类比.

问题 1 一圆柱形桶内有 40 公升盐溶液,其浓度为每公升含纯盐 0.2 千克. 现用浓度为每公升 0.3 千克的盐溶液以每分钟 4 公升的流速注入桶内.假定浓度处处均匀,当混合溶液以每分钟 4 公升的速度流出,讨论任何时刻桶内所含的纯盐量.

设在时刻 t 容器内纯盐 $x=x(t)$(千克),在时间间隔 $[t, t+\Delta t]$ 内,盐的增加量为 $0.3 \times 4\Delta t$,减少量为 $c \times 4\Delta t$,其中 c 为 t 时刻的浓度,故 $c=x/40$. 从而盐的纯增量 Δx 为

$$\Delta x = x(t+\Delta t) - x(t) \approx \left(1.2 - \frac{x}{10}\right)\Delta t.$$

将其改写为

$$dx = \left(1.2 - \frac{x}{10}\right)dt.$$

用分离变量法或利用一阶线性方程求解公式均易求得 $x = x(t)$.

容易将上面的盐水问题转化为湖污染物的总量与湖水净化问题.

问题 2　假设湖的容积为 V 立方米,若污染状态均匀,即每单位湖水中在 t 时刻所含污染物均为统一量度,以 $x(t)$ 记湖中污染物总量,以 r 记湖水流出湖的速率.因湖的容积为常量,所以湖水的流入量等于流出量.现在提出的问题是:若流入湖中的污染物突然停止,多长时间后湖水的污染程度可减至初始状态的 5%.

因为污物的改变量＝流入污物－流出污物,则在时间间隔 $[t, t + \Delta t]$ 内

$$dx = \left(0 - \frac{x(t)}{V} \cdot r\right)dt$$

或

$$\frac{dx}{dt} = -\frac{r}{V}x = \mu x, \qquad \mu = -\frac{r}{V} < 0,$$

其解为

$$x(t) = x(0)e^{-\frac{r}{V}t}.$$

按此模型,污染衰减至 $0.05x(0)$,即 $x(t) = 0.05x(0)$ 时,所需时间为

$$t_{0.05} = -\ln(0.05)\frac{r}{V} = \ln 20 \frac{V}{r} \approx \frac{3V}{r}.$$

如果假设 $V = 458 \times 10^9\,\mathrm{m^3}$,每天流出 $r = 4.8 \times 10^8\,\mathrm{m^3/d}$,则 $t_{0.05} \approx 2860$ 天或 7.8 年.

这一时间表示是污染程度降至 $x(0)$ 的 5% 所需时间.注意:模型借助了一些假设,比如认为 r 是一个常量,还认为 $x(t)$ 只是 t 的函数而与地点无关,但实际上更有理由认为 r 是一个变量,且污染的分布总是不均匀的.

练习 1　令 $r(t) = \rho(1 + \varepsilon \sin 2\pi t)$,其中 ρ 为流入或流出的平均值,t 为停止输入污物的天数,且 $|\varepsilon| < 1$,保证 $r(t)$ 非负,计算 $t_{0.05}$.

练习 2　设有总储量为 $N\mathrm{m^3}$ 的一片原始林,成材率为 0.6(即每立方米储量出成材 $0.6\mathrm{m^3}$).每年林木自然增长量为林木总量的 $\frac{1}{10}$,其增长部分的成材率为 0.2.若开采总量总等于其增长量,求任何一年这片林木所含成材量,并估计当时间充分长时,林木的成材率会稳定在一个什么值上(以 $x(t)$ 记第 t 年成材量,$x(t) = 0.2N + 0.4e^{-\frac{1}{10}t}$)?

2.3　几个例子

阅读解法之前,先试着自己做一下,学习的目的是学会解应用题,而不仅仅是看懂别人的做法.

例 2.2 将室内一支读数为 20℃的温度计放到室外,10min 后,读数为 23℃,又过 10min,读数为 25℃,求室外温度.

注 牛顿冷却(或加热)定律:将温度为 T 的物体放入处于常温 m 的介质中,T 的变化速率正比于 T 与周围介质的温度差.在这个数学模型中,假定介质足够大,从而当放入一个较热或较冷的物体时,m 基本不受影响.

解 由牛顿加热定律,若设温度计在任意时刻 t 的温度 $T=T(t)$,则应有

$$\frac{\mathrm{d}T}{\mathrm{d}t} = k(T-m),$$

其中 m 为室外温度.给出的三个特定条件

$$T(0) = 20℃, \quad T(10) = 23℃, \quad T(20) = 25℃,$$

t 的单位为 min,T 的单位为℃,微分方程解为

$$T = A\mathrm{e}^{kt} + m.$$

利用这三个条件可定出三个常数 A,k,m,显然当 $t\to\infty$ 时,$T\to m$,所以 $k<0$.认识到这一点是聪明的.详细解答见本节练习 1.

例 2.3 某人的食量为 2500cal/d,其中 1200cal 用于基本的新陈代谢(即自动消耗).在健身训练中,他所消耗的大约是 16cal/d・kg(即每公斤体重每天消耗 16cal)乘以他的体重.假设剩余热量完全转化为脂肪形式予以贮存,而 1kg 脂肪含热量 10000cal,求这人的体重是怎样随时间变化的.

解 问题是没有类似"导数"这样的关键词出现,但若将注意力集中于体重 $w=w(t)$ 的变化原因上,就能找到一个含有 $\mathrm{d}w/\mathrm{d}t$ 的方程.

问题中涉及的时间是每天,尝试列出一天体重变化的概念性陈述:

$$重量变化 /d = 净吸收量 /d - 健身消耗 /d,$$
$$净吸收量 /d = 2500\mathrm{cal}/d - 1200\mathrm{cal}/d = 1300\mathrm{cal}/d,$$
$$健身消耗 /d = 16\mathrm{cal}/d \times w\ \mathrm{kg} = 16\mathrm{cal} \times w/d = 16w\ \mathrm{cal}/d.$$

这里有一点要注意的是单位问题,每天重量变化的单位为 kg/d,而等式右端单位为 cal/d,必须将其转化为同一单位,从而在时间间隔 $[t,t+\Delta t]$ 内体重变化量的微分 $\mathrm{d}w(\mathrm{kg})$ 可表示为

$$\mathrm{d}w = \frac{1300 - 16w}{10000}\mathrm{d}t.$$

等式右端除以 10000,是将 cal 转化为 kg,以使等式左、右端单位统一.之后,分离变量,再利用 $w(0)=w_0$(w_0 为初始时刻体重),解得

$$w = \frac{1300}{16} - \frac{1300 - 16w_0}{16}\mathrm{e}^{-\frac{16}{10000}t} = 81.25 - (81.25 - w_0)\mathrm{e}^{-\frac{t}{625}}\ (\mathrm{kg}).$$

现在,我们再回答一个问题,"这个人的体重会达到平衡吗?"

由 w 的表达式可知,当 $t\to\infty$ 时,$w\to 81.25\mathrm{kg}$,我们亦可直接由方程

$$\frac{\mathrm{d}w}{\mathrm{d}t} = \frac{1300 - 16w}{10000}$$

得到这一结果,在平衡状态下,w 不再变化,故 $\mathrm{d}w/\mathrm{d}t = 0$,直接解得

$$w_{平衡} = \frac{1300}{16} = 81.25(\mathrm{kg}).$$

例 2.4　一只装满水的圆柱形桶,底半径为 10cm,高 20cm,底部有一直径为 1cm 的小孔,问桶流空需多长时间?

由物理学中的托里拆利定律,孔口的流速为

$$v = \sqrt{2gh},$$

其中 g 为重力加速度.

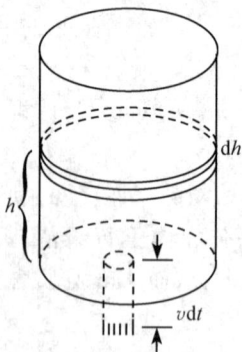

图 2.1

解　设水平面位移(高度)函数为(图 2.1)

$$h = h(t),$$

已知 $h(0) = 20$. 我们的问题是 t 为何值时,$h = 0$.

注意到桶内水的体积减少值等于由小孔流出水的体积,所以在时间间隔 $[t, t + \Delta t]$ 内,

$$-A\mathrm{d}h = B \cdot v\mathrm{d}t,$$

其中 A 为桶内 t 时刻水平面面积,B 为小孔的水平面面积,故 $A = \pi 10^2\,\mathrm{cm}^2, B = \pi 0.5^2\,\mathrm{cm}^2, v = \sqrt{2gh} = \sqrt{2 \cdot 980h} \approx 44.27h^{\frac{1}{2}}(\mathrm{cm/s})$(由小孔流出水的截面积应比小孔截面积小,所以,等号右端项应乘以所谓的收缩系数 ρ,但这里的讨论忽略了这一点). 将计算数据代入方程,并分离变量有

$$h^{-\frac{1}{2}}\mathrm{d}h = -\frac{0.5^2 \cdot 44.27}{10^2}\mathrm{d}t.$$

积分

$$2h^{\frac{1}{2}} \approx -0.11t + C,$$

当 $t = 0$ 时,$h = 20$,得 $C = 2\sqrt{20}$,所以

$$h^{\frac{1}{2}} \approx -0.055t + \sqrt{20}.$$

令 $h = 0$,解得 $t = 81.3\mathrm{s}$.

练习 1　完成例 2.2 中的细节,利用三个给定条件确定 m.

答　$m = 29℃$.

练习 2　空气温度为 20℃,沸腾的水在 20 分钟内冷却至 60℃,那么水温冷却至 30℃需多长时间?

答　$t = 60\mathrm{min}$.

练习 3　现有 4000ml(毫升)10℃的化学溶液,现将一只盛有 40ml、90℃的水的塑料杯浮在溶液上,这样既可加温又不会稀释溶液(化学溶液应放在对外绝热的

容器内).

(1) 将溶液的温度表示为时间的函数.

(2) 使你的模型与例 2.2 中的温度模型相一致.

提示:这不是周围介质保持常温的情形,可利用如下物理定律:具有有限体积和不同温度的两物体相遇时,热流守恒,且热流与温度差成线性比.设 $T_1(t)$ 为溶液温度,$T_2(t)$ 为水温,则有

$$-\frac{\mathrm{d}}{\mathrm{d}t}(V_1 T_1) = \frac{\mathrm{d}}{\mathrm{d}t}(V_2 T_2) = k(T_1 - T_2).$$

V_1 与 V_2 为溶液与水的体积.这是一个关于 T_1 与 T_2 的方程组.

答 $T_1 = (1090/101)(1 - \mathrm{e}^{-kt}) + 10\mathrm{e}^{-kt}$.

练习 4 一滴球形雨滴,以与其表面积成比例的速度蒸发.求其体积 V 关于时间的函数.

提示:表面积 $S = K V^{\frac{2}{3}}$,$\dfrac{\mathrm{d}V}{\mathrm{d}t} = -K_0 V^{2/3}$.

答 $V = \left(-\dfrac{K_0}{3}t + V_0^{\frac{1}{3}}\right)^3$.

练习 5 一只水桶内装 10gal(加伦)溶解了 5lb(磅)盐的盐水,将每加伦含 2 磅的盐水以 3gal/min 的速度注入桶内,并让搅拌好的混合液以同样速度流出(设桶中 t 时刻含盐量为 $x(t)$).

(1) 8 min,流出桶的盐水中盐的浓度是多少?

(2) 足够长的时间后,桶内的盐有多少?

答 $x(t) = 20\left(1 - \dfrac{3}{4}\mathrm{e}^{-\frac{3}{10}t}\right)$; $2\left(1 - \dfrac{3}{4}\mathrm{e}^{-2.4}\right)$lb/gal;20lb.

练习 6 一只底部开口面积为 $0.5\mathrm{cm}^2$ 的圆锥形漏斗(图 2.2)高为 10cm,顶角 $\theta = 60°$,其内装满水,水流完需多长时间?

答 方程 $-\pi\left(\dfrac{h}{\sqrt{3}}\right)^2 \mathrm{d}h = 0.5\sqrt{2gh}\,\mathrm{d}t$,流完时间

$T = (2\pi/7.5\sqrt{2g})10^{5/2}\mathrm{s}$.

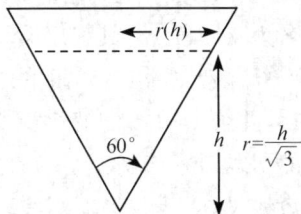

图 2.2

练习 7 在 $t = 0$ 时,两只桶内各装 100gal 的盐水,其浓度为 1.5lb/gal,用管子将净水以 2gal/min 的速度输送至第一只桶内,搅拌均匀后,混合液又由管子以 2gal/min 的速度送至第二只桶内,再搅拌均匀,然后以 1gal/min 的速度输出,求任何时刻 $t(t > 0)$ 从第二只桶流出的水中含多少盐?

答 设 $x_1(t)$ 与 $x_2(t)$ 分别为 t 时刻第一只与第二只桶内的含盐量.

$$x_1(t) = 50\mathrm{e}^{-\frac{1}{50}t},$$

$$x_2(t) = 12500 - 50(150 + t)\mathrm{e}^{-\frac{1}{50}t},$$

流出第二只桶的水中盐的浓度为

$$\frac{x^2}{100 + t} = \frac{12500}{100 + t} - 50\frac{150 + t}{100 + t}\mathrm{e}^{-\frac{1}{50}t}.$$

练习 8　在一种溶液中,化学物质 A 分解而形成 B,其速度与未转化的 A 的浓度成比例,转换 A 的一半用了 $20\mathrm{min}$.将 B 的浓度 y 表示为时刻 t 的函数,并作出图像.

答　设 A_0 为 A 的初始浓度. $\dfrac{\mathrm{d}y}{\mathrm{d}t} = k(A_0 - y)$,解得 $y = A_0\left(1 - \left(\dfrac{1}{2}\right)^{\frac{1}{20}t}\right)$.

2.4　一阶微分方程定性解的图示

对一阶微分方程 $y' = f(x, y)$ 利用积分求得解析解的种类少之又少.而对解 $y = y(x)$ 的定性(而非定量)描述,可以得到非常有用的信息.如它能使你考察解的单调、极值等状态.在许多情形下,我们并不需要明确解,尤其在求解存在技术困难或在初等函数范围内,解根本不存在时,定性的近似解就成为解决实际问题的一种有效方法.当然,定性解应为一族解.

如果一个一阶方程可写为 $y' = f(x, y)$,那么我们就能够确定其解 $y = y(x)$ 在任意点 (x, y) 处的斜率,从图像上看,给出平面上一些离散点,通过每一点,可以画一条"短"线,斜率为 $f(x, y)$,这个图称为斜率为 $f(x, y)$ 的方向场或矢量场.

例 2.5　绘制 $\dfrac{\mathrm{d}y}{\mathrm{d}x} = xy$ 的矢量场.

先说明手工绘制的方法,获得一些感性认识,之后给出一个 MATLAB 程序,名为 vector. m,其程序编写依照手工绘制原理.

起初,要作一些简单计算.先确定 x, y 的变化范围,如 $x \in [-2, 2]$,$y \in [-1, 1]$,并给出 x, y 的变化步长,对给定的节点 $(x_i, y_i) \in [-2, 2] \times [-1, 1]$ 计算该点的切线斜率值 $f(x_i, y_i)$,之后,以该点为起点,以 $f(x_i, y_i)$ 为斜率画一条带箭头的短线段 l_{ij}.为保证所画线段斜率确为 $f(x_i, y_i)$,可利用 $\mathrm{d}y_i = \mathrm{d}x_i \cdot f(x_i, y_i)$,其中 $\mathrm{d}x_i$ 为短线段 l_{ij} 在 x 轴的投影长度,$\mathrm{d}y_j$ 为 l_{ij} 在 y 轴的投影长度,你不妨将所有 $\mathrm{d}x_i$ 取为同一长度,如 $\mathrm{d}x_i = 0.1, i = 1, 2, \cdots, m$,其中 $x_1 = -2, x_m = 2$. $\mathrm{d}x_i$ 的大小应参考步长的大小.手工计算还应注意下列事实.

(1) 是否存在关于原点及两坐标轴的对称性,若存在,则只须考虑第一象限.

(2) 对固定的 x,斜率随 y 变化而变化的趋势.

(3) 对 y 考虑同样的问题.

向量场的绘制可交由计算机完成,阅读下面的程序,并上机实习.这里需注意的一个问题是:在输入函数 f(x,y)时,若有关于 x,y 的相乘或 x 及 y 的方幂运算时,需用. * 及.^ 等运算符. 想想为什么.

```
程序   vector.m                    %vector field
clear functions                    %清除内存中程序
[x,y] = meshgrid( - 2:.2:2, - 1:.1:1);
dz = input('input dy/dx = f(x,y),f(x,y) = ');
dx = 0.1 * ones(size(x));
dy = dz. * dx;
hold on
quiver(x,y,dx,dy),                 %画矢量场
axis image,
title('vector field of dy/dx = f(x,y)');
xlabel('axis x');
ylabel('axis y');
line([ - 2,2],[0,0]),              %加 x 轴
line([0,0],[ - 1,1]),              %加 y 轴
hold off
```

运行程序时,首先要求输入 f(x,y)=?,如输入 x＋y,－x. * y,exp(x.^ 2＋y.^ 2)等等. 关于 x 与 y 的变化范围及取值步长,由语句[x,y]＝meshgrid( )给出,对不同的函数 f,相应绘制的矢量场范围亦应作调整. 请借助帮助系统查阅 meshgrid,quiver 两函数的使用方法. 你是否有兴趣改写 vector.m,使 x,y 的变化范围及步长亦由键盘输入,试试吧! 最后强调一点的是:x 与 y 均为矩阵,dz 是与 x,y 同维数的矩阵,装有各点(x_i, y_j)处的导数值.

问题 1 利用已有方向场,试试定性给出几条解曲线,应注意的是过(x_i, y_j)点的那条解曲线在(x_i, y_j)处的切线应为短线 l_{ij},即解曲线必须与方向场相符合. 你遇到什么困难?

在画解曲线过程中,你会遇到一些问题,其一,是否会有两条解曲线过同一个点(x,y). 我们以下的讨论基于如下事实,对大多数解而言(当 f 连续因而 y' 连续时),唯一性告诉我们,任意两个解不会相交. 其二,即使如上所论,你仍会感到困难,你会发现,从一点开始画解曲线,到下一点,曲线是上升还是下降,而曲线的凹凸方向亦是产生绘图困难的主要原因之一. 下面就解曲线的绘制作进一步讨论.

例 2.6 考虑最简单的一类人口增长模型. 若记时刻 t 时,人口数量为 $N(t)$,又假设人口增长速率与 t 时刻人口数量 $N(t)$成正比,比例系数为 r_0,则有

$$\frac{\mathrm{d}N}{\mathrm{d}t} = r_0 N(t) \qquad (r_0 > 0).$$

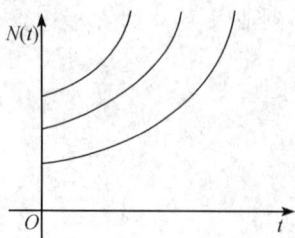

图 2.3

显然,对这一具体问题,只需讨论解在第一象限的分布,即 $N>0, t>0$.

可以看出,当 N 增加时,斜率亦增加,故解曲线不是直线.你应猜出,解曲线类似图 2.3,它显示了对所有解,N 随时间增加而不断加快上升而无止境的趋势.

进一步考虑例 2.6 中由于人口增加而过分拥挤时人口增长率递减时产生的情况.给出一个改进的模型为

$$\frac{\mathrm{d}N}{\mathrm{d}t}=r_0 N\left(1-\frac{N}{k}\right)=\text{斜率}\quad(k>0).$$

可以看出,当 $N=0$ 或 $N=k$ 时,斜率$=0$;当 $N<k$时,斜率>0;当 $N>k$ 时,斜率<0.据此,还不能作出不相交的图解,参看图 2.4.

再利用二阶导数确定解曲线的凹凸.

$$\frac{\mathrm{d}^2 N}{\mathrm{d}t^2}=r_0^2 N\left(1-\frac{N}{k}\right)\left(1-\frac{2N}{k}\right).$$

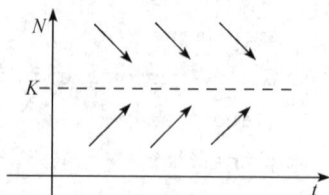

图 2.4

因为在 $\frac{\mathrm{d}^2 N}{\mathrm{d}t^2}$ 中,不显含 t,当固定 r_0 与 k 时,对给定的 N 值,对一切 t,在(t,N)处有相同的斜率值,因此全部解曲线可由一条解曲线沿 t 轴平移得到.

问题 2　假设斜率表达式只含 t 而不含 N,已知 $N=N(t)$ 是其中一条解曲线,其全部解曲线应如何得到.

对曲线凹凸与升降的讨论汇集于图 2.5 中.称具有形如 $\frac{\mathrm{d}x}{\mathrm{d}t}=x(a-bx)$ 的方程为逻辑方程,其解具有图 2.5 所示的形式.

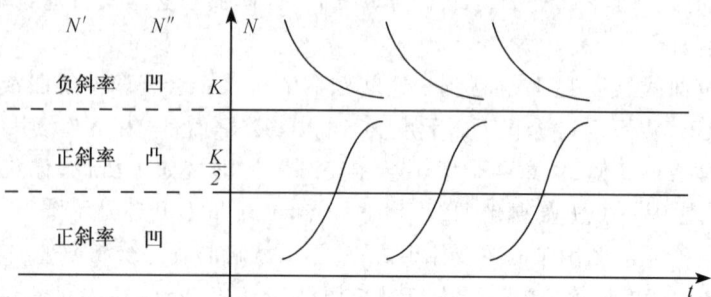

图 2.5

上述例子引导我们给出一般图示近似解的方法.

（1）将一阶导数与二阶导数的有关信息结合起来,绘制解图像草图.

（2）斜率中不显含自变量,解图像可由一条解曲线沿自变量轴左右平移得到,若不含因变量,解图像可由一条解曲线沿因变量轴上下平移得到.

（3）结合草图与计算机给出向量场绘制较精确的图示解（此一步常可省略）,有时亦可给出一些特殊点与线上的矢量图,以帮助确定解的形式.

图 2.6 展示了弧的 4 种基本类型,绘制近似解的一个重要内容就是确定哪些弧在坐标平面何处.下面用例子说明这一过程.

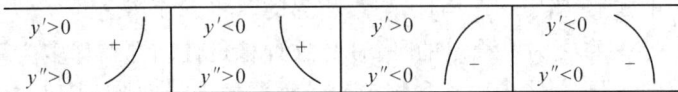

图 2.6

例 2.7 求 $y' = (y+3)(y-2)$ 的图示解.

解 $y' = (y+3)(y-2)$ 是两个因子的乘积,y' 的正负区域表示为图 2.7.

$$y'' = y'(y-2) + (y+3)y' = (2y+1)(y-2)(y+3),$$

其解曲线的凹凸区域由图 2.8 给出.综合图 2.7 和 2.8 给出解的图示（图 2.9）.

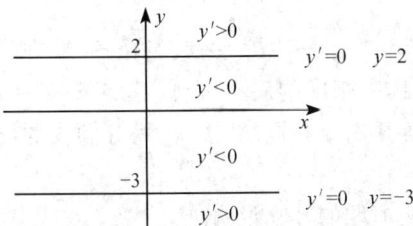

图 2.7

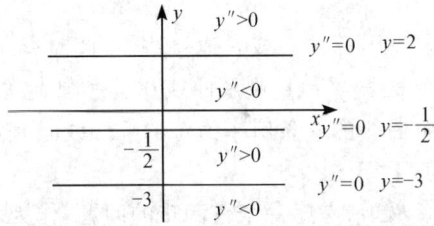

图 2.8

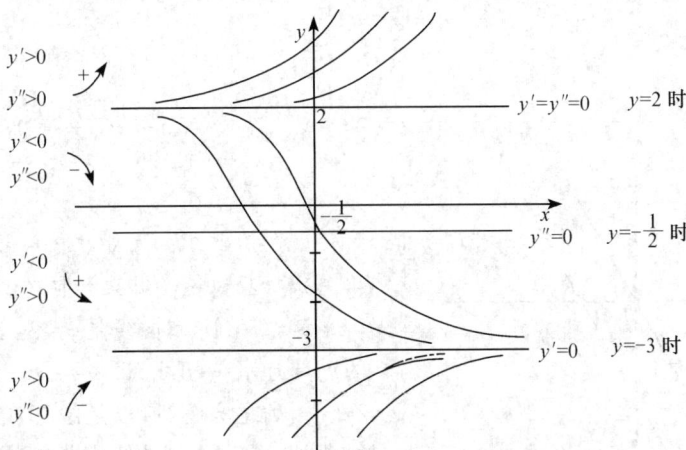

图 2.9

说明　（1）拐点是凸弧与凹弧的相遇点.

（2）因为两条解曲线不能相交,所以部分解要趋于一种称之为平衡的状态.

（3）若 y' 中无显式 x,那么解曲线沿 x 轴平移后仍为解曲线.

（4）必要的话,可利用 y' 准确算出一些点的斜率,即在局部作矢量图.

下面,简要说明两个概念:"平衡"与"稳定".微分方程的平衡解是指那些不变化的解,亦即常数解,如例 2.7 中的 $y=2$ 与 $y=-3$.但由图 2.9 看,这两个解又有明显差异.对 $y=-3$ 这一平衡解,与之相邻近的解,以其为渐近线 $(x\to+\infty)$;而对 $y=2$ 这一平衡解,当 $x\to+\infty$ 时,与之相邻的解将远而离之.故称 $y=-3$ 为稳定的平衡解,$y=2$ 称之为不稳定的平衡解.这种稳定性问题在许多应用中是至关重要的,如人口问题,动物界中某食物链上各种群的数量问题,工程中由于振动而引起的系统扰动问题等.

现在,试着做一下练习中不加" * "号的习题,做题时可用所给程序画出矢量图,参考矢量图结合前面介绍的方法绘制解曲线.绘图时,可能会涉及一个等倾线的概念.这里稍作解释.对方程

$$\frac{\mathrm{d}y}{\mathrm{d}x}=x^2+y^2=\text{斜率},$$

令斜率 $=1,2,\cdots$ 或其他一些值,此时有 $x^2+y^2=1,2,\cdots$,构成一族半径各异的圆.如令 $x^2+y^2=1$,则解曲线在这个圆上的各点具有相同的斜率,所以称 $x^2+y^2=1$ 为解曲线的一条斜率为 1 的等倾线.当然,对等式右端不同的 $f(x,y)$,等倾线的形式亦不相同.

最后,考虑一个较困难的问题,作为对一些习题的补充说明.

例 2.8　描绘 $y'=2x-y$ 的解曲线.

解　（1）考虑 y'.令 $y'=0$,$y=2x$ 为一斜率等于 0 的等倾线.

$$y'>0,\qquad y<2x,$$
$$y'<0,\qquad y>2x.$$

（2）$y''=2-y'=2-2x+y$.

$$y''=0,\qquad y=2x-2,$$
$$y''>0,\qquad y>2x-2,$$
$$y''<0,\qquad y<2x-2.$$

将（1）与（2）讨论的结果绘制在图 2.10 中.

讨论　（1）解曲线在 $y=2x$ 这条直线上的点具有水平切线,将 $y=2x-2$ 代入 $y'=2x-y$,满足方程,所以是解.由解不相交的原则,它的左、右解曲线应以之为渐近线.

（2）似乎解曲线可由图 2.11 给出,但运

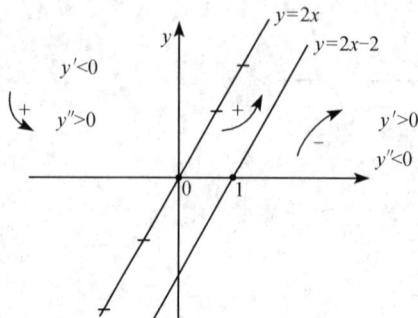

图 2.10

行如下画解曲线的 MATLAB 程序,会发现所绘图形与图 2.11 在直线 $y=2x-2$ 的下方有明显差异.问题出在哪儿呢?

程序:

```
>>x = -2:.1:6;
>>y1 = e⁻ˣ + 2 * x - 2;
>>y2 = 2 * x - 2;
>>y3 = -e⁻ˣ + 2 * x - 2;
>>hold on
>>plot(x,y1,'b',x,y2,'g',x,y3,'r')
>>hold off
```

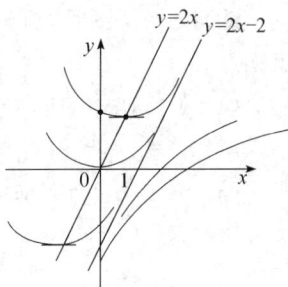

图 2.11

考虑固定 y,当 x 增加,y'↑,这表示对固定的 y 值,在直线 $y=2x-2$ 下面的解曲线族随 x 增大而倾斜程度增加,但在图 2.11 中,情形恰好相反.再考虑固定 x,当 y 增加,y'↓,这说明解曲线族当沿一条垂线由下向上观察时,斜率减少.你应注意到,沿任意直线 $y=2x+k$,解曲线在其上的点的斜率为 $y'=-k$($y'=2x-y$,令 $y'=-k$,得等倾线 $y=2x+k$).为便于分析说明,不妨看看方程的解析解 $y=ce^{-x}+2x-2$.当 $x\to+\infty$ 时,y 的主要部分为 $2x-2$,当 $x\to-\infty$ 时,y 的主要部分为 ce^{-x}.有趣的部分是针对 $c>0$ 与 $c<0$ 部分的交接处.渐近线 $y=2x-2$ 对应 $c=0$,下边部分对应 $c<0$ 的解曲线,上边部分对应 $c>0$ 的解曲线,你现在能否依据这些讨论去理解计算机所给出的图形解呢?

问题 3 参考前段程序编写一段程序,要求画出 4 条 $c>0$ 与 4 条 $c<0$ 及 $c=0$ 的共计 9 条解曲线图.结合图注意理解"固定一个变量令另一个变量变化"的含义.

练习 1 对(1)~(4)给出微分方程图示解.

(1) $\dfrac{\mathrm{d}y}{\mathrm{d}x}=-\dfrac{y}{x}$.

(2) $\dfrac{\mathrm{d}y}{\mathrm{d}x}=y$.

(3) $x-y'-1=-yy'$.

(4) $y'=2yx$.

练习 2 营养以每单位时间 R 个分子的常速流入一个细胞,并且以与其内部营养浓度成比例的速度离开,比例常数为 k.设 N 为 t 时刻的浓度,则上述营养变化速度的数学描述为

$$\frac{\mathrm{d}N}{\mathrm{d}R}=R-kN.$$

营养的浓度会达到平衡吗?如果能,平衡解是什么?试用这个方程的图示解说明.

练习 3　请图示(1)～(4)的方程解,在图中应展示正确的斜率与凹凸性并指出拐点.

(1) $y' = y^2 - 1$.

(2) $y' = y(y-2)(y-4)$.

(3) $y' = (e^{-x} - 1)y$.

(4) $y' = (y-1)(y+3)$,包括 $y(0) = 1.5$ 处的解.

练习 4　$\dfrac{dy}{dx} = x(2-y)/(x+1), x > 0$.求出所有平衡解,并区别它们是稳定的还是不稳定的.图示过 y 轴上 0,1,2 和 3 点的解,并注意使这些曲线在 $x = 0$ 处有正确的斜率.然而,求 y'' 却十分复杂,可以试着抛开它去讨论你的问题.

练习 5　图示方程 $y' + y^4 = 16$ 当 $y(0) = 0$ 时的解,求出平衡解,说出它们是稳定的还是不稳定的.

练习 6　将练习 5 中 y^4 改为 y^3,讨论相同的问题.

练习 7　对方程 $y' = x + y$,画出界于 $x = 0$ 与 $x = 1$ 之间满足 $y(0) = 0$ 的解,确定曲线在原点处的正确斜率与凹凸性.

练习 8　水以每单位时间 k_1 个单位体积流入一锥形水罐,水从罐中蒸发出来的速度与 $V^{2/3}$ 成比例,其中 V 为容器中水的体积.设比例常数为 k_2,求 V 所满足的微分方程,图示其解族,有无平衡态? 是否稳定?

练习 9　设 $\dfrac{dy}{dx} = y\left(\dfrac{1}{x} - 1\right), x \geqslant 1$,求出所有平衡解,并区别其他稳定性,图示 $y(1) = 1$ 和 $y(1) = -1$ 时的解,指出拐点.曲线在 $x = 1$ 处的正确斜率与凹凸性请在图上标示,对一般解 $y(x)$,当 $x \to \infty$ 时,会出现什么情况?

* **练习 10**　考虑方程 $y' = e^x - y$.图示通过下列点的解:$(0,1), (1,e), (-1, 1/e), (0,0), (1,0), (-1,0)$.除了这些解外,画出 $y = e^x$,在前面的给定点处,曲线应展示正确的斜率与凹凸性,写出你的理由,你看到某种形式的稳定解了吗?

* **练习 11**　画出曲线 $y(x) = \displaystyle\int_0^x e^{-t^2} dt$.仔细注意斜率、凹性和初始值 $y(0)$.

注意　(1) 练习 1 都有使唯一性定理不成立的点.

(2) 部分练习要求学生自己列出微分方程,教师可给予适当提示.

(3) 大部练习可解得解析解,利用 MATLAB 提供的作图函数,绘制解曲线,与手工绘图作比较.

附注　下面的程序完成功能说明:

(1) 输入微分方程,形如 $y' = f(t, y)$;

(2) 确定 t, y 的变化范围及网格密度;

(3) 形成矢量场,并自行确定初值;

(4) 给出解曲线 $y=y(t)$.

此程序可帮助同学们验证回答问题的正确与否.关于使用方法,请仔细阅读帮助信息.

```
function my_1st_order_ode(fun,plot_window,numberofpts)
% 对于给定的一阶微分方程画出它在指定区域内的方向场
% 并且在图中用鼠标给出方程的初值,并求解出相应的积分曲线
% 输入参数:fun 字符串形式的显式一阶微分方程 y′=f(t,y)的等号右端的
%          表达式.注:在输入函数时自变量必须
%          为 t,函数变量必须为 y.(函数调用时此参数必选)
%          plot_window)四维向量[tmin tmax ymin ymax],用于指定做图范围
%          如果函数调用时不选择此参数,执行时给出缺省值[-10 10
%          -10 10]
%          numberofpts)用于指定绘制方向场时指定分别在 t 方向和 y
%          方向上等分点的个数.(1)二维向量[nt ny],在 t 方向上取
%          nt 个等分点,在 y 方向上取 ny 个等分点;(2)数值 n,在 t 方
%          向和 y 方向上都取 n 个等分点;(3)如不输入此参数,
%          缺省值是 n=20
% 例如,在命令窗口中键入:my_11st_order_ode('cos(t)*y',[0 20 -6 6])
%          或my_1st_order_ode('1/sin(t)',[-2*pi 2*pi -8 8],
%          [12 15])等等
% 如果参数输入符合规则,则程序在一个图形窗口内画出相应方程的向量场
% 同时在图形绘制区域内出现十字光标,等待用户交互式输入初值,然后用
% ODE45 算法求解相应微分方程的数值解,并画出相应的积分曲线,此过程可
% 在绘图区域内任意次重复
% 为结束程序,在绘图窗口外任意点处点击鼠标即可
global wB wT f;
if nargin==0
    error('必须输入待求解的微分方程描述函数!!!');
end
% 屏蔽系统缺省的被 0 除警告信息
warning off MATLAB:divideByZero;
warning off MATLAB:ode45:IntegrationTolNotMet
%处理输入参数
if nargin<3
    nt=20;
    ny=20;
```

```
elseif length(numberofpts) = = 1
    nt = numberofpts(1);
    ny = umberofpts(1);
else
    nt = numberofpts(1);        %t 方向上网格点数目
    ny = numberofpts(2);        %y 方向上网格点数目
end
if nargin<2
    plot_window = [-10  10  -10  10];       %缺省情况下绘图窗口范围
end
wL = plot_window(1);           %绘图窗口范围的 t 的下界
wR = plot_window(2);           %绘图窗口范围的 t 的上界
wB = plot_window(3);           %绘图窗口范围的 y 的下界
wT = plot_window(4);           %绘图窗口范围的 y 的上界
if wR< = wL
    error('plot_window(1) 必须小于 plot_window(2).')
elseif wT< = wB
    error('plot_window(3) 必须小于 plot_window(4).')
end
% 设定最小迭代步长
hmin = 1e - 4 * (wR - wL);
% 将字符串 fun 表达式中的运算符号向量化
f = vectorize(inline(fun,'t','y'));        %将 fun 函数中的变量 t,y 前面
% 的运算符号转化为点运算
% 设定绘制方向场的网格点
tpts = linspace(wL,wR,nt);
ypts = linspace(wB,wT,ny);
[T,Y] = meshgrid(tpts,ypts);
% 计算每个网格点处的积分曲线斜率 S,然后单位化向量(1,S).
S = f(T,Y);
L = sqrt(1 + S.^2);
NS = S. /L;
NL = 1. /L;
% 由于表示方向的箭头很长,所以进行折半绘制每个网格点处的方向向量
quiver(T,Y,NL,NS,1/2);
```

```
axis([wL wR wB wT]);
%axis tight;
title(strcat('微分方程 dy/dt = ',fun,'的几何求解'),'fontsize',16,
'color',[1  0  0]);
xlabel('在绘图窗口外点击鼠标以正常终止程序');
% 使用 event 函数在积分求解运算到达绘图窗口的边界时终止当前的迭代
% 过程
options = odeset ('Events',@events,…
                 'RelTol',1e − 4,'AbsTol',1e − 7 * max (abs (wB),…
                 abs(wT)));
hold on;
while 1
    % 通过鼠标点击获取本次求解的初值条件
    [t0,y0] = ginput(1);
    % 当检测到点击发生在绘图窗口外时终止程序
    if(t0< = wL)|(wR< = t0)|(y0< = wB)|(wT< = y0)
        warning on MATLAB;divideByZero      %恢复系统的缺省警告消息
        break;      % 结束循环,终止程序的运行
    end
    [t,y] = ode45(@F,[t0,wR],y0,options);
    h = findobj(0,'Tag','my1');
    if~ isempty(h)
        delete(h);
    end
    h1 = plot(t,y,'linewidth',2,'color',[1  0  0]);      %从 t0 时刻
    % 向右迭代
    set(h1,'Tag','my1');
    [t,y] = ode45(@F,[t0,wL],y0,options);
    h = findobj(0,'Tag','my2');
    if~ isempty(h)
        delete(h);
    end
    h2 = plot(t,y,'linewidth',2,'color',[1  0  0]);      %从 t0 时刻
    % 向左迭代
    set(h2,'Tag','my2');
```

```
end
hold off;
```
% =
    = = = = = = = = = = = = = = = = = =

　　%根据所输入的第一个参数建立相应的微分方程函数
```
function yp = F(t,y)              %根据所输入的第一个参数建立相应的微分
```
%方程函数
```
global f
yp = f(t,y);
```
% =
    = = = = = = = = = = = = = = = = = =

% 调用 ODE45 方法进行数值积分时的截止条件函数
% 如果数值积分的解值达到绘图窗口的边界,则终止迭代求解过程
```
function[value,isterminal,direction] = events(t,y)
global wB wT
value = [wB;wT] - y;
isterminal = [1;1];
direction = [0;0];
```

第 3 章　平面线性映射的迭代

在生产科研实践中,人们总是将以前的相关经验作为当前工作的起点参考,在获取进一步知识并取得一定成果后,再将其作为下一轮的起点参考,如此循环迭代,永无休止.这种"迭代"也是数学中的重要研究领域,具有重大的实用价值.因为对大多数方程而言,只能近似求解,而迭代是改善近似精度的有效方法.

在差分方程中,迭代更是其重要的运算手段,我们看一个所谓"奇异吸引子"的例子.

图 3.1 所示的"逐点连线"的图形表明由方程组

$$x_{n+1} = \frac{1}{3}x_n - \frac{\sqrt{3}}{3}y_n,$$

$$y_{n+1} = \frac{1}{3}x_n + \frac{\sqrt{3}}{3}y_n$$

给出的二维动力系统怎样从 $x_0 = 0, y_0 = 0.2$ 出发随时间推移,迭代产生的点列趋于平衡点 E 的过程.只是在最近,数学家们才把他们的注意力转向图 3.1 中所示的过程.这里的趋近过程迂回曲折地绕着趋于平衡点,但这种迂回不是随机的,看来好像存在一个潜在的形状,而系统绕着它游荡.这个潜在的形状称为"奇异吸引子",科学家们认为对"奇异吸引子"的研究有助于我们了解类似气候那样的动力系统.

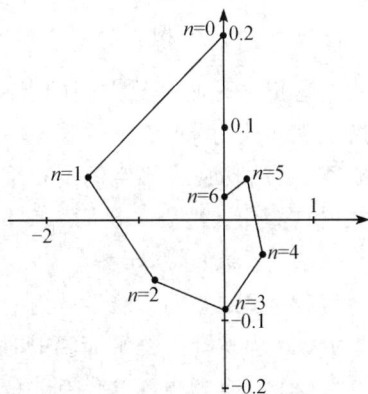

图 3.1

练习　编写一个 MATLAB 画图程序,完成由方程组

$$x_{n+1} = \frac{1}{3}x_n - \frac{\sqrt{3}}{3}y_n,$$

$$y_{n+1} = \frac{1}{3}x_n + \frac{\sqrt{3}}{3}y_n$$

所确定的动力系统的迭代轨迹图 3.1,迭代次数可自行确定.

方程组可用矩阵改写为如下形式:

$$\begin{bmatrix} x_{n+1} \\ y_{n+1} \end{bmatrix} = \begin{bmatrix} \dfrac{1}{3} & -\dfrac{\sqrt{3}}{3} \\ \dfrac{1}{3} & \dfrac{\sqrt{3}}{3} \end{bmatrix} \begin{bmatrix} x_n \\ y_n \end{bmatrix} = \boldsymbol{A} \begin{bmatrix} x_n \\ y_n \end{bmatrix}.$$

若将 **A** 看作一个映射,则上式将平面上的点映为平面上的点.

对函数 $y=f(x)$,按几何映射的观点,可按比照图 3.2 的方式去理解,特别当 f 表现为一条通过原点的直线时(图 3.3),称 f 为线性映射.

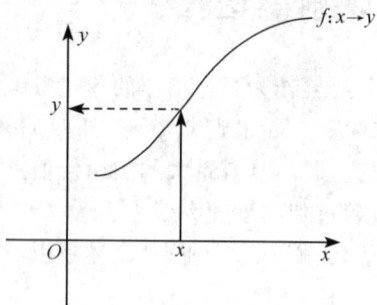

图 3.2

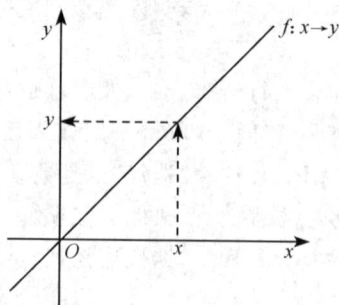

图 3.3

这里 f 是将一维空间的点映射为一维空间的点. 特别,当 f 是线性映射时,其解析表达式为 $y=f(x)=ax$($y=ax+b$ 称为仿射映射).那么平面到平面,空间到空间,更一般地,n 维空间到 n 维空间的线性映射 f 的一般形式是什么样呢? 这类映射具有什么性质? 在下面实验中你将看到以下几方面的内容:

(1) 一维线性迭代;

(2) 多维空间中线性映射的矩阵表示;

(3) 当迭代一个平面映射时所出现的一些典型现象;

(4) 一个和矩阵迭代有关的特殊方向与特殊数,即绝对值最大的特征值与其相应的特征向量.

线性映射的特征向量是一个特别重要的概念,在数学研究与应用中可经常碰到.

3.1　线性函数迭代

为了更好地理解平面线性映射迭代,并对其提供可类比的简单实例,我们从一元线性映射 $f(x)=ax+b$ 的迭代开始讨论.

对给定的函数 $y=f(x)$,取定一个初始值 x_0,算得 $x_1=f(x_0)$,再利用 x_1 充当 x_0 的角色,算得 $x_2=f(x_1),\cdots,x_n=f(x_{n-1}),\cdots$,得到一个数列 $\{x_n\}$.我们称这一类计算方法为迭代. 特别当 $f(x)=ax+b$ 时,上述迭代称为线性迭代.

练习 1　阅读下面的伪码,将其改写为 MATLAB 程序,在计算机上实现线性迭代过程. 你可为你的程序定名为 iterline(linear-iteration)或其他你喜欢的名字.

伪代码　ITERLINE

(1) 输入:$y=ax+b$ 的系数 a,b 及初值 x_0.与迭代次数 n.

(2) 输出:从 x_0 起函数的 n 次迭代值.

```
x = x₀
PRINT x
FOR  I = 1 TO n
    y = ax + b
    PRINT I AND y
    x = y              %用 f(x) = ax + b 代换 x
NEXT I                 % I = I + 1
```

练习 2　假设你编写好的 iterline 已能正确运行,令 $f(x) = -2x + 1$,用初始值 $x = 1.5$ 迭代 10 次,为了方便,以记号 $(a, b, x, n) = (-2, 1, 1.5, 10)$ 表示.再以 $(a, b, x, n) = (0.5, 2, 5, 10)$ 做实验,两次实验会得到相当不同的结果,再用 $(a, b, x, n) = (-3, 1, 1, 15)$ 与 $(a, b, x, n) = (-3, 1, 0.25, 15)$ 试之.后两次实验使用的是同一个线性函数,你从中发现了什么,与前两次实验相比,结果有什么类似之处,又有什么差别?

对迭代数列 $\{x_n\}$,我们感兴趣的是当 n 越来越大时,该序列的行为.

$(0.5, 2, 5, 10)$ 与 $(-3, 1, 0.25, 15)$ 生成收敛的数列,极限分别为 4 与 0.25,$(-2, 1, 1.5, 10)$ 和 $(-3, 1, 1, 15)$ 生成发散的数列.这里的收敛与发散是考察有限次迭代结果而得出的结论.对上述 4 个迭代,换用不同的初值 x_0 再试之,利用你的结果回答下列问题.

练习 3　(1) 能否找到一个线性迭代,它对任意初始值,都给出收敛的迭代数列?

(2) 能否找到一个线性函数,它对任意初始值,迭代总是发散的?

(3) 是否存在这样的线性迭代,对一个或一些初始值给出收敛的迭代数列,对其他初始值产生发散的迭代数列?

(4) 你能否找到这样的线性函数,对不同的初始值,迭代序列收敛到不同的极限?

对一般函数 $y = f(x)$,利用迭代公式 $x_{n+1} = f(x_n)$ 产生的迭代数列 $\{x_n\}$,其行为要比线性迭代复杂,但所提问题与之类似.下面我们给出一种称之为蜘蛛网法的几何方法,它将迭代的过程可视化.这是一种很有用的方法,同样适用于非线性迭代,见图 3.4.

对给定的 a, b,画直线 $y = ax + b$ 与 $y = x$,选定初值 x_0,之后在 $y = ax + b$ 上标出 (x_0, x_1),过此点作水平线与 $y = x$

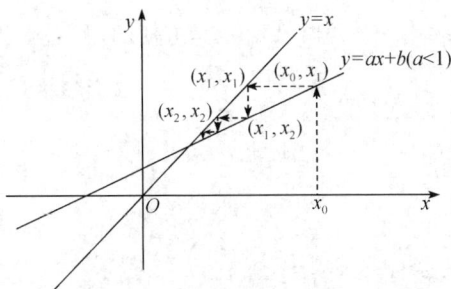

图 3.4

相交于 (x_1,x_1)，过 (x_1,x_1) 画垂直于 x 轴的直线，与 $y=ax+b$ 相交 (x_1,x_2)，之后重复这一过程.

练习 4　你尝试用不同的 a，如 $a>1$ 与 $a<1$，看看你能发现何种类型的发散，何种类型的收敛. 如果收敛，收敛于何值，要观察发散与收敛的不同蛛网线的形式，还应注意收敛与发散的速度与 a 的关系.

最后，我们给出理论分析. 关于迭代

$$x_n = ax_{n-1}+b, \qquad n = 1,2,\cdots,$$

由数学归纳法不难证明

$$x_n = a^n x_0 + (a^{n-1}+a^{n-2}+\cdots+a+1)b = a^n\left(x_0-\frac{b}{1-a}\right)+\frac{b}{1-a} \quad (a\neq 1).$$

练习 5　下面考虑上述表达式中保证迭代收敛的两个条件：

(1) 与 a,b 有关，而与 x_0 无关；

(2) 与 x_0 有关.

写出这两个条件，证明条件之一成立，迭代收敛，并分别给出收敛值.

如果 $a=1$，确定收敛的条件是什么？

本节内容简单，但却给出了工程中考虑问题的一般方法，即实验，猜想，总结规律，给出理论分析，再去指导实验. 对更复杂的非线性迭代，二次动力系统的理论分析等，从研究过程考虑，亦不外这样一些手段. 本节内容中提及的图形分析方法亦为复杂问题分析提供了一种有益的值得借鉴的方法.

3.2　平面线性映射的迭代

1. 天气的 Markov 链

现将本市的天气情况分为三类：晴、阴与雨. 通过本市以往多年每天的天气变化趋势，可确定明天及以后几天天气状况的概率. 若今天阴，则明天晴的概率为 $\frac{1}{2}$，阴的概率为 $\frac{1}{4}$，雨的概率为 $\frac{1}{4}$；若今天雨，则明天晴、阴及雨的概率各有其他值. 而这些概率用一个矩阵 $\boldsymbol{A}$ 表示是方便的，并称 $\boldsymbol{A}$ 为转移概率矩阵，具体形式如式 (3.1).

$$\boldsymbol{A} = \begin{array}{c} \\ 晴 \\ 阴 \\ 雨 \end{array} \begin{array}{ccc} \text{晴} & \text{阴} & \text{雨} \\ \begin{bmatrix} \dfrac{3}{4} & \dfrac{1}{2} & \dfrac{1}{4} \\ \dfrac{1}{8} & \dfrac{1}{4} & \dfrac{1}{2} \\ \dfrac{1}{8} & \dfrac{1}{4} & \dfrac{1}{4} \end{bmatrix} \end{array} \qquad (3.1)$$

当然,这只是一种预测天气的简化模型.下面说明式(3.1)的含义.如第二行(阴行)第三列(雨列)中的元素 $a_{23}=\frac{1}{2}$,它表示今天下雨而明天转阴的概率为 $\frac{1}{2}$.

下面,我们利用早晨 5 点预报的今天晴、阴、雨的概率,借助 A 预测明天晴、阴、雨的概率及后天以至 10 天后、100 天后晴、阴、雨的概率.

设 p_1,p_2,p_3 分别是今天晴、阴、雨的概率,p_1',p_2',p_3' 则表示明天晴、阴、雨的概率,对上述 Markov 链,计算公式为

$$\begin{bmatrix} p_1' \\ p_2' \\ p_3' \end{bmatrix} = A \begin{bmatrix} p_1 \\ p_2 \\ p_3 \end{bmatrix} = \begin{bmatrix} \frac{3}{4}p_1 + \frac{1}{2}p_2 + \frac{1}{4}p_3 \\ \frac{1}{8}p_1 + \frac{1}{4}p_2 + \frac{1}{2}p_3 \\ \frac{1}{8}p_1 + \frac{1}{4}p_2 + \frac{1}{4}p_3 \end{bmatrix}. \tag{3.2}$$

若早晨 5 点预测 $p_1=0,p_2=\frac{1}{2},p_3=\frac{1}{2}$,则由式(3.2)可算得 $(p_1',p_2',p_3')^{\mathrm{T}}$,再利用(3.2)的形式,可算得后天的天气概率 $(p_1'',p_2'',p_3'')^{\mathrm{T}},\cdots$.

同学们可利用 MATLAB 软件,自己编制一个程序,填写表 3.1.

表 3.1

	晴	阴	雨
今　　日	0	$\frac{1}{2}$	$\frac{1}{2}$
1 天后			
2 天后			
5 天后			
10 天后			

请依据表 3.1 中的数据回答下列问题.

(1) 预报几天后天气阴、晴、雨的概率的计算公式是什么?

(2) 100 天后阴、晴、雨的概率是多少?

(3) 利用计算机计算 A 的特征向量与特征值并与你的结果比较,看出了什么?

在此例中,看到了一个线性迭代的例子,还能了解到天气预报中一个有趣的现象.利用上述数学模型预报天气状态规律,对长期预报要比找出逐天天气变化的中近期预报的作用大.

2. 计算机图形学中的线性变换

用几何术语说,当用一个矩阵 A 乘以一个向量 V,是将向量 V 变换为同一空间中的另一个向量 W.在变换过程中,V 可能产生如下几种变形,即旋转、平移、拉伸、压缩.在计算机图形学中,这类变换在电视中产生各种动画效应,同时亦为线性

变换提供了一种可视化的研究方法.

当 A 为 2×2 矩阵时,它是一个平面向量到平面向量的映射,我们先以定理形式给出一个结果.

定理 3.1　对于任何一个 2×2 矩阵,作为二维空间映射: $V \xrightarrow{f} W = AV$,它将直线映为直线.将直线映为点的情形除外.

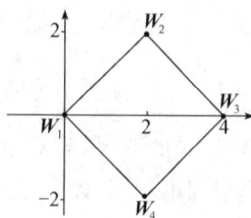

你会证明这个定理吗? 试试看.证明之前先做下面的实验,得到一点感性认识.

设有 2×2 矩阵 A 及 4 个二维向量如下:

$$A = \begin{bmatrix} 1 & 1 \\ 1 & -1 \end{bmatrix}; \quad V_1 = \begin{bmatrix} 0 \\ 0 \end{bmatrix}, \quad V_2 = \begin{bmatrix} 2 \\ 0 \end{bmatrix}, \quad V_3 = \begin{bmatrix} 2 \\ 2 \end{bmatrix}, \quad V_4 = \begin{bmatrix} 0 \\ 2 \end{bmatrix}.$$

图 3.5 给出 4 个向量的图形,图 3.6 给出由 $f: W = AV$ 变换后的图形.

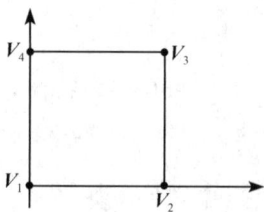

图 3.5

图 3.6

(1) 计算 A 的特征值与相应的特征向量及 W_i 的值.

(2) A 作用于 V_2 两次、四次后得到新的向量,其模与原向量的模与特征值有什么关系? n 次作用后,若两个特征值的绝对值不同,绝对值大的那一个特征值作用是什么? 进而考虑在对应绝对值最大的特征向量方向上,向量通过变化后的模的放大倍数.又若两个特征向量是无关的,观察在各个方向上的放大倍数,从而可看出特征向量及对应特征值在线性映射中对图形变换所起的作用.

3. 旋转矩阵及其幂

设 R_θ 有如下形式:

$$R_\theta = \begin{bmatrix} \cos\theta & -\sin\theta \\ \sin\theta & \cos\theta \end{bmatrix}.$$

这是一个旋转变换矩阵.由上面的讨论,应猜出其特征值的模 $|\lambda| = 1$. 当然,从正交阵的角度去看,亦有类似结果.

现在,要对一个图形作旋转 $\theta°$ 的变换,之后再使之旋转 $\theta°$. 那么,相当于对原图形作旋转 $2\theta°$ 的变换,所作变换形式为 R_θ^2,即

$$R_\theta^2 = R_\theta R_\theta = \begin{bmatrix} \cos\theta & -\sin\theta \\ \sin\theta & \cos\theta \end{bmatrix} \begin{bmatrix} \cos\theta & -\sin\theta \\ \sin\theta & \cos\theta \end{bmatrix}.$$

问:你能否由几何意义直接导出我们中学时所熟知的 2 倍角、3 倍角的三角函数计算公式. $\boldsymbol{R}_\theta^{-1}=?$

4. 一个种群增长模型

对三种相互依存的种群,原始数量分别为 C,D,E,考虑如下增长模型.设一个周期后,各种群数量分别为 C',D',E',满足如下关系

$$\begin{bmatrix} C' \\ D' \\ E' \end{bmatrix} = \boldsymbol{A}\begin{bmatrix} C \\ D \\ E \end{bmatrix} = \begin{bmatrix} 5 & 4 & 2 \\ 4 & 5 & 2 \\ 2 & 2 & 2 \end{bmatrix}\begin{bmatrix} C \\ D \\ E \end{bmatrix}.$$

$\boldsymbol{A}$ 的特征值及对应的特征向量分别为

$$\lambda_1 = 10,\ \boldsymbol{e}_1 = \begin{bmatrix} 2 \\ 2 \\ 1 \end{bmatrix};\quad \lambda_2 = 1,\ \boldsymbol{e}_2 = \begin{bmatrix} 1 \\ 0 \\ -2 \end{bmatrix};\quad \lambda_3 = 1,\ \boldsymbol{e}_3 = \begin{bmatrix} 0 \\ 1 \\ -2 \end{bmatrix}.$$

当初始向量

$$(C,D,E)^{\mathrm{T}} = (6,9,6)^{\mathrm{T}}$$

时,求 20 个周期后的种群数量关系.

问:你能否通过特征向量去简化运算呢? 你在计算中是否注意到了什么?

5. 类比与深入

对 $x_{n+1}=ax_n(n=0,1,2,\cdots)$ 这样一个线性迭代,当 $x_0\neq 0$ 时,迭代结果收敛与否取决于 $|a|$ 的大小,当有两个输入及输出时,情形变得复杂了,这里的线性映射形式为

$$\begin{aligned} x_{n+1} &= a_{11}x_n + a_{12}y_n, \\ y_{n+1} &= a_{21}x_n + a_{22}y_n. \end{aligned} \tag{3.3}$$

"线性"一词的使用是一种类比,式(3.3)用线性代数的语言可表述为

$$\boldsymbol{V}_{n+1} = \begin{bmatrix} x_{n+1} \\ y_{n+1} \end{bmatrix} = \begin{bmatrix} a_{11} & a_{12} \\ a_{21} & a_{22} \end{bmatrix}\begin{bmatrix} x_n \\ y_n \end{bmatrix} = \boldsymbol{A}\begin{bmatrix} x_n \\ y_n \end{bmatrix} = \boldsymbol{A}\boldsymbol{V}_n. \tag{3.4}$$

练习 1　对下述迭代

$$\begin{aligned} x_{n+1} &= x_n, & x_{n+1} &= x_n + 2y_n, \\ y_{n+1} &= 2y_n, & y_{n+1} &= 3x_n - y_n \end{aligned}$$

写出映射矩阵 $\boldsymbol{A}$,从某个方便的 (x_0,y_0) 开始,画出由 (x_0,y_0) 迭代产生的点列图.

说明　由点 (x_0,y_0) 与向量 $\boldsymbol{\alpha}=(x_0,y_0)$ 之间的一一对应关系,对向量 $\boldsymbol{\alpha}$ 的变换常用术语"对点 (x_0,y_0) 的变换"代替,迭代得到的向量列亦常用点列表示.

练习 2　下面的例子值得做完.

$$A = \begin{bmatrix} \dfrac{1}{5} & \dfrac{99}{100} \\ 1 & 0 \end{bmatrix}. \tag{3.5}$$

分别从 $X_0 = (1,1)^{\mathrm{T}}$ 及 $X_0 = (1,0)^{\mathrm{T}}$ 开始,在足够多次迭代后你可以发现,这两个迭代序列看起来存在某种意义上的相似,序列中的点好像收敛到同一条直线,然后沿此直线运动(近似的). 很像一维迭代的情形. 再换其他的初值 X_0,亦有类似现象.

练习 3　对练习 2 中的例子,观察斜率序列 y_n/x_n 及两个比值序列 x_{n+1}/x_n 与 y_{n+1}/y_n,你有什么结论?

将下面伪码改写为 MATLAB 程序,它将帮你在计算机上完成计算并画出迭代.

伪程序码:PLANAR 1

输入:2×2 矩阵 $A = [a_{11}\quad a_{12}; a_{21}\quad a_{22}]$ 及初始向量

$X_0 = [x_0, y_0]^{\mathrm{T}}$

输入:$X_{n+1} = A * X_n \quad n = 1, 2, \cdots, 25$

```
        x_old = x_0
        y_old = y_0
FOR I = 1 TO 25
        x_new = a_11 * x_old + a_12 * y_old
        y_new = a_21 * x_old + a_22 * y_old
        PRINT x_new/x_old, y_new/y_old, y_new/x_new
        PLOT(x_new, y_new)          ％画图
        x_old = x_new
        y_old = y_new
NEXT I                  ％ I = I + 1
```

由实验结果可看出,多次迭代后映射的作用近似于下式

$$x_{n+1} = a x_n,$$
$$y_{n+1} = a y_n.$$

你能猜出 a 是什么吗?

下面的程序(MATLAB)是在正方形 $= \{(x,y) \mid |x| \leqslant 1, |y| \leqslant 1\}$ 中,随机选取 17 个初始点 X_0,并跟踪所有 X_0(对每一个 X_0 产生的迭代画图),你可以检查初始点的选择如何影响迭代过程.

MATLAB 程序:PLANAR 2

```
X0 = 2 * rand(2,17) - ones(2,17);
X = X0;
```

```
A = [ 1/5  99/100 ; 1  0 ];
for i = 1:25
    X = [A*X,X0];
end
plot(X(1,:),X(2,:),'*g')
```

练习 4 运行 PLANAR 2,并观察其图形,可见到 $(x_1,y_1),(x_2,y_2),\cdots$ 正向一条直线靠近并沿其向外运动. 当 n 较大时,有

$$\boldsymbol{X}_{n+1} = (x_{n+1},y_{n+1}) = \boldsymbol{A}\boldsymbol{X}_n \approx (ax_n,ay_n) \qquad (a>1).$$

假设函数每次迭代后用一个 $c>0$ 改变 $\boldsymbol{X}_{n+1}$ 的尺度,即假设

$$c\boldsymbol{X}_{n+1} = (cax_n,cay_n)$$

代替 $\boldsymbol{X}_{n+1}$. 若恰好 $c=\dfrac{1}{a}$,则将有

$$c\boldsymbol{X}_{n+1} = \boldsymbol{X}_n = (x_n,y_n),$$

于是,这些点在迭代中成为不动点. 若 $c>\dfrac{1}{a}$,则 $ca>1$,迭代过程中新点离原点向外运动. 若 $ca<1$,新点朝向原点运动,所以用试错办法可确定正数 c,从而可确定 $a=\dfrac{1}{c}$.

稍许改动 PLANAR 2,使之可用试错的方法确定 a. 把正数因子 c 作为输入量就很容易改动它,还要改变 $x_{\text{new}}(j)$ 和 $y_{\text{new}}(j)$,定义如下:

$$x_{\text{new}}(j) = c*(a_{11}*x_{\text{old}}(j)+a_{12}*y_{\text{old}}(j)),$$
$$y_{\text{new}}(j) = c*(a_{21}*x_{\text{old}}(j)+a_{22}*y_{\text{old}}(j)).$$

不断实验不同的 c 值,直到初始点保持不动,这样找到的 c 即为 a 的倒数. 数 a 被称为 $\boldsymbol{A}$ 的最大特征值,在迭代过程中,点运动所沿的直线 $y=mx$ 确定 a 相应的特征向量,且具有形式 $\boldsymbol{X}=[u,mu]^{\text{T}}$. 注意,关于 a 的特征向量不唯一,但方向 m 是唯一的. 这表明由 $\boldsymbol{A}$ 给出的线性映射的迭代最终是简单的,在多次迭代后,它就像一维情况了.

练习 5 对矩阵

$$\boldsymbol{B} = \begin{bmatrix} 0 & 1 \\ \dfrac{100}{99} & -\dfrac{22}{99} \end{bmatrix}$$

重复前面的练习,观察计算机所给图形,注意 $\boldsymbol{AB}=\boldsymbol{BA}=\boldsymbol{E}$. 与 $\boldsymbol{A}$ 的迭代图形作比较,并找出它的按绝对值最大的特征值与相应的特征向量.

6. 几个问题

问题 1 从对 $\boldsymbol{A}$ 或 $\boldsymbol{B}$ 稍加改动开始,试几个你自己的矩阵,你是否总是发现和

前边几个例子中同样性质的行为,如 R_θ?

    问题 2   在线性映射中,关于它们的最大特征值和相应的特征向量,你能说点什么?

    问题 3   这里有一个线性映射 A

$$A = \begin{bmatrix} 1 & -1 \\ 1 & 1 \end{bmatrix},$$

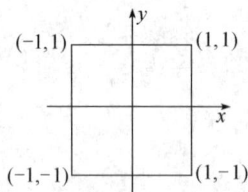

图 3.7

前边练习中提出的尺度化方法将简化这个映射的迭代结果,试观察将出现什么现象?

    问题 4   试编写一个程序,不妨称之为"动画"演示程序,将所给图形(图 3.7)沿指定方向压缩或拉伸,你能办到吗?先对随意 A 试试.

7. 结束语

工程中,工程师关心的问题是:在工程中不要出现超出控制之外的东西.某些设计中,对描述一个过程的映射,应保证最大特征值的模小于 1,即保证映射矩阵的谱半径小于 1. 所谓谱半径即为绝对值最大的特征值的另一种称谓.

8. 一些要深入讨论的问题

(1) 若 $|\lambda| > 1$,且 λ 对应两个无关特征向量,在迭代时,点列会以何种轨迹运行?

(2) 若 $|\lambda| > 1$,且 λ 为重根,而其对应的特征向量维数为 1,即几何重数亏于代数重数时,向量的迭代又会出现何种现象?

(3) 若给定两个方向 α_1 与 α_2 及相关的两个特征值 λ_1 与 λ_2,现构造一个线性变换,其特征值与特征向量分别为上述给定之值,做法如下. 因为 $A\alpha_1 = \lambda_1\alpha_1$,$A\alpha_2 = \lambda_2\alpha_2$,所以

$$A(\alpha_1, \alpha_2) = (\lambda_1\alpha_1, \lambda_2\alpha_2).$$

故

$$A = (\lambda_1\alpha_1, \lambda_2\alpha_2)(\alpha_1, \alpha_2)^{-1}.$$

若

$$\alpha_1 = (1,1)^T, \qquad \alpha_2 = (-1,1)^T,$$
$$\lambda_1 = 2, \qquad \lambda_2 = 1,$$

求 A.

本次实验教师应完成的教学任务包括:

(1) 复习实验中所涉及的线性代数的相关内容,包括矩阵乘法,特征值、特征

向量的相关概念与求法,应提及正交阵概念与相关性质;

　　(2) 解释说明程序的含义及使用方法;

　　(3) 教师应对问题的正确结论做到心中有数;

　　(4) 对"几个问题"中的问题 4,应于课前上机对相关问题做一些实验;

　　(5) 对实验报告提出具体要求.

第4章 微分方程数值解

4.1 算 法

当常微分方程能解析求解时,可利用 MATLAB 符号工具箱中的功能找到精确解.见下例求解方程 $y''+2y'+y=0$.

键入:

```
syms x y                              % 定义符号变量
diff_equ = 'D2y + 2 * Dy - y = 0';    % D2y 表示 y″,Dy = y′.
y = dsolve(diff_equ,'x')✓             % 定义 x 为自变量
y =
    c1 * exp((2^(1/2) - 1) * x) + c2 * exp( - (2^(1/2) + 1) * x)
% 表达式中含 c1 与 c2,表示通解.
% 初始条件为 y(0) = 0,y′(0) = 1 时,按如下方式调用
y = dsolve(diff_equ,'y(0) = 0','Dy(0) = 1','x')✓
y = 1/4 * 2^(1/2) * exp((2^(1/2) - 1) * x) -
    1/4 * 2^(1/2) * exp( - (2^(1/2) + 1) * x)
% 画出函数 y = y(x)的图形
ezplot(y,[ - 2,2])✓
```

图形具体形式请上机试之.

在方程无法获得解析解的情况下,可方便地获得数值解.下面的例子说明用 MATLAB 求数值解的方法及应注意的问题.

例 4.1 求解范德波尔(van der Pol)方程

$$\frac{\mathrm{d}^2 x}{\mathrm{d}t^2} - \mu(1 - x^2)\frac{\mathrm{d}x}{\mathrm{d}t} + x = 0.$$

求解高阶方程,必须等价地变换为一阶微分方程组.对本例,通过定义两个新的变量,实现这一变换.令

$$y1 = x, \qquad y2 = \mathrm{d}x/\mathrm{d}t,$$

则

$$\mathrm{d}y1/\mathrm{d}t = y2,$$
$$\mathrm{d}y2/\mathrm{d}t = \mu(1 - y1^2) * y2 - y1.$$

编写求解程序分为两部分,第一部分为待求解的方程,存盘的文件名为〈待求解方程的函数名.m〉,第二部分为求解主程序,本例中取名为 main1. m.

首先编写待求解方程的 M 文件,文件存盘名为"vdpol. m".

```
function yprime = vdpol(t,y)
yprime(1) = y(2);mu = 2;
yprime(2) = mu * (1 - y(1)^2) * y(2) - y(1);
yprime = [yprime(1);yprime(2)];
```

说明 函数 yprime=vdpol(t,y)中,定义 t 为自变量,y 的形式取决于求解方程的阶数.本例中,y=[y(1),y(2)],y(1)为解向量,y(2)为导数向量. yprime(1)= y′(1),yprime(2)=y″(1),函数返回 van der Pol 方程的导数列向量.因为所求结果为方程数值解,所以各向量维数只有在主程序求解时定下精度后才能确定.

主程序定名为 main1. m,你可用你所喜欢的其他名字,但 vdpol. m 除外.

```
clear functions
% 调试程序时,放置这一语句是必要的.它清除前边已编译的存在于内存中
% 的废弃程序
[t,y] = ode23('vdpol',[0,30],[1,0]);
y1 = y(:,1);            % 解曲线
y2 = y(:,2);            % 解曲线的导数
polt(t,y1,t,y2,'- -')
```

说明 龙格-库塔的 2 阶与 4 阶改进型求解公式的实现,其指令分别为

[t,x]=ode23('f',ts,x0,options),

[t,x]=ode45('f',ts,x0,options),

其中 ts 可由系统依据精度要求自动设定,亦可由使用者依据实际需要自己确定.下面分别进行说明.

(1) 若令 ts=[t0,t1,…,tf],则输出在指定时刻 t0,t1,…,tf 给出,当 ts= t0:k:tf时,输出在区间[t0,tf]的等分点上给出,k 为步长.

(2) 若 ts=[t0,tf],t0 为自变量初值,tf 为终值,此时,options 决定自变量 t 的维数,t 中的时间点不是等间隔的,这是为了保证所需的相对精度,积分算法改变了步长.用于设定误差限的参数 options 可缺省,此时系统设定相对误差为 10^{-3},绝对误差为 10^{-6}.若自行设定误差限,可用如下语句:

options=odeset('reltol',rt,'abstol',at),

这里的 rt 与 at 分别为设定的相对与绝对误差.

需注意的是无论用哪种方法确定 t 的取值方式,t0,tf 必须由使用者确定且应与 x0 相匹配.

x0 为初始条件,本例中 y0=[1,0].因为 ts=[0,30],这意味着解曲线 y(0)= 1,y′(0)=0.一般来说,当解 n 个未知函数的方程组时,x0 为 n 维向量,共含有 n 个初始条件.

　　两个输出参数是列向量 t 与矩阵 x,它们具有相同的行数,而矩阵 x 的列数等于方程组的个数. 本例中 y 的列数为 2,其中 y(:,1)为自变量 t 上各点函数值,y(:,2)为 t 上各点导数值.

　　最后,提请读者注意的是:ode45 也不总是比 ode23 好,在很多时候,低阶算法更有效,有关微分方程数值解法的更进一步信息,请参考数值分析方面的书籍. 有些参考书提供了一些关于算法选择和如何处理那些时间常数变化范围大的病态方程的非常实用的算法.

4.2　欧拉与龙格-库塔方法

　　设有一阶方程与初始条件

$$\begin{cases} y' = f(x,y), \\ y(x_0) = y_0, \end{cases} \tag{4.1}$$

其中 $f(x,y)$ 适当光滑,关于 y 满足 Lipschitz 条件,即存在 L 使

$$\mid f(x,y_1) - f(x,y_2) \mid \leqslant L \mid y_1 - y_2 \mid,$$

则(4.1)式的解存在且唯一.

　　关于 $y=y(x)$ 的解析解一般难以求到或根本无解析解,因而,实际问题中,通常采用差分的方法. 在一系列离散点 $x_1 < x_2 < \cdots < x_n < \cdots$ 上寻求其数值近似解 $y_1, y_2, \cdots, y_n, \cdots$. 相邻两个节点间的间距 $h_n = x_{n+1} - x_n$ 称为步长,一般取等步长 h,则 $x_n = x_0 + nh, n = 1, 2, \cdots$.

1. 欧拉方法

　　在区间 $[x_n, x_{n+1}]$ 上用差商

$$\frac{y(x_{n+1}) - y(x_n)}{h}$$

代替(4.1)式中 y',对 $f(x,y)$ 中 x 在 $[x_n, x_{n+1}]$ 上取值 x_n 还是 x_{n+1} 而形成向前欧拉公式与向后欧拉公式.

向前欧拉公式

　　$f(x,y)$ 取左端点 x_n,得如下公式:

$$y(x_{n+1}) \approx y(x_n) + hf(x_n, y(x_n)). \tag{4.2}$$

从 x_0 点出发,由初值 $y(x_0) = y_0$ 代入(4.2)求得

$$y_1 = y_0 + hf(x_0, y_0). \tag{4.3}$$

反复利用式(4.2),有

$$y_{n+1} = y_n + hf(x_n, y_n), \qquad n = 0, 1, 2, \cdots, \tag{4.4}$$

其几何意义如图 4.1 所示.

图 4.1 中 $y=y(x)$ 为方程(4.1)的精确解曲线,其上任意点 (x,y) 处切线斜率为 $f(x,y)$. 从初值 $P_0(x_0,y_0)$ 点出发,用该点斜率 $f(x_0,y_0)$ 作一直线段,在 $x=x_1$ 处得到 $P_1(x_1,y_1)$,y_1 由(4.3)式确定,再从 $P_1(x_1,y_1)$ 出发,以 $f(x_1,y_1)$ 为斜率作直线段,在 $x=x_2$ 处得到 $P_2(x_2,y_2)$,这一过程继续下去,形成折线 $P_0P_1P_2\cdots$,作为积分曲线 $y=y(x)$ 的近似. 用 $y(x_{n+1})$ 表示在 x_{n+1} 处的精确值,y_{n+1} 为解的近似值,不难得到

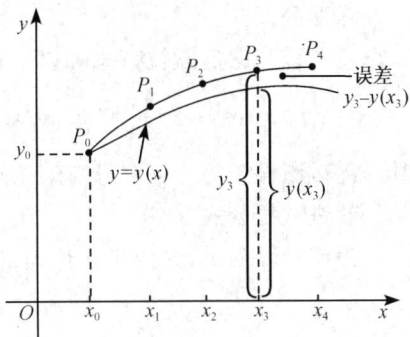

图 4.1

$$y(x_{n+1}) - y_{n+1} = \frac{h^2}{2}y''(x_n) + O(h^3) = O(h^2).$$

这一误差称为局部截断误差. 若一种算法局部截断误差为 $O(h^{P+1})$,则称该算法具有 P 阶精度,所以向前欧拉公式具有 1 阶精度.

向后欧拉公式

若 $f(x,y)$ 中 x 取 $[x_n,x_{n+1}]$ 中的 x_{n+1},则有如下公式:

$$y_{n+1} = y_n + hf(x_{n+1},y_{n+1}), \qquad n = 0,1,2,\cdots. \tag{4.5}$$

称式(4.5)为向后欧拉公式. 因为此式中 y_{n+1} 未知,故称其为隐式公式,无法用其直接计算 y_{n+1},一般用向前欧拉公式产生初值

$$y_{n+1}^{(0)} = y_n + hf(x_n,y_n), \qquad n = 0,1,2,\cdots.$$

再按下式迭代

$$y_{n+1}^{(k+1)} = y_n + hf(x_{n+1},y_{n+1}^{(k)}), \qquad k = 0,1,\cdots, n = 0,1,\cdots.$$

其误差估计为

$$y(x_{n+1}) - y_{n+1} = -\frac{h^2}{2}y''(x_n) + O(h^3) = O(h^2),$$

图 4.2

精度亦为 1 阶. 将向前欧拉公式(4.4)与向后欧拉公式(4.5)及它们的误差的几何说明作一对比,是十分有益的,见图 4.2.

为讨论局部截断误差,在图 4.2 中设点 $P_n(x_n,y_n)$ 落在积分曲线 $y=y(x)$ 上,按式(4.4)及式(4.5)分别得 P_{n+1} 点为 A 与 B,且 A,B 点一定在积分曲线 $y=y(x)$ 上相应点 θ 的上、下两边,所以将式(4.4)与式(4.5)平均,一定能得到更好的结果.

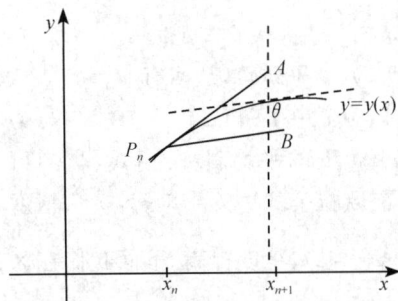

梯形公式

将向前与向后欧拉公式加以平均得到所谓梯形公式

$$y_{n+1} = y_n + \frac{h}{2}[f(x_n,y_n) + f(x_{n+1},y_{n+1})], \qquad n = 0,1,2,\cdots, \qquad (4.6)$$

其局部截断误差为 $O(h^3)$，具有 2 阶精度.

改进欧拉公式

为使计算简单，又免去迭代的繁复，将公式(4.6)简化为两步：

$$\bar{y}_{n+1} = y_n + hf(x_n,y_n),$$

$$y_{n+1} = y_n + \frac{h}{2}[f(x_n,y_n) + f(x_{n+1},\bar{y}_{n+1})], \qquad n = 0,1,2,\cdots, \qquad (4.7)$$

或写为

$$\begin{cases} y_{n+1} = y_n + \dfrac{h}{2}(k_1 + k_2), \\ k_1 = f(x_n,y_n), \qquad\qquad n = 0,1,2,\cdots. \\ k_2 = f(x_{n+1},y_n + hk_1), \end{cases} \qquad (4.8)$$

最后指出，上述欧拉方法可推广至微分方程组，如

$$\begin{cases} y' = f(x,y,z), \\ z' = g(x,y,z), \\ y(x_0) = y_0, \\ z(x_0) = z_0. \end{cases}$$

向前欧拉公式为

$$\begin{cases} y_{n+1} = y_n + hf(x_n,y_n,z_n), \\ z_{n+1} = z_n + hg(x_n,y_n,z_n), \end{cases} \qquad n = 0,1,2,\cdots.$$

2. 龙格-库塔方法

由微分中值定理有

$$[y(x_{n+1}) - y(x_n)]/h = y'(x_n + \theta h), \qquad 0 < \theta < 1.$$

又因为 $y' = f(x,y)$，所以 $y'(x_n + \theta h) = f(x_n + \theta h, y(x_n + \theta h))$，从而有

$$y(x_{n+1}) = y(x_n) + hf(x_n + \theta h, y(x_n + \theta h)). \qquad (4.9)$$

令 $\bar{k} = f(x_n + \theta h, y(x_n + \theta h))$，称其为区间 $[x_n, x_{n+1}]$ 上的平均斜率. 由式(4.9)可知，给出一种平均斜率，可相应导出一种算法. 向前欧拉公式中 $\bar{k} = f(x_n,y_n)$，精度低. 改进欧拉公式中取 $\bar{k} = \frac{1}{2}(f(x_n,y_n) + f(x_{n+1},y_{n+1}))$，精度提高. 下面我们在区间 $[x_n,x_{n+1}]$ 内多取几个点，将其斜率加权平均，就能构造出精度更高的计算公式. 公式的推导不再具体给出，只开列具体结果.

2 阶龙格-库塔公式

$$\begin{cases} y_{n+1} = y_n + h(\lambda_1 k_1 + \lambda_2 k_2), \\ k_1 = f(x_n, y_n), \\ k_2 = f(x_n + \alpha h, y_n + \beta h k_1), \qquad 0 < \alpha, \beta < 1, \end{cases} \qquad (4.10)$$

其中 $\lambda_1 + \lambda_2 = 1, \lambda_2 \alpha = \dfrac{1}{2}, \lambda_2 \beta = \dfrac{1}{2}$. 由于 4 个未知数只有 3 个方程,所以解不唯一.

若令 $\lambda_1 = \lambda_2 = \dfrac{1}{2}, \alpha = \beta = 1$,即得改进欧拉公式,具有 2 阶精度.

4 阶龙格-库塔公式

只给出经典格式中最常用的一种.

$$\begin{cases} y_{n+1} = y_n + \dfrac{h}{6}(k_1 + 2k_2 + 2k_3 + k_4), \\ k_1 = f(x_n, y_n), \\ k_2 = f\left(x_n + \dfrac{h}{2}, y_n + \dfrac{h}{2}k_1\right), \\ k_3 = f\left(x_n + \dfrac{h}{2}, y_n + \dfrac{h}{2}k_2\right), \\ k_4 = f(x_n + h, y_n + hk_3), \end{cases} \qquad (4.11)$$

其计算精度为 4 阶.

4.3 模型与实验

1. 模型与问题

例 4.2 单摆运动.

图 4.3 中一根长 l 的细线,一端固定,另一端悬挂质量为 m 的小球,在重力作用下,小球处于竖直的平衡位置. 现使小球偏离平衡位置一个小的角度 θ,然后使其自由运动. 在不考虑空气阻力情形下,小球将沿弧线作周期一定的简谐运动.

$\theta = 0$ 为平衡位置,在小球摆动过程中,当与平衡位置夹角为 θ 时,小球所受重力在其运动轨迹的分量为 $-mg\sin\theta$(负号表示力的方向使 θ 减少). 由牛顿第二定律可得微分方程

$$ml\theta''(t) = -mg\sin\theta. \qquad (4.12)$$

设小球初始偏离角度为 θ_0,且初速为 0,式(4.12)的初始条件为

图 4.3

$$\theta(0) = \theta_0, \qquad \theta'(0) = 0. \qquad (4.13)$$

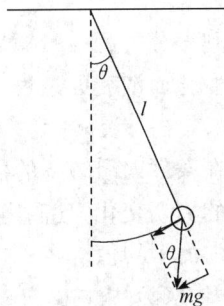

当 θ_0 不大时, $\sin\theta \approx \theta$, 式(4.12)化为线性常系数微分方程

$$\theta' + \frac{g}{l}\theta = 0, \tag{4.14}$$

解得

$$\theta(t) = \theta_0 \cos\sqrt{\frac{g}{l}}t. \tag{4.15}$$

简谐运动的周期为 $T = 2\pi\sqrt{\dfrac{l}{g}}$.

现在的问题是: 当 θ_0 较大时, 仍用 θ 近似 $\sin\theta$, 误差太大, 式(4.12)又无解析解. 试用数值方法在 $\theta_0 = 30°$, $\theta_0 = 10°$ 两种情况下求解, 画出 $\theta(t)$ 的图形, 与近似解(4.15)比较, 这里设 $l = 25$cm.

例 4.3 捕食与被捕食.

鲨鱼捕食小鱼, 简记为乙捕食甲, 在时刻 t, 小鱼的数量为 $x(t)$, 鲨鱼的数量为 $y(t)$. 当甲独立生存时它的(相对)变化率与种群数量成正比, 即有 $x'(t) = rx(t)$, r 为增长率, 而乙的存在使甲的增长率 r 减少. 设减少率与乙的数量成正比, 而得微分方程

$$x'(t) = x(t)(r - ay(t)) = rx - axy, \tag{4.16}$$

比例系数 a 反映捕食者掠取食饵的能力.

乙离开甲无法生存, 设乙独自存在时死亡率为 d, 即 $y'(t) = -dy(t)$. 甲为乙提供食物, 使乙的死亡率 d 降低, 而促使其数量增长. 这一作用与甲的数量成正比, 于是 $y(t)$ 满足

$$y'(t) = y(-d + bx(t)) = -dy + bxy, \tag{4.17}$$

比例系数 b 反映甲对乙的供养能力. 设若甲, 乙的初始数量分别为

$$x(0) = x_0, \qquad y(0) = y_0, \tag{4.18}$$

则微分方程(4.16),(4.17)及初始条件(4.18)确定了甲, 乙数量 $x(t)$, $y(t)$ 随时间变化而演变的过程. 但该方程无解析解, 试用数值解讨论以下问题.

(1) 设 $r = 1$, $d = 0.5$, $a = 0.1$, $b = 0.02$, $x_0 = 25$, $y_0 = 2$, 求方程(4.16),(4.17)在条件(4.18)下的数值解, 画出 $x(t)$, $y(t)$ 的图形及相图 (x, y), 观察解 $x(t)$, $y(t)$ 的周期变化, 近似确定解的周期和 x, y 的最大、最小值, 近似计算 x, y 在一个周期内的平均值.

(2) 从式(4.16)和(4.17)消去 dt 得到

$$\frac{dx}{dy} = \frac{x(r - ay)}{y(-d + bx)}, \tag{4.19}$$

解方程(4.19),得到的解即为相轨线, 说明这是封闭曲线, 即解确为周期函数.

(3) 将方程(4.17)改写为

$$x(t) = \frac{1}{b}\left[\frac{y'}{y} + d\right], \tag{4.20}$$

在一个周期内积分,得到 $x(t)$ 一周期内的平均值,类似可得 $y(t)$ 一周期内的平均值,将近似计算的结果与理论值比较.

2. 实验

(1) 方程(单摆问题)

$$\begin{cases} ml\theta'' = -mg\sin\theta, \\ \theta(0) = \theta_0, \qquad \theta'(0) = 0 \end{cases}$$

无解析解,为求其数值解,先将其化为等价的一阶方程组. 令 $x_1 = \theta, x_2 = \theta'$,方程化为

$$\begin{cases} x_1' = x_2, \\ x_2' = -\dfrac{g}{l}\sin x_1, \\ x_1(0) = \theta_0, \qquad x_2(0) = 0, \end{cases}$$

其中 $g = 9.8, l = 25, \theta_0$ 为 $10° \approx 0.1745$(弧度)与 $30° \approx 0.5236$(弧度)两种情况. 具体编程如下:

先以 danbai.m 为文件名存放待解方程. 键入:

```
function xdot = danbai(t,x)        % x = [x(1),x(2)],
g = 9.8;1 = 25;                    %x(1)为解向量,x(2)是导数.
xdot(1) = x(2);                    % xdot(1) = x'(1) = θ'
xdot(2) = - g/1 * sin(x(1));       % xdot(2) = θ''
xdot = [xdot(1);xdot(2)];          % 必须将导数向量以列向量形式给出.
```

再以主程序(求数值解)调用待求方程,主程序用 main2.m 为文件名存盘,其代码如下:

```
clear functions
[t,x] = ode23('danbai',[0,10],[0.1745,0])
```

% 只计算 $\theta_0 = 10° = 0.1745$(弧度)的情形.

% 对近似解 $\theta(t) = \theta_0\cos wt, w = \sqrt{\dfrac{g}{1}}$,周期 $T = 2\pi\sqrt{\dfrac{1}{g}}$

```
w = sqrt(9.8/25);
y = 0.1745 * cos(w * t);
[t,x(:,1),y]                        % 显示数据,无分号.
hold on                            % 欲在同一幅图中画近似解.
plot(t,x(:,1),'b')                 % 画数值解,绿色.
```

```
plot(t,y,'g * ')                          ％ 用 * 号,红色画近似解.
hold off
```
(2) 食饵-捕食者.

方程

$$x'(t) = rx - axy,$$
$$y'(t) = -dy + bxy$$

可化为如下形式:

$$\begin{bmatrix} \dot{x} \\ \dot{y} \end{bmatrix} = \begin{bmatrix} r - ay & 0 \\ 0 & -d + bx \end{bmatrix} \begin{bmatrix} x \\ y \end{bmatrix}.$$

初始条件 $x(0) = x_0, y(0) = y_0$ 表示为

$$\begin{bmatrix} x(0) \\ y(0) \end{bmatrix} = \begin{bmatrix} x_0 \\ y_0 \end{bmatrix}.$$

以 shier. m 存盘如下代码.

```
function xdot = shier(t,x)
r = 1;d = 0.5;a = 0.1;b = 0.02;
xdot = diag([r - a * x(2), - d + b * x(1)]) * x;
```

$$％\ x = \begin{bmatrix} x(1) \\ x(2) \end{bmatrix} = \begin{bmatrix} x \\ y \end{bmatrix}. xdot = \begin{bmatrix} \dot{x} \\ \dot{y} \end{bmatrix}$$

以 main3. m 存盘如下代码.

```
clear functions
ts = 0:0.1:15;
x0 = [25,2];
[t,x] = ode45('shier',ts,x0);
[t,x]                                     ％ 显示数据 t,x,y
plot(t,x)
grid                                      ％ 加网格线
gtext('x(t)'),gtext('y(t)'),              ％ 用点鼠标方式
pause,figure(2)                           ％ 将 x₁(t),x₂(t)放至指定点
plot(x(:,1),x(:,2))                       ％ 以 x(1)与 x(2)为坐标点画相图
grid
xlabel('x'),ylabel('y')
```

可以猜测,$x_1(t)$ 与 $x_2(t)$ 是周期函数,相图 (x_1,x_2) 是封闭曲线,从数值解可近似定出周期为 10.7,x_1 的最大和最小值分别为 99.3 与 2.0,x_2 的最大和最小值分别为 28.4 和 2.0.为求 x_1 与 x_2 在一个周期的平均值,只需键入:

```
y1 = x(1:108,1);                          ％ x₁ 周期为 10.7
```

```
x1p = trapz(y1) * 0.1/10.7,          % trapz(y1)返回按
y2 = x(1:108,2);                     % 梯形法对 y1 的积
x2p = trapz(y2) * 0.1/10.7,          % 分值 $\sum\limits_{i=1}^{107}\dfrac{y1(i)+y1(i+1)}{2}\Delta x_i$
```

可得 $\overline{x}_1=25,\overline{x}_2=10$.

对方程 $\dfrac{\mathrm{d}x}{\mathrm{d}y}=\dfrac{x(r-ay)}{y(-d+bx)}$ 化为 $\dfrac{-d+bx}{x}\mathrm{d}x=\dfrac{r-ay}{y}\mathrm{d}y$,积分得解

$$(x^d\mathrm{e}^{-bx})(y^r\mathrm{e}^{-ay})=c, \tag{4.21}$$

即为原方程组的相轨线,其中 c 由初始条件确定. 为说明上述相轨线是封闭的,令

$$f(x)=x^d\mathrm{e}^{-bx}; \qquad g(y)=y^r\mathrm{e}^{-ay},$$

设其最大值分别为 f_m,g_m. 若 x_0,y_0 满足

$$f(x_0)=f_m, \qquad f(y_0)=g_m,$$

则有 $x_0=\dfrac{d}{b},y_0=\dfrac{r}{a}$(令 $f'=0,g'=0$,可解出 x_0,y_0). 又当 $f_m\cdot g_m\geqslant c$ 时,相轨线 (4.21)有意义. 当 $f_mg_m=c$ 时,相轨线退化为一个点 $P(x_0,y_0)$. 对 $0<c<f_mg_m$ 时,相轨线如图 4.4(c)所示,而图 4.4(a),图 4.4(b)分别为 $f(x)$ 与 $g(y)$ 的图像. 下面讨论如何由图 4.4(a),图 4.4(b)画图 4.4(c).

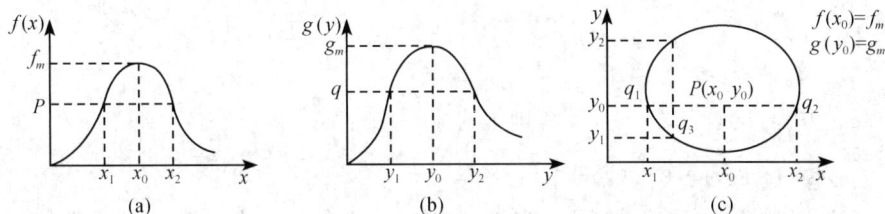

图 4.4

设 $c=pg_m(0<p<f_m)$. 若令 $y=y_0$,则有 $f(x)=p$. 由图 4.4(a)知,$\exists x_1,x_2$, 使 $f(x_1)=f(x_2)=p$,且 $x_1<x_0<x_2$,于是相轨线应过 $q_1(x_1,y_0)$ 与 $q_2(x_2,y_0)$,对 $x\in(x_1,x_2),f(x)>p$. 由 $f(x)g(y)=pg_m\Rightarrow g(y)<g_m$,令 $g(y)=q$,又由图 4.4 (b)知,存在 y_1,y_2 使 $g(y_1)=g(y_2)=q$,且 $y_1<y_0<y_2$,于是相轨线又过 $q_3(x,y_1)$ 与 $q_4(x,y_2)$两点. 所以对 q_1,q_2 间每个 x,轨线总要通过纵坐标为 $y_1,y_2(y_1<y_0<y_2)$的两点,于是相轨线是一条封闭曲线.

相轨线封闭等价于 $x(t),y(t)$ 是周期函数,记周期为 T. 为求其在一个周期内 的平均值 $(\overline{x},\overline{y})$,由

$$x(t)=\frac{1}{b}\left(\frac{\dot{y}}{y}+d\right)$$

两边在一个周期内积分有($y(0)=y(T)$)

$$\bar{x} = \frac{1}{T}\int_0^T x(t)\mathrm{d}t = \frac{1}{T}\left[\frac{\ln y(T) - \ln y(0)}{b} + \frac{dT}{b}\right] = \frac{d}{b}.$$

同理

$$\bar{y} = \frac{r}{a}.$$

从而

$$\bar{x} = x_0, \qquad \bar{y} = y_0,$$

即 $x(t), y(t)$ 的平均值恰为相轨线中心点 p 的坐标. 提请读者注意的是: 这里的 x_0 与 y_0 与初始条件中的 x_0, y_0 不是一件事.

注意到 r, d, a, b 在生态学上的意义, 上述结果表明, 捕食者的数量与食饵的增长率成正比, 与它掠取食饵的能力成反比, 食饵的数量与捕食者死亡率成正比, 与它供养捕食者的能力成反比.

3. 练习内容

(1) 编写改进欧拉公式求微分方程数值解的程序, 并用其与 ode23 求下列微分方程数值解, 对二者作出比较.

(a) $y' = x^2 - y^2, y(0) = 0$ 或 $y(0) = 1$.

(b) $x^2 y'' + xy' + (x^2 - n^2)y = 0, \ y\left(\dfrac{\pi}{2}\right) = 2, \ y'\left(\dfrac{\pi}{2}\right) = -\dfrac{2}{\pi}$

$\left(\text{Bessel 方程, 这里令 } n = \dfrac{1}{2}, \text{其精确解为 } y = \sin x \sqrt{\dfrac{2\pi}{x}}\right).$

(c) $y'' + y\cos x = 0, y(0) = 1, y'(0) = 0.$

(2) 倒圆锥形容器, 上底面直径为 1.2 m, 容器的高亦为 1.2 m, 在锥尖的地方开有一直径为 3 cm 的小孔, 容器装满水后, 下方小孔开启. 由水利学知识可知当水面高度为 h 时, 水从小孔中流出的速度为 $v = \sqrt{2gh}, g$ 为重力加速度. 若孔口收缩系数为 0.6 (若一个面积单位的小孔向外出水时, 水柱截面积为 0.6), 问水从小孔中流完需多少时间? 2 分钟时, 水面高度是多少?

(3) 一只小船渡过宽为 d 的河流, 目标是起点 A 正对着的另一岸上 B 点, 已知河水流速 v_1 与船在静水中的速度 v_2 之比为 k, 且在渡河过程中, 船头始终指向 B.

(a) 建立小船航线的方程, 求其解析解.

(b) 设 $d = 100$ m, $v_1 = 1$ m/s, $v_2 = 2$ m/s, 用数值解法求渡河所需时间, 任意时刻小船的位置及航行曲线, 作图并与解析解比较.

(c) 若流速 v_1 为 $0, 0.5, 2$ (m/s), 结果将如何?

(4) 研究种群竞争模型. 当甲、乙两个种群各独自生存时, 数量演变服从下面规律

$$\dot{x}(t) = r_1 x \left(1 - \frac{x}{n_1}\right), \qquad \dot{y}(t) = r_2 y \left(1 - \frac{y}{n_2}\right),$$

其中 $x(t), y(t)$ 分别为 t 时刻甲,乙两个种群的数量,r_1, r_2 为其固有增长率,n_1, n_2 为它们的最大容量.而当这两个种群在同一环境中生存时,由于乙消耗有限资源而对甲的增长产生影响,将甲的方程修改为

$$\dot{x} = r_1 x \left(1 - \frac{x}{n_1} - s_1 \frac{y}{n_2}\right), \tag{4.22}$$

这里 s_1 的含义是:对于供养甲的资源而言,单位数量乙(相对 n_2)的消耗率为单位数量甲(相对 n_1)消耗的 s_1 倍.类似地,甲的存在亦影响乙的增长,乙的方程应改为

$$\dot{y}(t) = r_2 y \left(1 - s_2 \frac{x}{n_1} - \frac{y}{n_2}\right). \tag{4.23}$$

给定种群的初始值为

$$x(0) = x_0, \qquad y(0) = y_0, \tag{4.24}$$

及参数 $r_1, r_2, s_1, s_2, n_1, n_2$ 后,方程(4.22)与(4.23)确定了两种群的变化规律,因其解析解不存在,试用数值解法研究以下问题.

(a) 设 $r_1 = r_2 = 1, n_1 = n_2 = 100, s_1 = 0.5, s_2 = 2, x_0 = y_0 = 10$,计算 $x(t), y(t)$,画出它们的图形及相图 (x, y),说明时间 t 充分大以后 $x(t), y(t)$ 的变化趋势(人们今天看到的已经是自然界长期演变的结果).

(b) 改变 r_1, r_2, x_0, y_0,但 s_1 与 s_2 不变(保持 $s_1 < 1, s_2 > 1$),分析所得结果.若 $s_1 = 1.5(>1), s_2 = 0.7(<1)$,再分析结果,由此你得到什么结论,请用各参数生态学上的含义作出解释.

(c) 实验当 $s_1 = 0.8(<1), s_2 = 0.7(<1)$ 时会有什么结果;当 $s_1 = 1.5(>1), s_2 = 1.7(>1)$ 时又会出现什么结果,能解释这些结果吗?

第 5 章 曲 线 拟 合

在高等数学课程学习中,我们知道 $y = e^x$ 在 $(-\infty, +\infty)$ 内可由多项式

$$P_n(x) = \sum_{k=0}^{n} \frac{1}{k!} f^{(k)}(0) x^k$$

逼近,即 e^x 在 0 点的函数值及各阶导数值决定了 $y = e^x$ 在任意点的函数性质. 但在许多物理问题中,在不同时域段内,具有完全割裂的毫不相干的性质. 其次,一般地说,要提高逼近精度,多项式次数亦随之提高,而造成逼近曲线拐点增多及计算的不稳定性. 为弥补这些缺陷,样条函数理论及小波分析理论等日渐发展,在航空航天、造船、汽车等外形的设计及计算机成图理论中,应用越来越广泛,已成为函数逼近理论中的活跃分支.

本节同学们将依据所介绍的基本思想做如下工作.

(1) 自行推导一个曲线磨光逼近公式.

(2) 考虑对公式的改进方法.

(3) 学习简单的误差分析.

(4) 提出进一步的问题.

5.1 磨 光 公 式

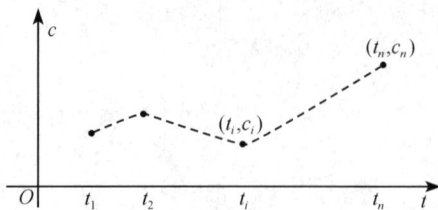

图 5.1

在绘制某地区的温度随时间变化而变化的温度曲线时,能得到的信息是一系列的时间 $t_1, t_2, \cdots, t_n$ 及关于这些时间的温度值,构成 n 个数对 $(t_1, c_1), (t_2, c_2), \cdots, (t_n, c_n)$,称这些数对为型值点,在时间温度平面,表现为一些孤立的点,如图 5.1 所示.

在时间与温度之间事实上存在一个函数关系 $c = f(t)$,且此 f 还是连续的. 只是这个关系我们不清楚它的形式而已. 自然,我们希望能画出一条 $c = f(t)$ 的近似曲线,以直观帮助我们了解这一地区任意时刻的温度变化情况.

最自然的想法是用直线段连接测量到的 n 个数对,得到一个折线函数 $s(t)$,如图 5.1 中的虚折线.

图 5.1 中,只形式地给出了 4 个型值点,但这样得到的曲线很不好看. 在温度问题中,折线 $s(t)$ 还勉强可以使用,但在其他一些场合中就有问题了. 比如,给了一

些理论上计算出来的型值点,要绘制某一飞机机翼处截面曲线(图 5.2(a)),却给出如图 5.2(b)所示的带有棱角的折线,这如何能令设计部门满意呢? 在计算机成图上亦有类似问题.

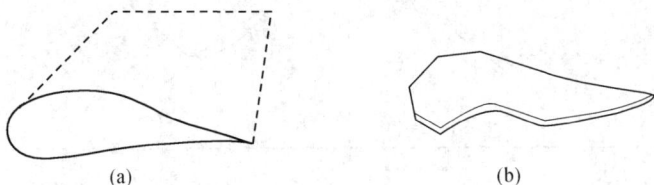

(a)　　　　　　　　(b)

图 5.2

那么,对折线函数 s 如何改善其外观呢? 行之有效的方法之一是磨光,即锉去棱角,如图 5.3 所示.这可能立刻引起同学们的疑虑.首先,锉去了一个棱角,却随之而来产生了两个新棱角,即磨去 (x_1,y_1) 点,用虚线段代替折线段,产生了新的折点 (x_{11},y_{11}) 与 (x_{12},y_{12});其次,新的折线段不再过型值点;当然,还有一些更深层次的问题.

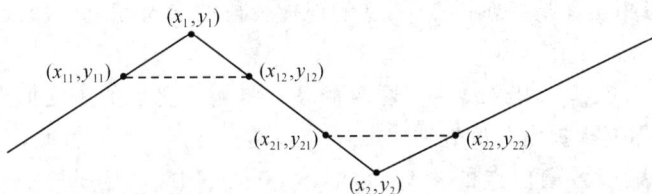

图 5.3

对第一个问题,答案是对新产生的棱角继续磨,类似于用锉刀磨一个方木棒为一个"圆木棒"的过程,直至在计算机上得到满意图形为止.至于新的折线不过型值点问题,你能否找到一个处理方法呢?

为增强感性认识,请编写一个名为 smooth 的程序,下面是其要求.

输入:(1) 函数 $y=f(x)$,区间端点 a 和 b;

(2) 磨削量 k;

(3) 磨削次数 $m=1$;

(4) 画出三条曲线,包括 $y=f(x)$,$s=s_n(x)$ 与磨去角后新的折线函数.

一次磨削后(参阅图 5.4)新的折点 1,2,3,4 在 x 轴投影为①,②,③,④.出于某种原因,取①,②点关于 x_i,③,④点关于 x_{i+1} 分别对称.这样,磨削量的大小,取决于①,②点及③,④点间的距离.为简化问题,取 $x_i-x_{i-1}=x_{i+1}-x_i$,并令②－①＝④－③.这样,对原型值点而言,每一个折点处的切削量都一样,具有统一的 $h=②－①$.对磨削次数 m 赋初值 1,只有当选择合适的 h 时,m 才可赋其他值.

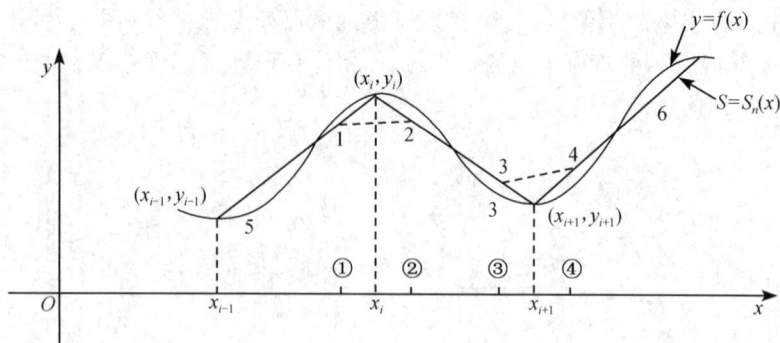

图 5.4

所画通过各型值点的光滑曲线 $y=f(x)$，是被折线逼近的未知函数. 当然，在实验中，它应是已知的，以验证你的逼近效果.

问题 1 h 取什么值时，高次磨光可继续进行而不产生交叉磨削？

问题 2 若希望折线对逼近曲线有近似相切性，需取①，②点关于 x_i 点对称，你如何证明.

所谓近似相切性是指新折点①，②的连接线段的斜率相近于曲线 $y=f(x)$ 在 x_i 点的切线斜率.

问题 3 对 (x_1,y_1) 与 (x_n,y_n) 这两个只有单侧信息点的磨光问题，应依据实际问题处理，你能否提出几种处理方案.

问题 4 假设各型值点的横坐标 $x_1,x_2,\cdots,x_n$ 中，满足 $x_i-x_{i-1}=h,i=2,3,\cdots,n$，那么 $x_i=x_1+ih,i=1,2,\cdots,n$. 现以 5 个型值点为例，在问题 2 的基础上，试给出一次磨光后新的折线曲线各折点处 $(x_j^{(1)},y_j^{(1)})$ 的计算公式，这里磨削量 $h^{(1)}=\dfrac{h}{2}$.

问题 5 在问题 4 的基础上给出二次磨光后折点 $(x_k^{(2)},y_k^{(2)})$ 的计算公式，要求在 $x_k^{(2)},y_k^{(2)}$ 的表达式中只出现 x_i,y_i 各项，即只包括原始型值点的已知数据.

问题 6 设有 n 个原始型值点，原始步长为 h，第 l 次削角磨光后折线折点记为 $(x_m^{(l)},y_m^{(l)})$，给出它们的计算公式.

5.2 修正与误差

由 5.1 节的讨论知，磨光后的折线不再过型值点，这是所不希望的，修正的办法是调整原型值点，使在修正之后的型值点基础上磨削后的曲线恰好通过原型值点. 为达到此目的，需同学们做如下工作.

问题 1 l 次磨光后的折线在每个原始型值点处误差与第一次磨光后的误差

有无区别?

问题 2 仍以 5 个型值点为例,在 5.1 节问题 6 的基础上,需要修正的值为 y_1,y_2,y_3,y_4,y_5,修正后的值为 y_1',y_2',y_3',y_4',y_5',则容易得出如下修正公式:

$$A\bar{y} = d,$$

其中

$$\bar{y} = \begin{bmatrix} y_1' \\ y_2' \\ y_3' \\ y_4' \\ y_5' \end{bmatrix}, \qquad d = \begin{bmatrix} 8y_1 - y_0 \\ 8y_2 \\ 8y_3 \\ 8y_4 \\ 8y_5 - y_6 \end{bmatrix}.$$

这里 d 中 y_0 与 y_6 为自定义的两个值,参考 5.1 节问题 3,A 为一个 5×5 矩阵,试写出矩阵 A 的形式并利用 MATLAB 求出 A^{-1}.

注 关于 A 的 LU 分解及 A^{-1} 的字母形式及数值形式均可由手算得到,这样做对误差分析似乎有些帮助.

关于误差分析有各种手段,这里只介绍一种同学们已学过的方法,借助函数在一点展成 Taylor 多项式与误差项和的形式分析误差. 假设 $y=f(x)$ 在 x_i 点处具有二阶导数,则 y 在 x_i 点可写为

$$f(x) = f(x_i) + f'(x_i)(x-x_i) + \frac{f''(x_i)}{2!}(x-x_i)^2 + o((x-x_i)^2).$$

令 $h=|x-x_i|$,D 表示一阶微分算子,I 表示恒同算子,$Df(x_i)=f'(x_i)$,$If(x_i)=f(x_i)$.

$$f(x_i+h) = \left(I + hD + \frac{h^2}{2}D^2\right)f(x_i) + o(h^2) \qquad (x>x_i),$$

$$f(x_i-h) = \left(I - hD + \frac{h^2}{2}D^2\right)f(x_i) + o(h^2) \qquad (x<x_i).$$

下面估计在 $\left[x_i-\dfrac{h^2}{2},x_i+\dfrac{h^2}{2}\right]$ 上,$f(x)$ 与一次磨光折线函数 $s_1(x)$ 的误差,此时 $s_1(x)$ 为分段线性函数.

说明 前面的估计是型值点调整之前的误差分析,型值点调整后还应考虑线性变换 A 产生的误差,深入细致的讨论不作要求,只简单叙述一下思想. 由 A 的形式,其特征值 λ 满足 $|\lambda-6|\leqslant2$,或 $4\leqslant\lambda\leqslant8$,从而 A^{-1} 的特征值 η 满足 $\dfrac{1}{8}\leqslant\eta\leqslant\dfrac{1}{4}$,利用这一结果可估计出型值点调整后的磨光函数与 $f(x)$ 的误差为 $o(h^2)$ 数量级.

问题 3 试写出 $s_1(x)$ 在 $\left[x_i-\dfrac{h}{2},x_i+\dfrac{h}{2}\right]$ 上的表达式,并转化算子形式,从而估计 $|f(x)-s_1(x)|$.

5.3　进一步讨论的问题

当不再要求诸 x_i 点之间为等距时,会产生一些新的问题.

问题 1　当型值点中横坐标诸 x_i 非等距时,可否总结出一套计算方法呢?如是否可人为增加一些型值点,使增加之后的型值点集合中,横坐标近似等距呢?又如就利用原型值点进行磨光呢?可编写一个程序实验.

问题 2　此类方法可否推广至曲面磨光?当然,这需要做大量工作,但若略去细节,只给一个大概思想,你是否可提出一些方案呢?

问题 3　按照标准提出的思想,编写一个曲面磨光的程序,磨光次数暂定为 1 次,如果效果令人鼓舞,在此基础上再作高次磨光,这会是件很有意思的工作.

第6章 图的着色

"图"一词在微积分中意味着函数 $y = f(x)$ 的直观模拟,在这里,则表示由一些点和连接这些点的一些边组成的点、线集合.

图论中的内容最初是为解决字谜、九宫图及一些娱乐消遣性问题提供的某些数学方法. 而这些方法的第一个严肃应用是基于化学分子的研究,如甲烷分子 CH_4,见图 6.1(a). 第一位认识到化学与图论之间关系的著名数学家是在美国约翰·霍普金斯大学工作的英国人西尔维斯特(1814~1897),正是他把"化学分子图形的表示"这一术语缩短为数学上的结点和边组成的"图".

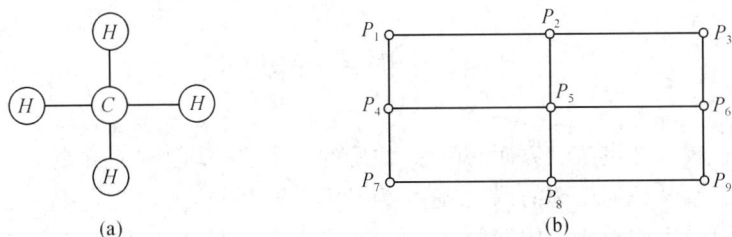

图 6.1

观察图 6.1(b),这是一个图的例子,是由节点与线组成的集合. 节点可作为你要去的旅游城市,而线则理解为连接城市之间的路. 当你打算游遍他们时,你自然要选择一个至少你认为最好的旅游路线,以使总花费最小. 这要借助图的理论.

背景人物 Leonhard Euler(1707~1783).

Euler 出生于瑞士的巴塞尔,他从当牧师的父亲那儿学到了一些数学的基本知识后,来到 Basel 大学,师从于当时著名的微积分大师之一的约翰·伯努利. 进一步学习至 20 岁时,在圣彼得堡,被沙皇彼得大帝创建的科学院吸收为会员. 在前俄国工作 14 年后的 1741 年,普鲁士国王腓特烈大帝说服他到柏林领导普鲁士科学院.

Euler 质朴无华的品性与普鲁士科学院不相适应. 1735 年他一只眼失明,1766 年另一只眼也失明. 俄国人对他表示的敬重、热情,也许还有他们提出的帮助他克服失明所带来不便的意愿,最终使他返回彼得堡,并在那里渡过了他生命的最后 17 年.

失明对一个数学家来说似乎是一个灭顶之灾,但像贝多芬失聪一样,失明丝毫没有减少 Euler 的工作. 借助于惊人的记忆力,他向秘书口述了许多篇数学论文,这些论文影响了几乎每一个数学领域. 在有生之年,他一共出版和发表了 530 本书和论文,在他死后,圣彼得堡科学院"文献汇编"继续发表他留下的手稿长达 47 年.

在图论中,许多专业术语是以 Euler 的名子命名的,如"Euler 道路","Euler 圈"等.

本节要从另一个角度讨论图的应用,即所谓的有限图顶点的着色概念.这一问题已有很长历史,它最早是从著名的"四色定理"提出的,在那里讨论的是平面地图的着色问题.这里,将从一个完全不同类型的问题引出着色问题,实验中将完成以下内容.

(1) 描述有限学时的课表排列问题;

(2) 将上述问题转化为一个有限图的顶点着色问题;

(3) 引入有限图的色多项式,从而给出时间安排问题的一般方案;

(4) 找出计算任意有限图色多项式的一种算法;

(5) 自行编写计算机程序并通过该程序计算大量图的色多项式,猜测(并在一些情况下证明)图的色多项式的系数与图的一些几何性质之间的关系.

6.1　一个时间安排问题

学校夜校将开设数学方面 6 门课,注册的学生选课均为 6 门中的一门以上,且每位学生必须学他们已选的课程.你作为教务管理人员,要设法安排一个课表,使每个学生可以上到他所需的课程,可供排课的时间是晚上 6 点,7 点与 8 点,可供使用的教室足够多.

开设的课程为微积分(C),统计学(S),数据结构(D),数值分析(N),图论(G)和操作系统(O).

假设注册表如表 6.1 所示(所有学生名字各不相同,且所有人上课的时间无特殊要求,为简化起见,人名均用字母表示).

表 6.1

课　　程	C	S	D	N	G	O
各门课程学习人员	C_1	S_1	D_1	N_1	G_1	$O_1 = N_1$
	C_2	S_2	D_2	N_2	$G_2 = S_2$	$O_2 = N_2$
	C_3	S_3	$D_3 = S_5$	N_3	$G_3 = D_2$	O_3
	C_4	$S_4 = C_3$	D_4	N_4	G_4	$O_4 = G_4$
	C_5	S_5	$D_5 = S_6$	N_5	G_5	$O_5 = C_4$
	C_6	S_6	D_6	$N_6 = D_7$	G_6	O_6
	C_7	S_7	D_7		G_7	O_7
	C_8				G_8	
					$G_9 = S_7$	

说明　表 6.1 中出现的 $D_3 = S_5$,表示 D_3 与 S_5 为同一名学生.

你作为教学管理人员是否能将这些课程安排在现有时间(6点,7点,8点),使之满足所有学生的需要? 如有可能,怎样安排.你能否将课程安排在两个时间里,比如 6 点和 7 点?

首先考虑你能否找到这 6 门课程的一种可行的安排方法,将它们排入给定的时间表(表 6.2)里.

表 6.2

时　　间	课　　程
6 点	
7 点	
8 点	

在排的过程中,你是否发现有不止一种排法呢? 那么究竟有多少种排法呢?

上面的问题给出了组合数学中两个基本课题:其一,确定解的存在性问题;其二,当解存在时,确定解的个数.

6.2 数学思想的导出

让我们从给出方法的角度重新审视 6.1 节提出的问题.为此,使用数学上通常极有效的方法——画图,我们给出课表安排的一种独特方法.画一张图,将课程本身表示为点,当且仅当两门课程由于注册表上的冲突而不能排在同一时间时,画一条线将这两个"课程点"连起来.例如,由于课程 C 和 S 被 C_3 所选,所以点 C 和 S 间有一条线,见图 6.2.

问题 1 完成图 6.2 中的图形,记 6 个点为 C,S,D,N,G,O.当且仅当相应的两门课程同时有一个以上学生选修时,用一线段连接这两个点.

在问题 1 中,你已画了一个图,在图论中,其中的点(课程)称为顶点或节点,所画的连线被称为线或者边.我们只考虑存在有限多个顶点的有限图.现在尝试一种似乎非常奇怪的方法,即用 n 种颜色正常着色(或简称为正常 n—着色).其

图 6.2

含义是从 n 种颜色的"调色板"中给所有顶点定义一种颜色(或称顶点涂色),遵循的原则是:有边相连接的两个顶点不能涂成同一种颜色.据此,顶点 C 和 S 就一定要被定义为不同颜色.在课表安排问题中,不同时间可以被对应成不同颜色.何以如此呢? 首先,当然不允许任何一对有共同学生的课程(有边连接的顶点)被置于同一时间(涂为同样颜色).其次,我们要求所有课程都被安排在某一时间上,即每个顶点都要着色.这样,课表的安排问题本质上同图的着色是同一问题,而图的一种正常着色对应于那 6 门课程的一种可行的时间安排方式.所以,确定问题 1 中你所画图是否存在正常 3—着色,就可回答课程安排问题是否有解.同时,若能数出

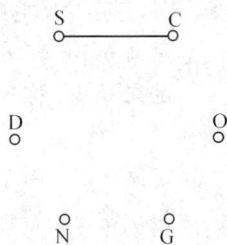

该图正常 3—着色的个数,就回答了不同安排方案的个数问题.

问题 2　找出两种颜色对问题 1 中图的一种正常 2—着色方式.两种颜色可记为 A 和 B.现假设你有 3 种颜色 $\{A,B,C\}$,能否找到一种正常 3—着色(解的存在性问题)?

问题 3　使用两种颜色,你能找到多少种正常 2—着色(如果有的话)?正常 3—着色又有多少种(解的个数问题)?

6.3　一般的计数问题

我们将给出一种算法,它能求出图的 n 种颜色正常着色问题中解的个数.至少理论上适用于任意有限图.

1○————○2

图 6.3

从最简单图开始,如图 6.3 所示,有两个节点 1 与 2,二者之间由一条边相连.假设只有一种颜色 $\{$红$\}$,由于 1,2 必须涂为不同颜色,显然不存在正常 1—着色.若图中无边,此时用一种颜色是可行的.若调色板上有两种颜色 $\{$红,蓝$\}$,则有两种着色方式,即 1 红 2 蓝与 1 蓝 2 红.

问题 1　给出用 3 种及 4 种颜色对图 6.3 正常着色的所有方法.

问题 2　用 x 种颜色对图 6.3 正常着色有多少种方法(注意这种先简后繁,归纳总结的方法)?

为了以下讨论问题方便,再重申并定义一些名称与记号.

设有 n 个不同顶点(或节点)$\{V_i\}$ 及连接其中某些顶点的 l 条连线(边)所组成的平面图,称这个图为有限图,记为 F.又称有一条边相连的 2 个顶点为相邻节点.

定义 6.1　称任意一对顶点均无边相连的图为空图(空图中任两节点不相邻).

定义 6.2　称任意一对顶点间均有边相连的图为完全图(完全图中任两节点相邻).

定义 6.3　用 x 种颜色对图 F 着色.若相邻顶点被涂成不同种颜色,称此种涂色法为正常 x—着色.若有一对相邻节点(如 V_i 与 V_j)被涂成相同颜色,其余点为正常着色,称此种着色方式为关于 V_i,V_j 的非正常着色.

定义 6.4　用 x 种颜色对图 F 所有可能的正常着色数记为 $P(F,x)$,称 $P(F,x)$ 为 F 的色多项式.其原因,如后面讨论所指出的,$P(F,x)$ 可表示为 x 的一个多项式.

问题 3　F 为空图,有 n 个顶点,试给出 x 种颜色对其正常着色的方法数.

问题 4　F 为完全图,当顶点数分别为 2,3,4,5,6 时,x 种颜色对其着色,分别写出它们的 $P(F,x)$.

例 6.1　对图 6.4,求 $P(F,x)$.

解　因为共有 x 种颜色,对顶点 1(V_1),有 x 种涂色方式,对 V_2 可涂成其余 $x-1$ 种颜色,对 V_3,因

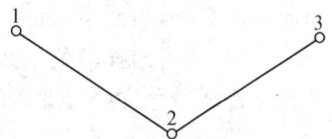

图 6.4

仅与 V_2 相邻,故亦有 $x-1$ 种着色方式,所以 $P(F,x)=x(x-1)(x-1)$.

我们也许会认为这种方式适用于任何一个有限图 F,问题并非如此简单.

问题 5 用上述方法尝试给出图 6.5(a)和图 6.5(b),图 6.5(c)的 $P(F,x)$,你会注意到对图 6.5(a)和图 6.5(b),都非常直接,对图 6.5(c)却遇到一个问题,是什么?

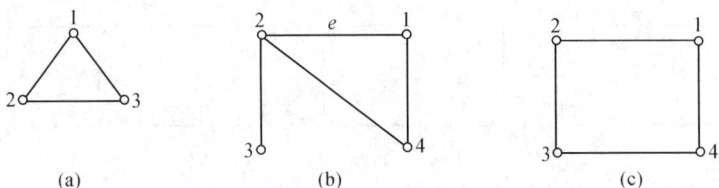

图 6.5

图 6.5(c)的问题说明,计算色多项式需要更一般的方法.让我们将注意力集中在当图发生微小变化时产生的现象.

下面,以图 6.5(b)为例,给出一种新的计算 $P(F,x)$ 的方法.参阅图 6.6.

注意图 6.5(b)中标有 e 的边,对图的任何一种正常着色,V_1 与 V_2 相邻,必须涂为不同种颜色,若无边 e,则 V_1 与 V_2 颜色可以相同,亦可以不同.所以,对 V_1 与 V_2 及 e 而言,有如下等式:

(d)的正常着色数=(b)的正常着色数+(b)的非正常着色数(图 6.6).

而(b)关于 V_1 与 V_2 的非正常着色数=(f)的正常着色数.所以(b)的正常着色数=(d)的正常着色数-(f)的正常着色数.

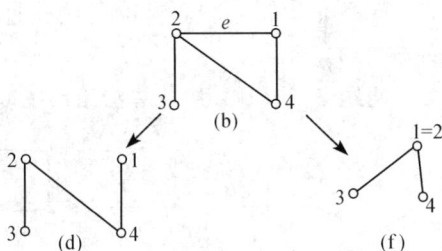

图 6.6

这里(f)是合并(d)中 V_1 与 V_2 而得到的,即假设(d)中 V_1 与 V_2 涂同一种颜色时,考察其涂色方式,其方法数恰为(b)中关于 V_1 与 V_2 的非正常着色数,而这一非正常着色数显然为(f)的正常着色数.

注意合并(d)的顶点 V_1 与 V_2 形成(f)的过程,我们将新顶点(1=2)与(f)中顶点 3,4 之间用边相连,当且仅当(d)中 3,4 与 1 或 2 之间有边相连.

利用定义 6.4 的规定,将上面的文字叙述以公式形式给出,有如下形式:

$$P((b),x) = P((d),x) - P((f),x). \tag{6.1}$$

用同样的方法可以分别对(d),(f)进行去边分解,得到 $(d_1),(d_2)$ 及 $(f_1),(f_2)$,则着色数 $P((d),x)$ 与 $P((f),x)$ 有完全类似(6.1)的形式.而这一过程可继续下去,直到所有图成为空图.图 6.7 针对图 6.4 完成上述去边过程.

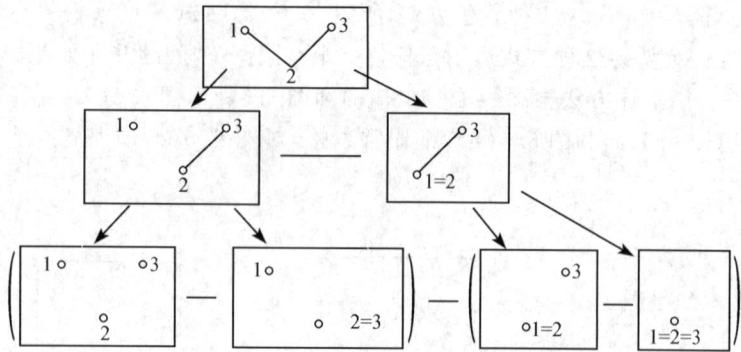

图 6.7

本节问题 3 中,容易得到的结果是:共有 x^n 种着色方式.因此,我们可以将这一过程中形成的所有空图,分别来计算 $P(F,x)$,再由式(6.1)即可得出最终结果.这一结果发表于 1946 年,由 G. D. Birkhoff 与 D. C. Lewis 给出,故称为 B-L 约化算法.

图 6.4 的色多项式为

$$P(F,x) = (x^3 - x^2) - (x^2 - x) = x^3 - 2x^2 + x.$$

所有含有限个顶点的图经此过程最终分解为空图,所以,用 x 种颜色正常着色一个图的所有可能的方法数 $P(F,x)$ 是关于 x 的整系数多项式,其根本原因是 $P(F,x)$ 中包含的是形如 x^k 形式的和或差.

问题 6　完成图 6.6(b)的约化过程,并计算其色多项式(答案是 $x^4 - 4x^3 + 5x^2 - 2x$).

问题 7　用 B-L 约化算法给出图 6.8 中各图的色多项式 $P(F,x)$.

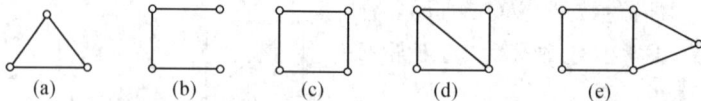

图 6.8

通过手工计算,你已有了相当的感性认识,用 MATLAB 编写一个计算机程序,完成单调枯燥的手工计算,当在情理之中.你的方法应对新得到的图反复进行同一操作,这类过程称为递归.一幅图通过某种方式分解为两个,对这两个子图分别进行同样的操作程序而生成更多的子图,直到所得结果中的图均为空图为止.

在程序运行时,应被要求输入图中顶点的个数 n,然后针对 $i=1,2,\cdots,n-1$ 及 $j=i+1,\cdots,n$ 依次回答图中顶点 i 与顶点 j 是否有边相连,之后计算机执行递归运算,直到所有图均被约化为空图.执行程序时,它应能显示图 F 以及色多项式 $P(F,x)$.

注意　色多项式常数项总为 0,为什么这样? 当 $x=0$ 时,$P(F,x)$ 的值是什么? 在色多项式中,对任何 $k>n$,x^k 的系数均为 0,为什么?

程序应具有显示确定 x 值的功能,还应具有显示特定图进行正常着色所需的最小 x 值,我们称这一值为图 F 的色数.

在本章末尾,给出一个附注,利用矩阵方法表现约化过程,为编写程序提供一个参考.

6.4 进一步探索的问题

问题 1 顶点数 $n=2,3,4,5,6$ 的完全图其色数是多少?(不要用计算机,仔细思考并清楚地说明你的理由.)

问题 2 F 为 n 个顶点的完全图,给出其色多项式 $P(F,x)$.

问题 3 用 44 种颜色对图 6.9 着色,可以有多少种方法?用程序完成.另外,该图的色数与色多项式是什么?

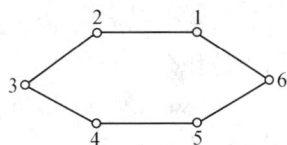

图 6.9

问题 4 用所编程序给出图 6.10 中各图的色多项式,它们的系数是多少?对每一幅图,你能否恰好用色数那么多种颜色给出它们的着色?

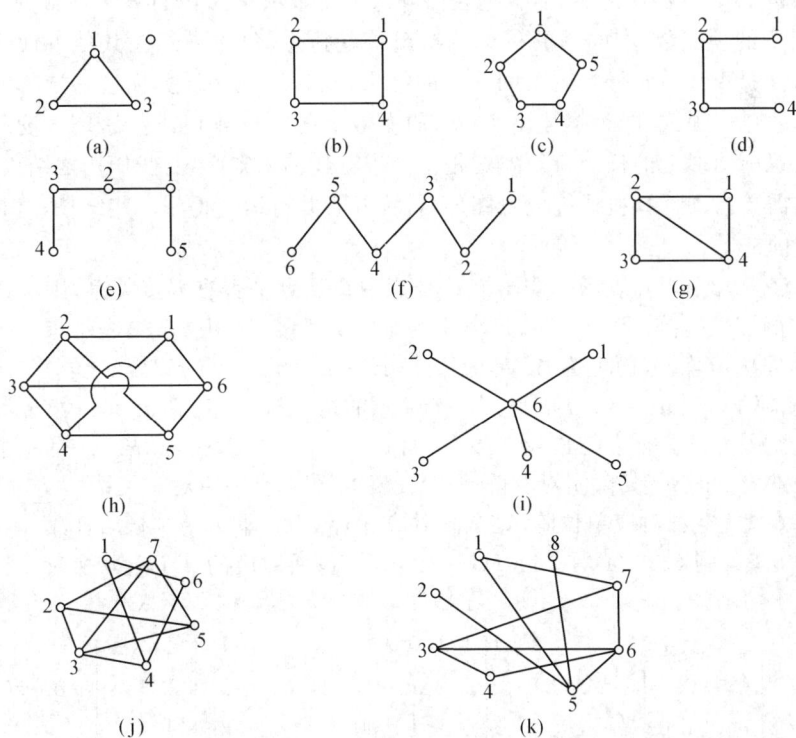

图 6.10

　　图 6.10(a),图 6.10(b),图 6.10(c)是图论中所谓圈的例子.一个图称为 n—圈,是指图中包含 n 个顶点序列 $v_1,v_2,\cdots,v_n$,而且仅有如下的边:v_1 与 v_2 相连,v_2 与 v_3 相连,$\cdots\cdots$,v_{n-1} 与 v_n 相连,v_n 与 v_1 相连.定义一个图为 n—路,是指除 v_n 与 v_1 不相连外,其他条件与 n—圈完全一样.图 6.10(d),图 6.10(e),图 6.10(f)是路的例子.

　　问题 5　n—路图的色数是多少(给出分析结果,再用程序验证)?

　　问题 6　n—路图的色多项式是什么?

　　同样,先分析再实验,分析所得结果与计算机程序所给结果形式上可能差异很大,但你应当能够看出,它们事实上是一样的.

　　问题 7　对 n—圈重新按问题 5 做,在这里的分析过程中,是否遇到什么障碍,问题是什么?

　　问题 8　对 n—圈重新按问题 6 做,这一问题的障碍是什么? 你可以再审视一下这时的 B-L 算法,别忘了将所得结果与计算机的输出相比较.

　　问题 9　这是一个引导你进行分析的问题.如果一个图 F 的色数为 k,则 F 的色多项式中一定存在什么因子?

　　问题 10　利用计算机程序,分解所得到的色多项式,可观察到怎样的规律?

　　问题 11　我们已经看到,任何色多项式的常数项总为 0,且该多项式的次数总等于 F 中的顶点数.本问题的目标是给出一些猜想,色多项式在其他方面还反映了图本身哪些性质? 仔细观察问题 4 的结果,同时用程序计算你自己选择的其他一些图的色多项式,能否描述出 $P(F,x)$ 系数上的特点或规律? 你是否发现这些系数反映出图形上的任何特征? 这是一个很有趣的未知问题,我们用之结束本节.它可能需要借助计算机研究大量图形,祝你开心并有运气得到一些结果,这是我们所期望的.

　　附注　若用矩阵表示一个图 F 中任意两个顶点是否有邻接关系,则称这个矩阵为 F 的邻接矩阵.我们约定,每个顶点与自身邻接,并用 $A_n(F)$ 表示有 n 个节点图 F 的邻接矩阵,或简记为 $A_n=(a_{ij})_{n\times n}$,其中 a_{ij} 表示节点 V_i 与 V_j 的邻接关系.若 V_i 相邻 V_j,则 $a_{ij}=1$,否则 $a_{ij}=0$.应注意的是,若 $a_{ij}=1$,则 $a_{ji}=1$;若 $a_{ij}=0$,则 $a_{ji}=0$.又因为每个顶点与自身邻接,从而 $a_{ii}=1,i=1,2,\cdots,n$.故 A_n 是一个主对角线元素为 1 的 $n\times n$ 阶实对称阵,且 $A_n(F)$ 与图 F 有一一对应关系.

　　例 6.2　空图对应单位阵,完全图对应 n 阶 1 阵,即 $a_{ij}=1,i,j=1,2,\cdots,n$.

　　例 6.3　图 6.11(a),图 6.11(b),图 6.11(c)所对应的 $A_4(F)$ 分别为

$$A_4(\mathrm{a})=\begin{array}{c}\\1\\2\\3\\4\end{array}\overset{\begin{array}{cccc}1&2&3&4\end{array}}{\begin{bmatrix}1&0&0&0\\0&1&0&0\\0&0&1&0\\0&0&0&1\end{bmatrix}},\quad A_4(\mathrm{b})=\begin{array}{c}\\1\\2\\3\\4\end{array}\overset{\begin{array}{cccc}1&2&3&4\end{array}}{\begin{bmatrix}1&1&0&1\\1&1&1&0\\0&1&1&1\\1&0&1&1\end{bmatrix}},\quad A_4(\mathrm{c})=\begin{array}{c}\\1\\2\\3\\4\end{array}\overset{\begin{array}{cccc}1&2&3&4\end{array}}{\begin{bmatrix}1&1&1&1\\1&1&1&1\\1&1&1&1\\1&1&1&1\end{bmatrix}}=\mathrm{ones}(4,4).$$

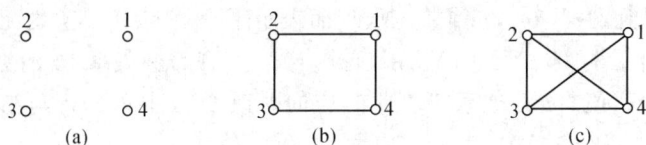

图 6.11

说明 $A_4(F)$ 中第 i 行或相对应的第 i 列反映了第 i 个顶点 V_i 与其他顶点间的邻接关系. ones(4,4) 是 MATLAB 语句, 它生成 4×4 阶全 1 阵.

下面依据 B-L 约化算法, 给出相应步骤的邻接阵, 见图 6.12.

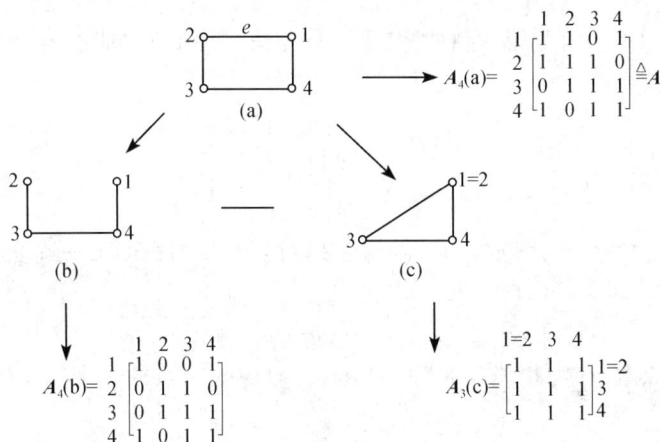

图 6.12

下面对相应结果予以分析.

(1) 由于 $A_n(F)$ 中每个元素都表示了图中两个顶点之间的邻接关系, 因而约去图中某条边 (如 e 边) 时, A_n 中相应表示邻接关系的元素相应由 1 变为 0 (如 a_{12} 与 a_{21}), 而其余表示邻接关系的 a_{ij}, 其值不变 (如图 6.12(b) 中, $b_{12} = b_{21} = 0$);

(2) 当合并两顶点 V_i 与 V_j (如 V_1 与 V_2) 时, 合并后的顶点记为 V_{i+j}, 则合并前与 V_i 和 V_j 中有一个相邻接的点, 合并后一定与 V_{i+j} 相邻 (V_3 与 V_2 相邻, V_4 与 V_1 相邻, V_1 与 V_2 合并后, V_3 与 V_4 均与 V_{1+2} 相邻, 见图 6.12(c)).

在图 6.12 中, A_4(b) 容易得到, 下面讨论 A_3(c) 的给出方法. 如图 6.12 中, V_1 与 V_2 合并为 V_{1+2}, 用

$$\boldsymbol{v}_1 = A(1,:) = (1,1,0,1),$$
$$\boldsymbol{v}_2 = A(2,:) = (1,1,1,0).$$

$\boldsymbol{v}_1$ 与 $\boldsymbol{v}_2$ 分别表示 V_1 与 V_2 与其他点的连接关系, 只有当与 V_1 或 V_2 有相邻关系的点在合并后才与 V_{1+2} 有相邻关系. 为此, 引入向量间的"或"运算, $\boldsymbol{v}_1 | \boldsymbol{v}_2 = (1,1,1,1) \triangleq \boldsymbol{v}$, 其运算规则为两向量间的对应项逐一作"$\oplus$"运算, 即 $1 \oplus 1 = 1 \oplus 0 = 0 \oplus 1 =$

$1,0 \oplus 0 = 0$，得到的 $\boldsymbol{v}$ 与 $\boldsymbol{v}_1$，$\boldsymbol{v}_2$ 同维数，从而表示了只有与 V_1，V_2 均无连线的顶点在 V_1，V_2 合并后与 V_{1+2} 无邻接关系，否则与 V_{1+2} 有邻接关系．要消去顶点 V_1，先将 $\boldsymbol{v} = \boldsymbol{v}_1 \mid \boldsymbol{v}_2$，赋值给 $\boldsymbol{v}_2$，这意味着此时应同时改变 $\boldsymbol{A}$ 中第二行与第二列的值为 $\boldsymbol{v}$，本例中，$\boldsymbol{A}$ 变为

$$\boldsymbol{A} = \begin{array}{c} \\ 1 \\ 2 \\ 3 \\ 4 \end{array} \overset{\begin{array}{cccc} 1 & 2 & 3 & 4 \end{array}}{\begin{bmatrix} 1 & 1 & 0 & 1 \\ 1 & 1 & 1 & 0 \\ 0 & 1 & 1 & 1 \\ 1 & 0 & 1 & 1 \end{bmatrix}} \rightarrow \widetilde{\boldsymbol{A}} = \begin{array}{c} \\ 1 \\ 2 \\ 3 \\ 4 \end{array} \overset{\begin{array}{cccc} 1 & 2 & 3 & 4 \end{array}}{\begin{bmatrix} 1 & 1 & 0 & 1 \\ 1 & 1 & 1 & 1 \\ 0 & 1 & 1 & 1 \\ 1 & 1 & 1 & 1 \end{bmatrix}}.$$

然后消去 $\widetilde{\boldsymbol{A}}$ 中第一行与第一列（将其第一行与第一列赋为空阵），得矩阵

$$\boldsymbol{A}_3(\mathrm{c}) = \begin{array}{c} \\ 2 \\ 3 \\ 4 \end{array} \overset{\begin{array}{ccc} 2 & 3 & 4 \end{array}}{\begin{bmatrix} 1 & 1 & 1 \\ 1 & 1 & 1 \\ 1 & 1 & 1 \end{bmatrix}}.$$

注意　(1)在一个矩阵化为 1 阵时，对应图为一个完全图．一个完全图的色多项式为

$$x(x-1)\cdots(x-p+1),$$

其中 p 为节点数，亦为相邻阵的阶．如 $\boldsymbol{A}_3(\mathrm{c})$ 对应 3 个点的一个完全图，其色多项式为

$$x(x-1)(x-2).$$

所以，对完全图，当 $x < p$ 时，不存在正常 x—着色．

(2) 对一个 k 阶单位阵，对应一个含 k 个节点的空图，其色多项式为 x^k．

依据前边的讨论，可将图约化为一系列空图与完全图的和与差，从而得到 F 的色多项式．

第 7 章 敏感问题的随机调查

7.1 阅读与理解

现实世界中,许多看似偶然的事件,有着必须发生的道理,偶然性始终是受内部隐蔽着的规律支配的. 概率论就是研究随机现象统计规律的一门数学学科. 它的应用产生的结论有时确实使我们感到意外.

对定积分 $\int_a^b f(x)\mathrm{d}x$,在无法得到解析值的情况下,利用数值方法求近似解是行之有效的,如梯形法,Simpson 法等,而概率论提供的方法可能陌生,但又似曾相识,如下面的 Monte Carlo 方法.

我们可以用一堆石头测量一个水塘的面积. 方法如下:假设水塘位于一块面积已知的矩形农田中,见图 7.1(a),现随机扔石头使之落于农田之内,水塘面积的一种合理估计应为农田面积乘以"溅水的" 石头占所投石头总量的百分比.(为什么?)

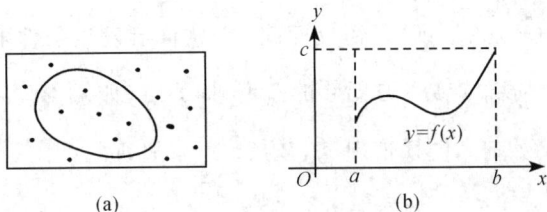

图 7.1

这亦提示我们如何利用概率方法近似计算定积分. 为简单起见,设有一定义在 $[a,b]$ 上的函数 $y = f(x)$,$0 \leqslant f(x) \leqslant c$,见图 7.1(b). 还假设随机选择了 m 个数对 (x_i,y_i),$1 \leqslant i \leqslant m$(比如说 $m = 5000$,而随机数可利用计算机的随机程序产生),并要求 $a \leqslant x_i \leqslant b$,$0 \leqslant y_i \leqslant c$,对每个 i,若 $f(x_i) - y_i \geqslant 0$,则将 (x_i,y_i) 记为一块溅水石头,并用 s 记溅水石头总数,那么积分

$$\int_a^b f(x) \approx c(b-a)\,\frac{s}{m}.$$

你认为这样合理吗?

下面我们要给出一个利用概率统计进行敏感社会问题调查的方法. 尽管与上面问题背景相差甚远,但在数学工具的应用上却大同小异.

什么样的问题属于社会敏感问题呢?比如说你是否吸过毒?你是否有考试作弊

的经历?你是否有过利用工作职务之便获取不义钱财的行为等.

通常,对这些问题,调查者通过直接询问不太可能得到可靠数据.怎样才能做到既可收集到真实可用信息,又能保护被调查者的隐私这一目的呢?问题于 1965 年被 Stanley Warner 解决.为了保护被调查者的隐私,他设置了一个"诱饵"(decoy)问题,然后巧妙地运用了全概率公式.

用下面的例子说明其思想.

现对 N 个人做敏感问题调查,在这一过程设置两个问题:

(1)(真问题)你是否吸过毒?

(2)(诱饵问题)掷出的骰子的点数是偶数吗?

每个被调查者填表前先秘密掷一个骰子,记住点数,然后再秘密掷一硬币.如果正面出现,如实回答第一个问题;如果反面出现,如实回答第二个问题.每个人在表中只填"是"或"否",而不说明回答的是哪一个问题.若某次调查中有 n 个人回答"是",如何估计这群人中吸过毒的人所占比例呢?

设吸毒者比例为 p,回答"是"的比率为 π.设事件 $A_i=$ "回答第 i 个问题", $i=1,2$;事件 $B=$ "回答是",显然 $B \subset A_1+A_2$.由全概率公式,有

$$P(B)=P(A_1)P(B\mid A_1)+P(A_2)P(B\mid A_2).$$

依题意 $P(A_1)=P(A_2)=\dfrac{1}{2}$, $P(B)=\pi(=\dfrac{n}{N}$,已知),掷硬币与掷骰子两个事件相互独立,所以 $P(B\mid A_2)$ 即"硬币反面朝上"这件事发生条件下"骰子点数为偶数"的概率就等于"骰子点数"是偶数的概率,即为 $\dfrac{1}{2}$ (如果诱饵问题换成"骰子点数是 3"呢,情况又如何),同样道理, $P(B\mid A_1)=p$,所以

$$\pi=\frac{1}{2}p+\frac{1}{2}\times\frac{1}{2},$$

$$p=2\pi-\frac{1}{2}=\frac{2n}{N}-\frac{1}{2}.$$

这样,就用回答"是"的比例表示了吸过毒者的比例.假设我们把这种方法应用于 200 个应答者,并得到 64 个"是"的回答.因为硬币出现正反面的概率相同,均为 $\dfrac{1}{2}$,我们期望大约有 100 人回答了诱饵问题.而骰子掷出奇偶数的概率各为 $\dfrac{1}{2}$,故回答第二个问题中的大约 100 人,约 50 人回答了"是".因此,在回答敏感的问题的大约 100 人中,大约有 $64-50=14$ 人回答"是",所以估计这群人中大约有 $\dfrac{14}{100}=14\%$ 的人吸过毒.由于掷硬币与掷骰子都具有随机性,因此,即使是对同一群人的两次调查,结果亦可能出现很大差异.如何能更接近真值呢?我们要求助于概率与统计的基本原理.

7.2　直觉的定义

在掷骰子的游戏中,每次出现的点数为 X, X 可能的取值为 $1,2,3,4,5,6$,问在多次试验后 X 的平均值是多少?设试验次数为 N, n_i 为 i 出现的次数 $(i=1,2,3,4,5,6)$,则平均值为

$$(1 \cdot n_1 + 2 \cdot n_2 + 3 \cdot n_3 + 4 \cdot n_4 + 5 \cdot n_5)/N.$$

当 $N \to \infty$ 时,由于骰子匀质,每个点数出现是等可能的,所以 $\dfrac{n_i}{N} \to \dfrac{1}{6} (i=1,2,\cdots,6)$,此时 X 的平均值就是 X 的数学期望 $EX = (1+2+3+4+5+6)/6 = 3.5$.

总之,假设一个完备定义的并可重复的偶然性过程生成一个数量值 y,它的期望值 Ey 是当重复次数无限增加时,该数量值平均值的极限.

在前面的例子中,回答"是"的个数 y 依赖于硬币和骰子是如何着地的. 如果你重复调查 100 次,计算回答"是"的平均值,将其视为 y 的期望值 Ey,重复 10000 次,得到的估计会更好,其理论依据是 Jacob Bernoulli 在 1692 年证明的弱大数定律.

7.3　统计思想的一个基本原理

为了解释一个可重复过程的输出,总假设你所观察到的值(至少是近似地)等于它的期望值. 如考察一个工厂工人的工资情况,随机抽取一个工人,其工资大概值可以认为是平均值. 对很多随机性机理而言(但不是所有的),得到靠近期望值的结果要比得到远离期望值的结果可能性要大. 当数值的结果是很多很小的随机性成分之和时,这一原理更可靠. 而后一结论的基础是所谓的"中心极限定理",主要归功于 18 世纪 20 年代的 Abraham de Moivre 与 50 年代的 Pierre Laplace 的工作.

将上述原理应用于前面例子,有

$$p = 2 \frac{Ey}{N} - \frac{1}{2} \approx 2 \frac{n}{N} - \frac{1}{2} = 2\pi - \frac{1}{2}.$$

7.4　随机应答调查

本实验中你将学到以下内容.

(1) 一种被称为随机化应答的估计方法,它的发现(仅 40 年前)被用于给出敏感问题的可靠估计.

(2) 以该法为例,讨论如何评价估计方法.

(3) 研究数据量与估计质量之间的关系.

（4）探索对此方法的进一步改进途径.

设想调查你所在班级曾在考试中有过作弊行为的学生所占比例,进而估计全校学生的类似情形.你的班级作为一个简单随机样本,容量为 N,记这一样本中,具有敏感特征(有过作弊行为)的人的集合为 A.为了估计 A 在 N 中所占比例 p,需作如下工作.

（1）准备一副牌,牌面只标有数字1或2,已知标有数字1的比例为 θ,则标有数字2的比例为 $1-\theta$.它是随机装置,起到前例中硬币的作用.你当然可设计其他的随机装置.

（2）准备一袋阄,有字的比例为 φ,没有字的比例为 $1-\varphi$,它是"诱饵"装置,就如同前例中骰子的作用,你还可以设计其他"诱饵"装置(见本节问题4).

（3）给出两个问题:

① 你是 A 中成员吗?

② 你抓的是有字的阄吗?

（4）对班级的 N 个人中每人重复以下过程:首先,抓一阄,秘密拆看;其次从洗好的牌中随机选取一张,记下牌面数字,这一数字及阄面情况不让第二人知道(包括调查者),之后将阄与牌放回原处.

（5）每人得到一张调查表,表上只有一个"是"(yes)和一个"不是"(no)供你选择.填表的规则是:如果抽取的牌面数字为1,如实回答第一个问题;如果抽取的牌面数字为2,如实回答第二个问题.

注意,调查者获得的信息仅为"是"与"不是"的个数,并不知回答的是哪个问题,然后与前例同理,依据"是"的个数估计出"真是"(A 中成员)的比例.

由得到"是"的总数估计出"真是"(确有作弊行为)的人数,进而估计出 A 中成员在班级中所占的比例 p.基于这样一个假设,即所得"是"的个数近似等于回答"是"的个数的期望值.其含义是重复对这个班级作上述实验,每次随机变量 X(X 为回答"是"的个数)均不相同.(为什么?)但当重复次数趋于无穷时,X 的平均值即为 EX.

以后的工作是建立 EX 与 p 的关系式.warner是用概率论做的,另外亦可用模拟的方法.不管是用抽纸牌、掷硬币还是计算机模拟,都可以研究在随机化应答调查中得到"是"的总数与该群体中真实敏感成分间的关系.

为了进一步体会随机化应答调查的工作原理,给出一个计算机程序以模拟大量重复过程.程序名定为 RAN1RESP,并要求你输入如下信息.

（1）组的大小 N(你所调查的班级人数,如 $N=20$ 人).

（2）回答"是"的数目.

（3）真正问题被回答的概率(牌中"1"所占比例 θ,本程序中 $\theta=\dfrac{1}{2}$).

（4）第二个问题回答"是"的概率（有字阎所占比例 φ，这里 $\varphi = \frac{1}{2}$）.

（5）程序重复运行次数（第一次可先运行 10 次或 20 次，之后试 200 或 400 次，这通常会给出好的结果）.

（6）查看结果次数（第一次用 1，即每次模拟均输出结果；之后可键入 10，即每运行 10 次输出一次结果. 此后，若不想看中间结果，只键入重复次数即可）.

计算机程序：True BASIC

```
Program:RAN1RESP
DIM A(3,3,3),B(3,3,3),ROW $ (3)
RANDOMIZE
LET TrueYes = 1
LET TrueNo = 2
LET Real = 1
LET Decoy = 2
LET Yes = 1
LET No = 2
LET Total = 3
LET ROW $ (1) = "REAL"
LET ROW $ (2) = "DECOY"
LET ROW $ (3) = "TOTAL"
LET C1 $ = "TRUE YES TRUE NO WHOLE GROUP"
LET C2 $ = "YES|NO|TOTAL YES|NO|TOTAL|YES|NO|TOTAL|"
! * * * * * GET STARTING INFORMATION * * * * *
CALL get - start - info(GrpSize YesInGrp,PrRealQ,PrYesDecoy,NRep,Prn-
tFreq)
```

! Grpsize = 分组大小（N 的值）；

! YesInGrp = 组中"真是"的人数；

! PrRealQ = 真正问题出现的概率 $\theta = \frac{1}{2}$；

! PrYesDecoy = 第二个问题回答是的概率 $\varphi = \frac{1}{2}$；

! NRep = 调查重复次数；

! PrntFreq = 查看模拟结果的频率；

! NYes = 调查中所得"是"的回答数；

! * * * MAIN LOOP. EACH TIME THROUGH IS ONE REPETITION OF THE

! SURVEY * * *

```
FOR Survey = 1 TO NRep
    CLEAR
    MAT A = zer(3,3,3)
    ! First Survey the True Yes respondents
    FOR Respondent = 1 TO YesInGrp
        ! draw a card to decide which question:
        IF RND<PrRealQ THEN
            ! the card's number is one - Answer Real question Yes:
            LET A(TrueYes,Real,Yes) = A(TrueYes,Real,Yes) + 1
        ELSE
            ! The card's number is tow - - Answer Decoy question:draw a lot
        IF RND<PrYesDecoy THEN
            ! words in the lot - - Yes to Decoy question:
            LET A(TrueYes,Decoy,Yes) = A(TrueYes,Decoy,Yes) + 1
        ELSE
            ! no word in the lot - - No to Decoy question:
            LET A(TrueYes,Decoy,No) = A(TrueYes,Decoy,No) + 1
        END IF
    END IF
    NEXT Respondent
    ! Now survey the True No respondents
    FOR Respondent = YesInGrp + 1 TO GrpSize
        ! draw a card to deside which question
        IF RND>PrRealQ THEN
            ! the card's number is one - - Answer Real question No:
            LET A(TrueNo,Real,No) = A(TrueNo,Real,No) + 1
        ELSE
            ! the card's number is tow - - Answer Decoy question:draw a lot
        IF RND>PrYesDecoy THEN
            ! words in the lot - - Yes to Decoy question
            LET A(TrueNo,Decoy,Yes) = A(TrueNo,Decoy,Yes) + 1
        ELSE
            ! no words in the lot - - No to Decoy question:
            LET A(TrueNo,Decoy,No) = A(TrueNo,Decoy,No) + 1
        END IF
```

```
        END IF
NEXT Respondent
! Get marginal totals for component tables
FOR I = 1 TO 2
    FOR J = 1 TO 2
        LET A(Toatl,I,J) = A(TrueYes,I,J) + A(TrueNo,I,J)
    NEXT J
NEXT I
FOR I = 1 TO 3
    FOR I = 1 TO 2
        LET A(I,J,Total) = A(I,J,1) + A(I,J,2)
        LET A(I,Total,J) = A(I,1,J) + A(I,2,J)
NEXT J
        LET A(I,Total,J) = A(I,Total,1) + A(I,Toal,2)
NEXT I
! update cumulative totals
    FOR I = 1 TO 3
    FOR J = 1 TO 3
        FOR k = 1 to 3
            LET B(I,J,K) = B(I,J,K) + A(I,J,K)
        NEXT K
    NEXT J
NEXT I
! * * * check to see whether to print * * *
IF ABS(Survey - PrntFreq * INT(Survey/prntFreq))>0.1
    THEN
    PRINT
    PRINT USING "REPETITION NUMBER # # # #":Survey;
    PRINT "of";NRep
    PRINT C1 $
    PRINT C2 $
    FOR J = 1 TO 3
        PRINT C3 $
        PRINT ROW $ (J)
        FOR I = 1 TO 3
```

```
            FOR K = 1 TO 2
                PRINT USING "＃＃＃＃.＃1";A(I,J,K);
            NENT K
            PRINT USING "＃＃＃＃.＃";A(I,J,3);
            PRINT "   ";
    NEXT I
        PRINT
    NEXT J
    PRINT
    PRINT USING "AVERAGES BASED ON ＃＃＃ REPETITIONS";Survey
    PRINT C1 $
    PRINT C2 $
    FOR J = 1 TO 3
        PRINT C3 $
        PRINT ROW $(J);
        FOR I = 1 TO 3
         FOR k = 1 TO 2
            PRINT USING "＃＃＃＃.＃1";B(I,J,K)/Survey;
         NEXT K
         PRINT USING "＃＃＃＃.＃";B(I,J,K)/Survey;
         PRINT "   ";
        NEXT I
        PRINT
    NEXT J
        PRINT "Press any key to continue"
         GET KEY:zz
        END IF
    NEXT Survey
    ASK CURSOR nr,nc
    SET CURSOR nr,1
    PRINT " = = = = = = = = = = ="
    PRINT "Intital conditions were:"
    PRINT "Group size:";GrpSize;"of these";Yes InGrp;"were YES"
    PRINT "θ = Pr(Draw)for the No.1 card:";PrRealQ;"and φ = Pr(Draw)for
        the word lot:"PrYesDecoy;
```

```
    PRINT "press'Q' to quit";
    DO until(Ucase $ (chr $ (dummy)) = "Q")
      GET KEY:dummy
    LOOP
    END          ! End of the program
SUB get – start – info(GrpSize YesInGrp. PrRealQ,PrYesDecoy,NRep,Prn-
    tFreq)
    !  * * GET STARJING INFORMATION * *
CLEAR
PRINT
PRINT
PRINT "RANDOMIZED RESPONSE SIMULATION"
PRINT
PRINT "First Set up the growp you will Survey:"
INPUT Prompt "what is the size of the group?":GrpSize
INPUT Prompt "How many of these are (true)Yes?":YesInGrp
PRINT
PRINT "Now set up the survey"
INPUT Prompt "what is pr(Real question),i.e θ = Pr(Draw)fot the No.1
    card?":PrRealQ
INPUT Prompt "What is Pr(Yes | Decoy),i,c,φ = Pr(Draw) for the word
    lot?";
PrYes Decoy
PRINT
PRINT "Now set up your simulation:"
INPUT prompt "How many times repeat the survey?":NRep
PRINT "How often do you want to see the results?"
INPUT prompt "(1 = every time,2 = every other time,etc.)?:PrntFreq"
END SUB
```

简要说明一下程序的思想:程序要求输入"真是"的数目及班级人数,之后给出回答"真实"问题(第一个问题)及回答"诱铒"问题(第二个问题)为"是"的概率. 对投硬币,回答真实问题的概率为 $\frac{1}{2}$,抽纸牌则概率为 θ;第二个问题回答"是"的概率,对掷骰子或掷分币,概率为 $\frac{1}{2}$,对抓阄,概率为 φ. 之后由计算机产生随机数,以决定回答哪个问题及如何回答. 最后给出统计列表, 以比较"真是"与回答"是"的数量之间的关系. 对同一个班级的多次反复调查, 每次会有差异, 但当重复次数足够多时, 再注意观察结果. 程序中取 $\theta = \frac{1}{2}, \varphi = \frac{1}{2}$.

问题 1　若令 p 为班级总人数中真有作弊行为人所占比例, 调查中所得"是"的数目记为 y, 回答"是"的比例 $y/20$ 的期望值为 $E(y/20)$, 20 为班级人数. 你的目标是建立一个函数 f 使

$$E(y/20) = f(p).$$

若用 $y/20$ 近似代替 $E(y/20)$, 则上述方程变为

$$\frac{y}{20} = f(p).$$

它给出 p 的估计 $\hat{p}$ 为

$$\hat{p} = f^{-1}\left(\frac{y}{20}\right).$$

问题 2　对不同班级, N 大小不同, 重复问题 1, 应能找到一个函数 $g(p, N)$, 使

$$\frac{y}{N} = g(p, N).$$

为了得到 $\hat{p}$, 开始实验前, 花点时间规划一下对 N, p 的选择. 当积累结果时, 思考一下, 它们说明什么及你还想知道什么?

问题 3　给出问题 2 中结果的一个非正规证明. (程序 RAN1RESP 的输出形式设计, 目的在于帮助你思考这一问题. 你可能会希望重新运行该程序, 观察三个二维表中回答"是"与"不是"数目之间的关系.)

论证中可能需要的结果:

(1) $E(A + B) = E(A) + E(B)$;

(2) 随机变量 $X \sim B(n, p)$, 则 $E(X) = np$.

问题 4　你的班级作为一个简单随机样本, 容量为 N, 其中具有敏感特征人的集合记为 A, 其余人的集合记为 $\bar{A}$. 为了估计具有敏感特征人所占比例 p, 做如下工作.

(1) 准备一副牌面数字只有 1 或 2 的纸牌, 其中标有数字 1 的比例为 θ.

(2) 给出两个问题:

① 你是 A 中成员吗?

② 你的出生日是双数吗?

(3) 对班级中每个人重复以下过程: 从洗好的牌中随机抽取一张, 记下牌面数字, 这一数字不让第二人知道, 若抽到 1, 回答①, 抽到 2, 回答②, 设回答"是"的个数为 n. 试用 θ, n, N 估计 A 中成员所占比例 p, 注意 θ 取值有什么要求.

7.5　估计的基本性质

在做下述实验之前, 复习数理统计中估计的无偏性, 有效性, 一致性等基本性

质是有益的.

下文中使用记号的说明:

EV $= E(\ \ )$—— 数学期望,

Var $= D(\ \ ) = \sigma^2$—— 方差,

SD $= \sigma = \sqrt{D(\ \ )}$—— 标准差,

Pr$(\ \ ) = P(\ \ )$—— 某事件发生的概率.

其他记号文中有定义.

因为需用程序 RAN2RESP 回答下面的问题,故先对该程序做如下说明.

概述:该程序要求使用者定义一个估计(基于随机化应答调查中所得的回答"是"的个数),研究该估计的各种性质,看它在多次重复使用时,是否与实际吻合. 例如,你可以定义所需研究的估计的 7.4 节问题 2 中的一个,定义要研究的性质为该估计与真实值差的绝对值. 运行该程序将给出在重复调查基础上,这个绝对值差的平均值.

输入:运行该程序时,要求输入与 RAN1RESP 完全一样的信息. 但在运行前,你必须首先定义想要研究的估计和通过数值模拟你想要得到的其平均值的数值性质.

定义估计:这里是程序的当前版本中所定义的函数 Estimate:

FUNCTION Estimate(Nyes,GrpSize,PrRealQ,PryesDecoy)

$$\text{Estimate} = \text{Nyes/GrpSize}$$

END FUNCTION

函数内部的代码定义了估计,这一估计表面上回答了"是"的比例为 Y/N,但这并不是这一组人中"真是"之人所占比例 p 的一个好的估计,你需要将上面程序的中间一行换成你所要研究的估计.

定义运算特征函数:

OpChar(Est,True)定义的是对研究对象的特征度量,这种度量在统计上称为运算特征. 变量 True 是这一组中"真是"的人所占的比例 p.

$$\text{True} = \frac{\text{yesInGrp}}{\text{GrpSize}} = p,$$

故函数返回的就是估计本身的值:

FUNCTION OpChar(Est,True)

　　LET OpChar $=$ Est

END FUNCTION

运行该程序将给出重复调查中这一估计的平均值,要研究估计的其他性质,只要将上面程序的中间一行换成你自己的一行或几行即可.

问题 1 估计的期望值与偏差(Bias).

一个估计的偏差是它的期望与被估计的真实值的差. 回答真正问题"是"的比例为 p, 设其估计为 $\hat{p}$, 则该估计的偏差为

$$\text{Bias} = b(p, N) = E(\hat{p}) - p = E(\hat{p} - p).$$

我们知道在大量重复(如 1000 次)基础上给出的 $\hat{p}$ 的平均值是 $E(\hat{p})$ 的一个不错的估计. 另外, 若 Bias$=0$, 则 $\hat{p}$ 是 p 的无偏估计.

程序 RAN2RESP 的当前版本中定义了

$$\text{Estimate} = \text{Nyes/GrpSize}.$$

如果每个人都诚实地回答了真正的问题而没有回答诱饵问题, 这时上面的选择很好, 然而这种情况不大可能发生, 所以 Nyes/GrpSize 不是一个好的估计, 它是有偏估计, 而且偏差很大. 请给出偏差函数 $b(p, N)$, 其中 N 是班级大小, p 是班中"真是"人数的比例. 为回答这一问题, 你要修改 RAN2RESP 中 OpChar 的定义, 使得

$$\text{OpChar} = \text{Estimate} - \text{True}.$$

问题 2 将 Estimate$=$Y/N$=$Nyes/GrpSize 的结果作为一个比较的标准, 改变 RAN2RESP 中的函数 Estimate, 利用你在 7.4 节问题 1 中得到的随机化应答估计

$$\text{Estimate} = \text{f}^{-1}(\text{Y/N}),$$

将所得的结果与使用 Estimate$=$Y/N 所得结果相比较, 哪个估计的偏差更大?

注意 回答后面的问题需要使用问题 2 中的估计.

问题 3 估计的典型误差量.

偏差度量的是某个估计的期望值和它的真实值的差, 我们也可以考虑估计值和它的期望值之差的这一典型误差量的大小. 给出两种度量这一典型量的方法.

(1) 平均绝对误差(mean absolute deviation)

$$\text{MAD} = |\text{估计} - E(\text{估计})| \text{ 的均值}.$$

对于 p 的估计 $\hat{p}$,

$$\text{MAD} = E(|\hat{p} - E(\hat{p})|).$$

(2) 标准差(standard deviation)

$$\text{SD} = \sqrt{[\text{估计} - E(\text{估计})]^2 \text{ 的均值}} = \sqrt{D(\text{估计})},$$

即估计的标准差或均方差. 对于 p 的估计 $\hat{p}$,

$$\text{SD} = \sqrt{E(\hat{p} - E(\hat{p}))^2} = \sqrt{D(\hat{p})} = \sigma.$$

对各种 p 的选择, 用 RAN2RESP 去研究估计的典型误差与班级大小 N 之间的关系.

① 将班级大小 N 固定为 20, 将 MAD 与 SD 视为 p 的函数, 你如何描述这两个函数关系?

② 假设你使用了不同的班级规模, ①中的函数关系会有差别吗? 选择不同的

N,将信息收集整理,它是否支持你的猜测.

提示 设想将 MAD 与 SD 作为 N 的函数画出图来,会显示出 SD 粗略地等于 N 的某次幂乘以一个与 N 无关的量 $h(p)$,即

$$SD \approx h(p)N^k,$$

所以对固定的 p 值,SD 仅依赖于 N,且粗略地具有形式

$$SD \approx (\text{const1})N^{\text{const2}}.$$

两端取对数有

$$\log(SD) \approx \log(\text{const1}) + \text{const2}\log N.$$

若将 $\log(SD)$ 记为 y,$\log N$ 记为 x,上述方程为一粗略的直线

$$y = 截距 + 斜率 \times x.$$

方程的形式表明,如果对各种选择的 N,用程序 RAN2RESP 模拟得到 SD 的值,然后画出数对 $(x, y) = (\log N, \log SD)$,这些点应当在斜率为 cost2,截距为 $\log(\text{const1})$ 的一条直线附近. 但需注意的是:要画出 SD 关于 $\log N$ 的图,选择 N 的一个好办法是使它们在对数坐标下是均匀分布的. 例如,取 $10, 20, 40, 80, 160$ 等,步长为 $\log 2$.

对于无偏估计,MAD 与 SD 反映的是估计的有效性,此时计算 MAD 和 SD 要简单得多(见问题 1). 你可以在 OpChar 的定义中使用真值而不必首先给出期望值,这里是无偏估计中使用的定义.

对 MAD,

$$\text{LET OpChar} = \text{ABS}(\text{Est} - \text{True}),$$

对 SD,

$$\text{LET OpChar} = (\text{Est} - \text{True})\char`^2.$$

如果你的估计是有偏差的,必须两次运行程序(下面的①和②),首先给出估计的期望值(长期平均值)本身,第二次才能给出估计本身与它的期望值间的绝对距离或平方距离.

① 给出估计的期望值,为此设定

$$\text{LET OpChar} = \text{Est},$$

并运行程序,将得到的 OpChar 的平均值取为 EV.

② 给出估计与它的期望值的绝对距离或平方距离的平均值. 首先在前边的定义中重新定义 OpChar,用①中得到的 EV 的数值取代原来 True 的位置. 例如,假设①中得到估计的期望值为 0.4,则对 MAD,

$$\text{LET OpChar} = \text{ABS}(\text{Est} - 0.4),$$

运用程序得到该绝对值的平均值,而对 SD,

$$\text{LET OpChar} = (\text{Est} - 0.4)\char`^2,$$

运用程序得到 $(\text{Estimate} - 0.4)^2$ 的平均值,再手算其平方根.

上述实验始终在 $\theta=\dfrac{1}{2}$，$\varphi=\dfrac{1}{2}$ 条件下进行，改变纸牌中 1 的比例及阉中有字阉的比例，可以减少标准差 SD，从而改善对 p 的估计.

问题 4　先不做任何模拟，猜测出纸牌中数字 1 的比例 $\theta=\mathrm{Pr}(\mathrm{Draw})$ 与估计 SD 之间函数关系的一般形状（仍假设有字阉的比例 $\varphi=\dfrac{1}{2}$）. 当 θ 靠近 0 或 1 时，你认为相应的估计将如何表现？根据你对函数形状的猜测，画出函数 $\mathrm{SD}(\theta)$ 的草图.

问题 5　用 7.4 节问题 1~3 的方法，给出估计 p（班级中"真是"的比例）的公式，其中的变量

$Y=$ 调查中回答"是"的个数；

$N=$ 班级的个数；

$\theta=$ 纸牌中 1 的比例 $\mathrm{Pr}(\mathrm{Draw})$.

问题 6　取固定的 $N=20$，$p=0.3$，选择 θ 的一个取值范围，对每一个选择的 θ 用模拟程序计算算得的估计 SD. 画出这些数对 (θ,SD)，并与你在问题 4 中所猜测的形状作比较，用几句话说明 SD 与 $\theta=\mathrm{Pr}(\mathrm{Draw})$ 的关系为什么会有如此形状.

问题 7　现假设纸牌中 1 的比例 $\theta=\dfrac{1}{2}$，含有字阉的比例是不等于 $\dfrac{1}{2}$ 的其他某个数 φ，先不做任何模拟，猜想抓到有字阉的几率 $\varphi=\mathrm{Pr}(\mathrm{Draw})$ 与估计的 SD 之间的关系，根据你对函数形状的猜测，画出函数 $\mathrm{SD}(\varphi)$ 的草图.

问题 8　给出 p 的估计公式，其中

$Y=$ 调查中回答"是"的人数；

$N=$ 班级的人数；

$\varphi=$ 有字阉的比例 $\mathrm{Pr}(\mathrm{Draw})$.

问题 9　现规定 $N=20$，$p=0.3$，并选择一个 φ 的取值范围，对每个选定的 φ 用模拟程序计算所得的估计 SD，画出这些数对，并与你在问题 7 中猜测的形状比较，简单说明为什么 SD 与 φ 的关系有如此形状.

问题 10　θ 与 φ 中，哪个对估计 SD 影响更大？如果你设计一次随机化应答调查，你会使用怎样的 θ 和 φ？论述你选择的理由.

7.6　估计的其他性质

前面，期望值与标准差被用来评价随机化应答所得的估计，这里引入另外两个重要性质："一致性"与"大样本正态性". 这两个性质可以被用来评价所用的估计方法，其思想在数理统计中是极其重要的. 但由于工科院校的"概率论与数理统计"这门课中没有把前述性质列为必修内容，故这部分内容可根据同学们的实际情况选做.

后面的问题 3～5,提出了随机化应答调查的不足及改进方法与另一种评价估计方法的标准——均方误差.

问题 1 给定规模时的一个误差的几率.

对取定的班级规模 N,"真是"的比率 p 和一个很小的数 $\varepsilon > 0$,用 RAN2RESP 可得到

$$\Pr(|\hat{p} - p| > \varepsilon)$$

的数值.若仔细选择一系列 N,p 和 ε 的值,可以研究函数 $\Pr(|\hat{p} - p| > \varepsilon)$ 的性质.当然,需要修改 OpChar,对 $\varepsilon = 0.05$,可用

IF ABS(Estimate－True)＞0.05

    THEN LET OpChar＝1

    ELSE LET OpChar＝0

END IF

上述函数当误差大于 0.05,返回 1,否则返回 0,这时 1 出现的次数等于误差大于 0.05 出现的次数,它的平均值(＝sum/NReps)给出次数的比例.

使用前边对 SD 讨论的同样方法,问是否存在一个指数 k,使

$$\Pr(|\hat{p} - p| > \varepsilon) \approx h(p, \varepsilon) N^k?$$

如果对 $\forall \varepsilon > 0$,当 $N \to \infty$ 时,$\Pr(|\hat{p} - p| > \varepsilon) \to 0$,则称这种估计方法是一致的.试问随机化应答估计方法是否是一致的?

问题 2 正态近似.

由数学理论(当 $N \to \infty$ 时,估计与真实值的差趋向于一个铃状的正态曲线),当班级规模 N 增大时,估计值在它真实值的一个 SD 范围内机会的极限大约为 0.68;在真实值两个 SD 范围内的机会为 0.95;在其真实值三个 SD 范围内的机会为 0.997(图 7.2).

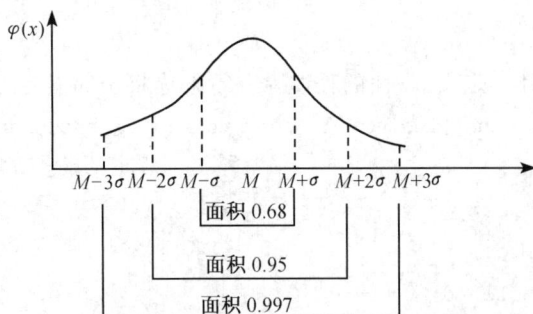

图 7.2

理论上讲,当 N 充分大时,上述近似有效,但并没有指出 N 究竟需要多大.现用不同的 N 和 p 的值及 7.5 节问题 3 中所得到的 SD,回答如下问题:如果对所有

选择的 p,

$$\Pr(|\hat{p} - p| \leqslant 1\mathrm{SD}) \approx 0.68,$$

N 必须要多大?

问题 3　无意义值的概率.

在随机化应答估计中有可能给出小于 0 或大于 1 的结果,对给定的 p 和 N,没有一个简单的公式可以确定给出估计值小于 0 或大于 1 的机会到底是多少,但总可以尝试一下怎样更好地描述其一般的规律性.

① 例如,固定班级的规模(75 或 100 均是好的选择),研究估计出无意义值的机会与班级中 p 的真值之间的关系,何时更可能产生无意义值,p 是靠近 0 或 0.5 或 1? 画一张 Pr(无意义值)关于 p 的草图,在对称性,凸性等方面有何特点?

② 固定 p 值,将估计值不落在[0,1]中的机会,亦即 $\hat{p} < 0$ 或 $\hat{p} > 1$ 的 Pr 值,作为 N 的函数进行研究.与通常情形一样,这里先考虑极端的情形,如 $N = 1$ 或 $N = 2$,有什么结果? 当 $N \to \infty$ 时,极限是什么?

此时,你希望 OpChar 当估计值落在[0,1]时返回一个 0 值,否则返回一个 1 值,所以对重复次数的平均值将给出估计值落到有意义区间之外次数的比例. 由于计算机输出中,0 代表假,1 代表真,故可定义 OpChar 如下(务必清楚为什么可以这样):

$$\mathrm{LET\ OpChar} = 0$$
$$\mathrm{IF(Est} < 0)\ \mathrm{OR(Est} > 1)\mathrm{THEN}$$
$$\mathrm{LET\ OpChar} = 1$$

问题 4　一种改进的估计方法.

这是一种思想简单的方法,它所定义的估计方法不会出现无意义的值. 令

$$\tilde{p} = \begin{cases} 0, & \hat{p} < 0, \\ \hat{p}, & 0 \leqslant \hat{p} \leqslant 1, \\ 1, & \hat{p} > 1, \end{cases}$$

为此,你需修改估计的定义.下面的程序除一行外你将全部需要.

```
Est = (this is the line you'll need to supply, based on your answer to
    Question 2)
LET Estimate = Est
IF Est<0 THEN
    LET Estimate = 0
ELSE IF Est>1 THEN
    LET Estimate = 1
END IF
```

利用修改过的程序研究如下问题.

① 新的估计方法其偏差怎样？对所有的 p 值它都是无偏的吗？或者偏差是依赖于 p 的吗？固定 N，用各种选择的 p，研究偏差函数 $E(\tilde{p})-p$ 的形状.

② 固定 p，当 N 增加时，研究偏差函数 $E(\tilde{p})-p$. 新的估计方法是一致的吗？

③ 与 $\hat{p}$ 的 SD 相比，$\tilde{p}$ 的 SD 怎样？

④ 距给出新估计方法，SD 的函数形式尚有多大差距？这里，SD 是作为班级规模 N 和真实比例 p 的函数.

问题 5 均方误差.

一种估计方法的均方误差(mean square error)定义为
$$\mathrm{MSE}=E([估计值-真值]^2).$$
可以证明
$$\mathrm{MSE}=[\mathrm{bias}]^2+[\mathrm{SD}]^2(偏差的平方与方差的和).$$

① 用 MSE 作为度量，比较 7.4 节问题 2 中的随机化应答估计和本节问题 4 中的估计方法，两者中是否有一种方法对 N 和 p 的任何取值均更好，还是对某些 N 和 p 的取值，一种方法更好，而对其他一些取值，另一种方法更好？对怎样选择这两种估计方法，试给出一个一般性建议.

② 你能否给出第三种估计方法，它对任意 N 和 p，其 MSE 均小于①中任意一种方法.

问题 6 用 MATLAB 将程序 RAN1RESP 与 PAN2RESP 改写. 希望给出好的界面，以交互形式输入程序所需数据，并针对前面诸问题，在必要与可能的情形下，给出图形显示.

数学实践表明，在同学中蕴含着极大的创作热情与很高的编程能力. 他们的工作，令教师感到惊异.

程序：RAN2RESP

Program：RAN2RESP

```
! User - defined functions
DEF Estimate(NYes,GrpSize,PrRealQ,PrYesDecoy)
  LET Estimate = NYes/GrpSize
END DEF
DEF OpChar(Estimate,True)
  LET OpChar = Estimate
END DEF
DEF Draw(PrDraw)
  IF (RND<PrDraw)THEN
    LET Draw = 1
  ELSE
```

```
        LET Draw = 0
     END IF
  END DEF
  RANDOMIZE
  ! * * * * GET STARTING INFORMATITION * * * * *
  CALL get - start - info(GrpSize,YesInGrp,PrRealQ,PrYesDecoy,NRep,Prn-
     tFreq)
  ! * * * * MAIN LOOP EACH TIME THROUGH IS ONE REPETITION OF THE SURVEY * * *
  LET Sum = 0
  FOR Survey = 1 TO NRep
     LET NYes = 0
     ! Initialize the number of Yes answers
     ! First Survey the True Yes respondents
     FOR Respondent = 1 TO YesInGrp
        LET Card = Draw(PrRealQ)
        LET Lot = Draw(PrYesDecoy)
        LET NYes = NYes + Card + (1 - card) * Lot
     NEXT Respondent
     ! Now survey the True No respondents
     FOR Respondent = YesInGrp + 1 TO GrpSize
        LET Card = Draw(PrRealQ)
        LET Lot = Draw(PrYesDecoy)
        LET NYes = NYes + (1 - Card) * Lot
  NEXT Respondent
  ! Update the sum and print
  LET Sum = Sum + OpChar(Estimate(NYes,GrpSize,PrRealQ,PrYesDecoy),Ye-
        sIn - Grp/GrpSize)
  ! * * * * Check to see whether to print * * * *
  IF ABS(Survey-PrntFreq * INT(Survey/PrntFreq))>.1THEN
     PRINT Survey:"of";NREP;"trials.";
     PRINT Survey "Result:";Sum/Survey,"Press a key to continue"
     GET KEY dummy
  ! stops here——waits until a key is pressed
  END IF
  NEXT Survey
```

```
    PRINT " = = = = = = = = = = = = = = = = = = = = = = = = "
    PRINT "Initial conditions were:"
    PRINT "Group Size:";GrpSize;"of these,";YesInGrp;"were YES"
    PRINT "θ = Pr(Draw)for the No.1 Card:";PrRealQ;"and φ = Pr(Draw)for the
        word lot:";PrYesDecoy
    PRINT "Press 'Q'to Quit";
    DO until(Ucase $(chr $(dummy)) = "Q")
      GET KEY:dummy
    LOOP
    END
    SUB get - start - info(GrpSize YesInGrp, PrRealQ, PrYesDecoy, NRep, Prn-
tFreq)
      !  *  *  *  *  * GET STARTING INFORMATION *  *  *  *  *
      CLEAR
      PRINT
      PRINT
      PRINT "RANDOMIZED RESPONSE SIMULATION"
      PRINT
      PRINT "First set up the group you will survey:"
      INPUT Prompt "What is the size of the group?":GrpSize
      INPUT prompt "How many of these are(true)Yes?"YesInGrp
      PRINT
      PRINT "Now set up the survey:"
      INPUT prompt "What is Pr(Real Question),i.e. θ = Pr(Draw)for the NO.1
                card?":PrRealQ
      INPUT prompt "What is Pr(Yes Decoy),i. e. φ = Pr(Draw)for the word
                lot?":PrYesDecoy
      PRINT
      PRINT "Now set up your simulation:"
      INPUT prompt "How many times repeat the survey?:"NRep
      PRINT "Now often do you want to see the results"
      INPUT prompt"(1 = every time,2 = every other time,etc.)?":PrntFreq
    END SUB
```

第8章 数学建模

"从17世纪以来,物理的直观,对于数学的问题和方法是富有生命力的泉源. 然而近年来的趋向和时尚,已将数学与物理学间的联系减弱了;数学家离开了数学的直观根源,而集中在推理精致和着重于数学的公设方面,甚至有时忽视了数学与物理学以及其他科学领域的整体性. 在许多情况下,物理学家也不再体会数学家的观点. 这种分裂,无疑对于整个科学是一个严重威胁. 科学发展的洪流,可能逐渐分裂成为细小而又细小的溪流,以至干涸. 因此,有必要引导我们努力转向于将许多有特点的和有各式各样科学事实的学科相互关联,以重新统一这种分离的趋向."

——柯朗

本章每节均针对实际应用给出一个问题,然后,提出供你研究的若干重要课题,并给出怎样起步的建议.

认真完成实验报告是明细和整理思路的重要过程. 应在报告中力求详细地阐明建立数学模型的过程;对所采用的算法,计算过程中的各种数据及图与表格应有详细记录;而利用所得的各种结果对模型进行分析,作出评估与改进则是实验最重要的环节之一.

8.1 投篮角度问题

1. 问题

篮球运动员在中距离投篮训练时被告之,球的出手速度的大小在可能小的范围内,为提高投篮命中率,应以 $45°$ 左右的投射角投篮. 请从数学角度说明其原因.

2. 预备知识

设抛射体的初速度大小为 v_0,与水平线夹角为 θ,建立坐标系如图 8.1 所示,则

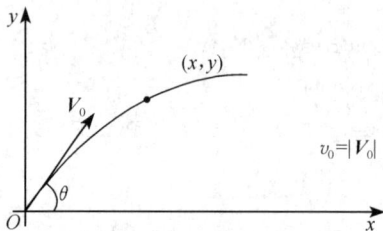

图 8.1

$$\begin{cases} x = v_0\cos\theta \cdot t, \\ y = v_0\sin\theta \cdot t - \dfrac{1}{2}gt^2. \end{cases} \quad (8.1)$$

易得

$$y = \tan\theta \cdot x - \frac{g}{2v_0^2\cos^2\theta}x^2. \quad (8.2)$$

图中标注:(x,y),V_0,$v_0=|V_0|$,θ

(8.1)和(8.2)称为抛射体运动轨道方程,其中(8.1)为参数方程形式.

问题 1 利用运动轨道方程的参数形式证明,当初速度 v_0 一定,投射角 $\theta=45°$ 时,射程最远.

注 以下谈及的速度 v_0 都是指大小,其方向由投射角 θ 所确定.

抛射体形成的运动轨迹显然由初速度 v_0 与投射角 θ 所确定,这里 $0<v_0<+\infty,0\leqslant\theta<\dfrac{\pi}{2}$.对确定的 θ,图 8.2 给出了 v_0 由小变大时所形成的几条抛物线,$v_{01}<v_{02}<v_{03}$.

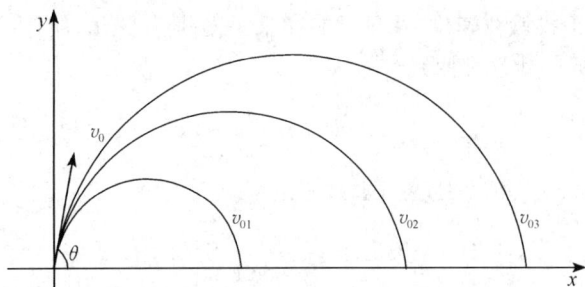

图 8.2

3. 假设与建模

假设:

(1) 不考虑空气阻力;

(2) 不考虑打板入筐情形;

(3) 投篮水平距离 $S\leqslant10\text{m}$;

(4) 投篮曲线与篮筐中心在同一平面内(图 8.3).

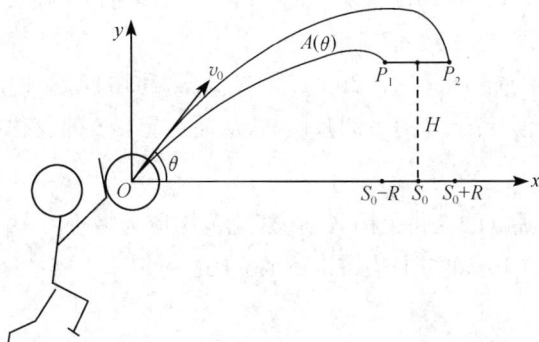

图 8.3

　　设投篮出手点距篮筐中心点水平距离为 S_0 m,篮筐平面 P_1P_2 距 O 点所在平面 x 轴为 H m,篮筐半径为 R m,当 θ 一定时(运动员投篮角度具有某种习惯性角度),随不同初速 v_{01} 与 v_{02} 形成两条投篮曲线 $\overparen{OP_1}$ 与 $\overparen{OP_2}$,则投篮角度问题转化为求一个角度 θ_0,使曲线 $\overparen{OP_2P_1O}$ 所围部分面积 $A(\theta_0)$ 最大.

　　问题 2　投篮曲线应过 $(0,0)$ 及 (S,H) 两点,其中 $S\in[S_0-R,S_0+R]$.若对 v_0 不加限定,则对越大的 θ,试画草图说明,$A(\theta_0)$ 可变的越大,且当 $\theta\to\dfrac{\pi}{2}$ 时,$A(\theta_0)\to\infty$.

　　问题 3　由于投篮初速度 v_0 只可能在某一范围内变化,所以 θ 只可能在某一范围内变化.分析运动方程曲线

$$y = x\tan\theta - \frac{g}{2v^2\cos^2\theta}x^2,$$

因其过点 (S,H),$S\in(S_0-R,S_0+R)$,所以可化为

$$H = S\tan\theta - \frac{g}{2v^2\cos^2\theta}S^2$$

$$= S\tan\theta - \frac{g}{2v^2}(1+\tan^2\theta)S^2.$$

这是关于 $\tan\theta$ 的一元二次方程,我们取较小的根,证明 $\tan\theta=f(v^2)$ 中,$\tan\theta$ 是 v^2 的严格单调减函数.

　　问题 4　说明在问题 3 中,v^2 必须大于某一特定值,这个值是什么?

　　问题 5　对确定的 θ_0,计算图 8.3 中的 $A(\theta_0)$.注意:图 8.3 中 $\overparen{OP_1}$ 过点 (S_0-R,H),从而有

$$\frac{g}{2v_{01}^2\cos^2\theta} = \frac{(S_0-R)\tan\theta-H}{(S_0-R)^2}.$$

$\overparen{OP_2}$ 有类似的结果,代入 $A(\theta_0)$ 的表达式中,化简后得到一个仅关于 θ 的表达式,以此表达式证明问题 2 的结果.

　　问题 6　设 $S_0=6\mathrm{m}$,$R=0.2\mathrm{m}$,$H=2.55\mathrm{m}$.利用问题 3、问题 4 的结果求 $\max\limits_{v_0}\tan\theta$,其表达式是关于 S 的单调减函数,从而可定出 θ 的变化范围,请上机编程算之.

　　问题 7　对上述 θ 的变化范围,v_0^2 的变化范围应为多少?

　　问题 8　当 $S>10\mathrm{m}$ 时,上述结论还成立吗?

4. 要求

(1)按要求形式写出实验报告.

（2）对每个问题的回答,应有理论依据.所用公式中的字母所代表含义应有明确说明.对所得结果要有详细分析.

（3）应对解决问题过程中产生的想法,对建模方法改进的建议等给予必要的书面陈述.

（4）对所编源程序及运行程序得到的计算结果,要有详细记录.

8.2　壳形椅的讨论与绘图

1. 问题

壳形椅形状如图 8.4 所示,构造其曲面函数并在计算机上绘制其图形.

2. 预备知识

若想认识一个曲面的数学性质,通常采用平面截痕法,而平面的选择,又以平行坐标的平面为首选.在图 8.4 中以 $y=0$ 的平面截曲面,得截痕如图 8.5(a)所示,以 $x=0$ 截曲

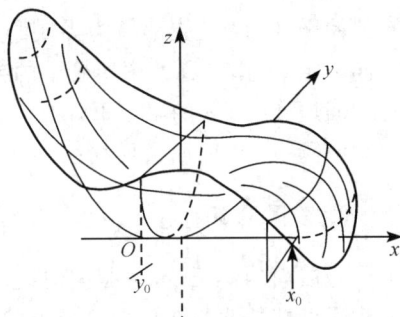

图 8.4

面,得截痕如图 8.5(b)所示,以 $y=y_0$ 截曲面,得截痕如图 8.5(c)所示,以 $x=x_0$ 截曲面,得截痕如图 8.5(d)所示.这里的图形当然都是近似的.

由一元函数的 Taylor 展开知,一条充分光滑的曲线,总可以由多项式近似.同

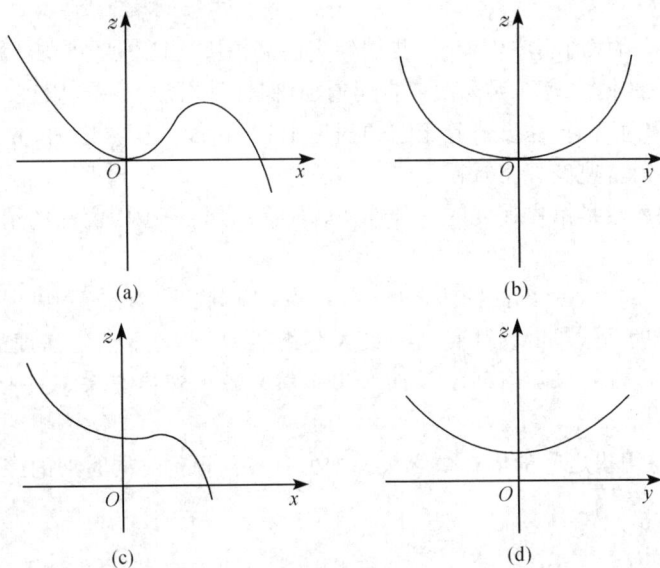

图 8.5

样,一个曲面,亦可由二元多项式逼近.

问题 1　图 8.5(a)中曲线,在 $x=0$ 点处,与 x 相切,所以 0 是一个二重根.又根据图 8.5(a)可知,曲线只有两个根,具体写出 $z=z(x)$ 的方程(若第二个根 $x_2=3$).

问题 2　图 8.5(b)和图 8.5(d)中曲线近似为抛物线,它的一般形式可写为 $z=Ay^2+D$.综合问题 1,壳形椅的曲面方程可近似为

$$z = Ay^2 + Bx^2 + Cx^3.$$

对不同的参数组 (A,B,C),上机绘图,以确定你认为满意的参数.

问题 3　为使壳形椅边界线圆滑,对 x,y 的取值范围 σ 应作怎样的限定? 对不同限定,利用问题 2 中所确定的参数组 (A,B,C) 绘图,比较其区别.

问题 4　在 σ 的限定下,求 $z=Ay^2+Bx^2+Cx^3$ 的极值、最值及鞍点.

问题 5　求曲面边界线在 xOz 与 yOz 平面的投影.

3. 结果分析

对曲面的认识,可由截面曲线得到.因此,可用截痕曲线构造曲面.

壳形椅的曲面图形包含有条件极值问题,局部极值问题,亦有鞍点问题,是较典型的一类曲面极值问题.

8.3　独家销售商品广告问题

1. 问题

对于独家销售商品广告而言,我们假定商品销售与广告之间满足如下条件.

(1) 商品的销售速度因为做广告而增加,但这种增加有一定限度.当商品在市场上趋于饱和时,销售速度将趋于它的极限值;当速度达至极限时,无论再用何种形式做广告,销售速度都将减慢.

(2)自然衰减是销售速度的一种性质,即商品销售速度随商品的销售率的增加而减少.

(3) 令 $S(t)$ 为 t 时刻的销售速度;$A(t)$ 为 t 时刻的广告水平(以费用表示);M 为销售的饱和水平,即市场对商品的最大容纳能力,它表示销售速度的上限;λ 为衰减因子,与广告效果随时间增长而产生自然衰减的速度有关,是一个大于 0 的常数.

问广告与销售之间的内在数学关系如何? 如何评价不同时期的广告效果?

2. 预备知识

广告费用 $A(t)$ 与销售速度 $S(t)$ 的变化率 $S'(t)$,在一定时段内,有正比关系.

为此,引入称之为响应系数的常量 p. 又 $S'(t)$ 受制于因子 $\left(1-\dfrac{S(t)}{M}\right)$,当 $S(t)$ 达致极限速度 M 时,无论有怎样的 $A(t)$,$S(t)$ 的变化率 $S'(t)$ 呈现负增长,且与 $S(t)$ 负量成正比,即 $S'(t)=-\lambda S(t)$(当 $S(t)\approx M$ 时).

问题 1 建立关于 $S(t)$ 的微分方程,它与因子 $pA(t)$,$\left(1-\dfrac{S(t)}{M}\right)$ 及 $-\lambda S(t)$ 有关.

问题 2 建立如下广告策略

$$A(t)=\begin{cases}A(\text{常量}), & 0<t<T,\\ 0, & t\geqslant T.\end{cases}$$

在 $[0,T]$ 时段内,用于广告的总花费为 a,则有 $A=\dfrac{a}{T}$. 在此假设下,求解问题 1 所建立的微分方程.

问题 3 针对所解得的 $S(t)$,作出其图形.(说明:具体参数值 p,M,λ 是依据具体问题的数据而确定的.因此,参数值的选取不同,会导致图形有所不同.可就 $p=1,M=20000,\lambda=0.3$ 作图.)

问题 4 某种肥皂从 1997 年 2 月到 1998 年 1 月在某城市内作广告的费用和销售量的调查数据见图 8.6,利用问题 3 的结果及给出数据,估计参数 p,M,λ. 为此,需利用下式与最小二乘法.

$$S(n+1)-S(n)=pA(n)\left(1-\frac{S(n)}{M}\right)-\lambda S(n).$$

请比较此式与你在问题 1 中所建立的微分方程,并将所得参数值代入方程中.

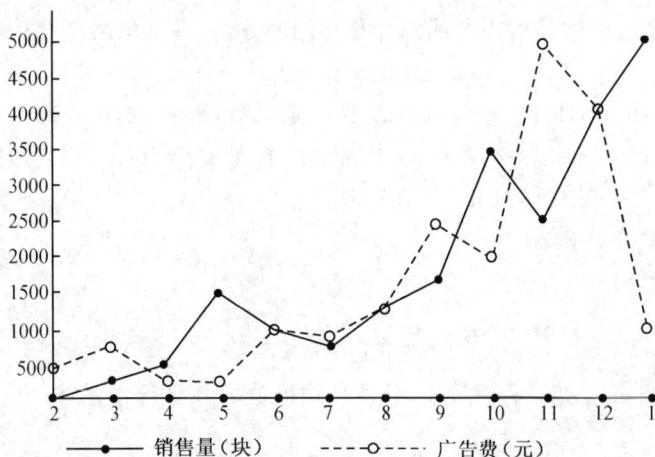

图 8.6

问题 5 假设广告策略公式是一个具体的简单函数关系式 $A = A(t)$（事实上广告策略公式并不能轻意得到）.如果只有一组在不同时间所花费的广告费用的调查数据 $(t_i, A(t_i))$,$i = 0, 1, 2, \cdots, n$,试问此时如何得到广告策略?

对问题 5,例如,可考虑如下想法:若企业在一定时间内想保持稳定的销售量,则 $\dfrac{\mathrm{d}S}{\mathrm{d}t} = 0$. 此时,$S(t) = C$ 为一常量. 这样,由问题 1 中建立的方程,即可解得 $A = A(t)$ 的表达式.

3. 最小二乘法

曲线拟合问题的提法是:已知一组平面数据 (x_i, y_i),$i = 1, 2, \cdots, n$,且假设 $x_1 < x_2 < \cdots < x_n$. 寻求一个函数曲线 $y = f(x)$,使 $f(x)$ 在某种准则下与所有数据点最为接近,或称曲线拟合得最好. 如图 8.7 所示（图中 δ_i 为 (x_i, y_i) 与 $(x_i, f(x_i))$ 的距离）.

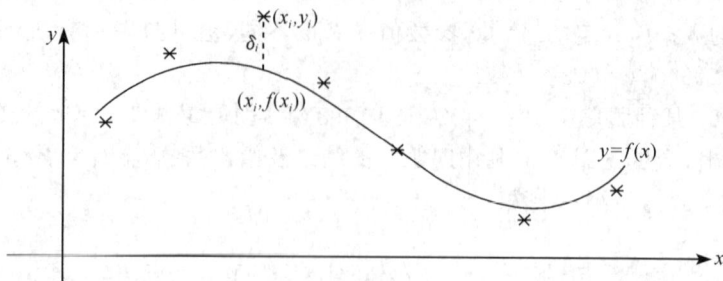

图 8.7

（✳表示给定数据点）

线性最小二乘法是解决曲线拟合最常用的方法.基本思路是:令
$$f(x) = a_1 r_1(x) + a_2 r_2(x) + \cdots + a_m r_m(x),$$
其中 $r_k(x)$ 是事先选定的一组函数,a_k 为待定系数($k = 1, 2, \cdots, m, m < n$). 拟合准则是使 n 个点 (x_i, y_i),$i = 1, 2, \cdots, n$ 与 $y = f(x)$ 上 n 个点 $(x_i, f(x_i))$ 的距离 δ_i 的平方和最小. 这一准则称为最小二乘准则.

(1) 系数 a_k 的确定.

记
$$J(a_1, \cdots, a_m) = \sum_{i=1}^{n} \delta_i^2 = \sum_{i=1}^{n} [f(x_i) - y_i]^2,$$
为求 $a_1, a_2, \cdots, a_m$,使 J 达到最小,只需利用极值的必要条件
$$\frac{\partial J}{\partial a_k} = 0, \qquad k = 1, 2, \cdots, m,$$
得到关于 $a_1, \cdots, a_m$ 的线性方程组

$$\begin{cases} \sum_{i=1}^{n} r_1(x_i) \Big[\sum_{k=1}^{m} a_k r_k(x_i) - y_i \Big] = 0, \\ \cdots\cdots\cdots\cdots \\ \sum_{i=1}^{n} r_m(x_i) \Big[\sum_{k=1}^{m} a_k r_k(x_i) - y_i \Big] = 0. \end{cases} \tag{8.3}$$

记

$$\boldsymbol{R} = \begin{bmatrix} r_1(x_1) \cdots r_m(x_1) \\ \vdots \qquad \vdots \\ r_1(x_n) \cdots r_m(x_n) \end{bmatrix}_{n \times m}, \quad \boldsymbol{A} = \begin{bmatrix} a_1 \\ \vdots \\ a_m \end{bmatrix}, \quad \boldsymbol{y} = \begin{bmatrix} y_1 \\ \vdots \\ y_n \end{bmatrix},$$

方程组(8.3)可表示为

$$\boldsymbol{R}^{\mathrm{T}} \boldsymbol{R} \boldsymbol{A} = \boldsymbol{R}^{\mathrm{T}} \boldsymbol{y}.$$

当 $r_1(x), r_2(x), \cdots, r_m(x)$ 线性无关时，$\boldsymbol{R}$ 列满秩，$\boldsymbol{R}^{\mathrm{T}} \boldsymbol{R}$ 可逆，于是方程组有唯一解

$$\boldsymbol{A} = (\boldsymbol{R}^{\mathrm{T}} \boldsymbol{R})^{-1} \boldsymbol{R}^{\mathrm{T}} \boldsymbol{y}.$$

可以看出，只要 $f(x)$ 关于待定系数 $a_1, \cdots, a_m$ 线性，在最小二乘准则下，由 $J(a_1, \cdots, a_m)$ 得到的关于 $a_1, \cdots, a_m$ 的方程组一定是线性方程组，故上述方法称为线性最小二乘法.

(2) 函数 $r_k(x)$ 的选取.

面对一组数据 $(x_i, y_i), i = 1, 2, \cdots, n$，做最小二乘拟合时，首先关键的一步是恰当选取 $r_1(x), r_2(x), \cdots, r_m(x)$. 通常作法是将所知数据点作图，观察点的分布形式，直观判断用什么样的曲线去拟合. 常用的拟合曲线为

- 直线 $\qquad y = a_1 x + a_2,$
- 多项式 $\qquad y = a_1 x^m + a_2 x^{m-1} + \cdots + a_m x + a_{m+1},$
- 指数曲线 $\qquad y = a_1 C^{a_2 x}.$

对多项式，一般 $m = 2, 3$，次数不宜过高，对指数曲线拟合时，需作变量代换，化为对 a_1, a_2 的线性函数.

(3) 用 MATLAB 做线性最小二乘拟合.

多项式拟合有程序

$$a = \mathrm{polyfit}(x, y, m),$$

其中输入参数 x, y 为要拟合的数据，m 为拟合多项式的次数，输出参数 a 为拟合多项式

$$y = a_1 x^m + \cdots + a_m x + a_{m+1}$$

的系数 $a = [a_1, a_2, \cdots, a_m, a_{m+1}]$. 多项式在 x 处的值 $y(x)$ 可用下面程序计算

$$y = \mathrm{polyval}(a, x).$$

　　线性最小二乘拟合的另一种作法是:用 MATLAB 直接解超定方程组(方程个数大于未知数个数). 对于选定的 $r_k(x)$, $k=1,2,\cdots,m$ 和已知数据 (x_i,y_i), $i=1,2,\cdots,n$ $(m<n)$, 强行令

$$\begin{cases} a_1 r_1(x_1) + \cdots + a_m r_m(x_1) = y_1, \\ \cdots\cdots\cdots\cdots \\ a_1 r_1(x_n) + \cdots + a_m r_m(x_n) = y_n, \end{cases}$$

得到 n 个方程、m 个未知数的超定方程组

$$RA = y,$$

这个方程当然没有普通意义下的解,但可在最小二乘意义下求解.

　　在用 MATLAB 求解线性代数方程组 $RA=y$ 时,若 R 为 $n\times n$ 可逆阵,A 和 y 均为 n 维向量,则键入

$$A = R\backslash y,$$

即可得普通意义下的解. 这里要指出的是,MATLAB 具有如下功能:若输入 $n\times m$ 阶阵 R 和 n 维向量 y $(m<n)$,只要 $R^{\mathrm{T}}R$ 可逆,仍键入 $A=R\backslash y$,则给出最小二乘准则下的解 A.

　　例 8.1　实测某类型电阻 R 的大小 r 在不同温度 t 下的值如表 8.1 所示. 数据点的分布呈线性关系 $r=at+b$,绘制数据点与拟合曲线.

表 8.1

t	20.5	32.5	51	73	95.7	100
r	765	826	873	942	1032	1050

下面用两种方法拟合数据,读懂程序并上机运行.

键入:

```
t = [20.5,32.5,51,73,95.7,100];
r = [765,826,873,942,1032,1050];
aa = polyfit(t,r,1);
a = aa(1)
b = aa(2)
y = polyval(aa,t);
plot(t,r,'k + ',t,y,'r')
xlabel('t'),ylabel('r')
```

第二种方法:键入:

```
r = [765,826,873,942,1032,1050];
t = [20.5,32.5,51,73,95.7,100];
```

```
R = [t´,ones(6,1)];
aa = R\r´;
a = aa(1)
b = aa(2)
y = polyval(aa,t);
plot(t,r,'k + ',t,y,'r')
```

得到完全相同的结果 $a=3.3940, b=702.4918$.

8.4　售　报　策　略

1. 问题

报童清晨从报站批发报纸零售,晚上将剩余部分退回. 设每份报纸批发价为 b,零售价为 a,退回价为 c,且设 $a>b>c>0$,报童应如何确定每天批发报纸的数量,才能获得最大收益?

2. 预备知识

一种报纸每天需求量为一随机变量. 假定报童通过实践掌握了随机规律,即在他销售范围内每天报纸需求 x 份的概率 $p(x)(x=0,1,2,\cdots,n,\cdots)$ 为已知,则可通过 $p(x),a,b$ 与 c 建立关于批发量的优化模型.

设每天批发量为 n 份,则 $x<n$ 或 $x=n$ 或 $x>n$,从而报童每天的收入为一随机量. 而作为优化模型的目标函数,应考虑的是:长期(半年,一年等)卖报的月平均收入,由大数定律,这相当于报童每天收入的期望(简称平均收入).

问题 1　设每天批发进 n 份报纸的收入为 $S(n)$,请给出其具体数学表达式.

问题 2　为了便于分析与计算,考虑当 n 与 x 相当大时,将其视为连续变量,此时概率 $p(x)$ 转化为密度函数 $f(x)$,$S(n)$ 的表达式应为何种形式?

问题 3　要求使 $S(n)$ 最大的 n,可通过画图的方法,观察得到 n 的近似值,亦可用计算导数 $dS(n)/dn=0$ 的方式,得到

$$\int_0^n f(x)\mathrm{d}x = \frac{a-b}{a-c}.$$

具体的中间计算过程请自己完成. $S(n)$ 的图应如何画出?

问题 4　令

$$P_1 = \int_0^n f(x)\mathrm{d}x, \qquad P_2 = \int_n^\infty f(x)\mathrm{d}x,$$

则当每天批发 n 份报纸时,P_1 为需求 x 不超过 n 的概率,即卖不完的概率,P_2 是需求 x 超过 n 的概率,结合问题 3 中的计算过程,分析 n 与 a,b,c 之间的关系.

问题 5　从数学模型角度看,本问题是:需求为连续型随机变量的存储模型,对需求的离散型随机变量的存储问题亦可类似处理,只是收益期望值的计算为离散型随机变量而已.利用以上分析结果解决如下问题.

一煤炭销售部门煤进价为 65 元/吨,零售价为 70 元/吨.若当年卖不出去,第二年削价 20% 处理;若供应短缺,有关部门每吨罚款 10 元.已知顾客对煤炭年需求量 x 服从均匀分布,分布函数为

$$F(x) = \begin{cases} 0, & x \leqslant 20000, \\ \dfrac{x - 20000}{60000}, & 20000 \leqslant x \leqslant 80000, \\ 1, & x > 80000, \end{cases}$$

求一年煤炭的最优存储策略.

8.5　Galton 钉板问题

1. 问题

四级 Galton 钉板如图 8.8 所示.10 个圆点表示 10 颗钉子,分别在 1,2,3,4 层上.一个小球从顶部滑下,碰到第一层钉子后,将以 $\frac{1}{2}$ 的概率向左或右滑下至第二层,

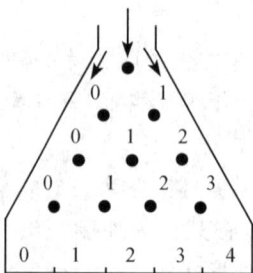

图 8.8

之后以相同方式进入第三、四层,最后落入底层收集槽内.

现一个一个投放一定数量(如 100 个)的球,滑入底层槽内后,将按一定分布(二项分布 $B(4, 0.5)$)的近似图形堆积.我们还可对上述作法作某种修订,将右、左滑下概率分别取作 p 及 $q = 1 - p(0 < p < 1)$.

设 X 服从二项分布,X 的实际意义是:在一级 Galton 钉板实验中落入 0 通道的概率为 $1 - p$,落入 1 通道的概率为 p,即 X 的分布为

X	0	1
P	$1 - p$	p

2. 计算机模拟

问题 1　一个一个从顶部放入 k 个小球,底槽中各格的理论频数应为多少?

问题 2　编写一演示程序(用 MATLAB 语言),其界面与完成的基本功能如图 8.9 所示.

说明　(1) 这里,只给出大略的框架,至于细微部分,如与理论值的比较结果及结果显示等应由同学们自行设计完成.

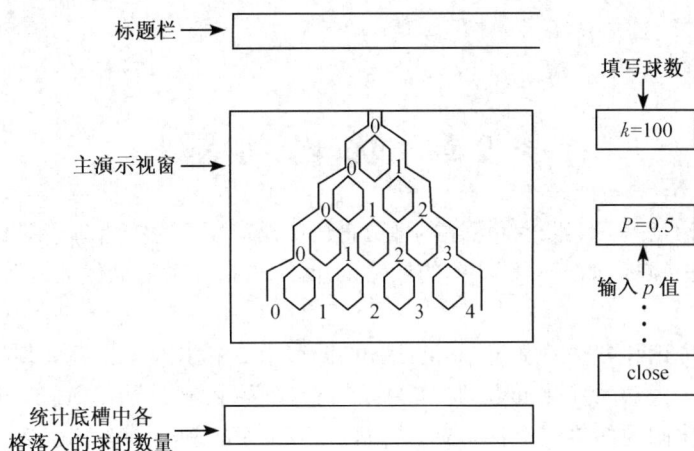

标题栏 →

填写球数

主演示视窗 →

$k=100$

$P=0.5$

输入 p 值

close

统计底槽中各
格落入的球的数量 →

图 8.9

（2）进一步的学习内容与其相应软件的编写为如下内容服务.

利用自由度为 4 的 χ^2 分布临界值表及统计量

$$V = \sum_{i=0}^{4} \frac{(v_i - kp_i)^2}{kp_i}, \qquad p_i = \binom{4}{i} p^i q^{4-i}$$

（其中 v_i 为 0～4 号槽中第 i 个的实验频数）.

检验假设

$$H0:所实验的分布服从 B(4,p).$$

问题 3 用类似方法模拟 Poisson 分布与几何分布.

第 9 章 优 化 问 题

优化理论是一门实践性很强的学科,它被广泛应用于生产管理、军事指挥和科学实验等各种领域,如工程设计中的最优设计,军事指挥中的最优火力及人员配置问题等.

优化的理论和方法奠基于 20 世纪 50 年代. 在二战期间,由于军事上的需要,提出并解决了大量的优化问题,但作为一门新兴学科,则是在 G. B. Dantzig 提出求解线性规化问题的单纯形法(1947 年),H. W. kuhn 和 A. W. Tucker 提出非线性规划基本定理(1951 年)以及 R. Bellman 提出动态规划的最优化原理(1951 年)以后. 20 世纪 60 年代初,借助于计算机软、硬件技术的发展,优化理论亦得到飞速发展,至今已形成具有多分支的综合学科. 主要分支包括线性规划、非线性规划、动态规划、图论与网络、对策论、决策论等.

9.1 优化工具箱

MATLAB 的优化工具箱(optimization toolbox)提供了对各种优化问题的完整解决方案,其内容涵盖线性规划、二次规划、非线性规划、最小二乘、非线性方程求解、多目标决策、函数的最小最大问题以及半无限问题等.其简洁的函数表达、多种优化算法的任意选择、对算法参数的自由设置,可使用户方便灵活地使用优化函数.

简单地,可将优化工具箱中的函数分为以下 4 类.

1. 求极值

attgoal:求解多目标优化问题.
constr:求解约束非线性优化问题.
fmin:求解标量非线性优化问题.
fminu,fmins:求解无约束非线性优化问题.
lp:求解线性规划问题.
minmax:求解最小最大问题.
qp:求解二次规划问题.
seminf:求解半无限问题.

2. 解方程

\:线性方程求解.

fsolve：非线性方程求解.
fzero：标量非线性方程求解.

3. 最小二乘问题

conls：求解线性约束最小二乘最优解.
curvefit：非线性数据拟合.
leastsq：求解非线性最小二乘最优问题.
nnls：求解非负约束最小二乘最优解.

4. 优化函数控制

foptions：设置优化参数.
优化问题求解时，常需对相对误差、使用算法等进行设置，MATLAB 提供的参数设置向量 options 共有 18 个元素，且对大多数优化函数具有同样意义.
在对优化函数调用时，没有使用 options 向量，则会自动产生一个 options，并使用一组缺省值. 如果需对 options 向量中的某些元素重新赋值，则可通过 options＝foptions 产生一个 options 向量，然后对需要赋新值的元素进行赋值，其他元素仍保持缺省值.
关于 foptions 的使用及 options(1)，options(2)，…，options(18) 的确切含义，请查阅 help foptions.

9.2 优化函数的使用

例 9.1 考虑如下优化问题.
目标函数：
$$\min_x f(x) = e^{x_1}(4x_1^2 + 2x_2^2 + 4x_1x_2 + 2x_2 + 1),$$
约束方程：
$$g_2 : x_1x_2 - x_1 - x_2 \leqslant -1.5,$$
$$g_3 : x_1x_2 \geqslant -10,$$
$$g_1 : x_1 + x_2 = 1.$$

为求解该优化问题，需按以下步骤完成，其他类型优化问题的解决，其原理与此大同小异，细节部分则应求助 help.

（1）编写一个能返回函数值的 M 函数，将函数表达式写入，然后调用"有约束非线性优化函数(constr)".

（2）在编写的 M 函数中，要求不等式约束方程具有 $g(x) \leqslant 0$ 的形式，因此，必须将约束方程规范化，进行预处理.

（3）对等式约束，MATLAB 要求必须将等式约束方程置于约束方程组的前边，并在优化参数设置选项 options 向量中设置 options(13)=k，k 表示等式约束条件的个数.

（4）优化工具箱中的函数还能直接对"由表达式描述的简单函数"进行优化，只需注意，当书写这种表达式时，自变量必须以小写字母 x 表示. 如

x＝fminu('sin(x)',1)   %求 sin(x)最小值，初始值为 1

x＝fsolve('x ∗ x ∗ x−[1,2;3,4]',ones(2,2)).   %矩阵方程求解

x＝leastsq('x ∗ x−[3,5;9,10]',eye(2,2))   %最小方差问题

解 编写 M 函数，以 fun. m 存盘.

function [f,g] = fun(x)

f = exp(x(1)) ∗ (4 ∗ x(1)^2 + 2 ∗ x(2)^2 + 4 ∗ x(1) ∗ x(2) + 2 ∗ x(2) + 1);

g(1) = x(1) + x(2) − 1;   %首先是等式约束

g(2) = 1.5 + x(1) ∗ x(2) − x(1) − x(2);   %不等式约束

g(3) = − x(1) ∗ x(2) − 10;   %将 $x_1 x_2 \geqslant -10$ 规范为 $-x_1 x_2 - 10 \leqslant 0$

为解方程，可在命令窗口，亦可编写函数. 键入下述指令：

x0 = [−1,1];   %设置初始解向量

options = foptions;

options(1) = 1;   %显示中间结果

options(13) = 1;   %有一个等式约束

x = constr('fun',x0,options)

运行后显示如下结果：

x =

     2.7016   3.7016

极值点处的函数值和约束条件为

[f,g] = fun(x)

f =

     1.6775

g =

     0.0000   − 9.5000   0.0000

注 若以[x,options]＝constr( )形式调用函数时，返回 x，同时返回在计算中使用的一些参数，例如，options(10)包含计算过程中目标函数的计算次数.

问题 1 求解 Rosenbrock 函数的极小问题.

$$f(x_1,x_2) = 100(x_2 - x_1^2)^2 + (1 - x_1)^2,$$

$$\text{s. t.} \qquad x_1^2 + x_2^2 \leqslant 1.5,$$

$$x_1 + x_2 \geqslant 0.$$

线性规划是优化理论发展最成熟、应用最广泛的一个分支,它讨论的是在一定的线性约束下对一个线性的目标函数求极值的问题,其标准形式为

目标函数

$$\min c_1 x_1 + c_2 x_2 + \cdots + c_n x_n,$$

约束

$$a_{11} x_1 + a_{12} x_2 + \cdots + a_{1n} x_n = b_1,$$
$$a_{21} x_1 + a_{22} x_2 + \cdots + a_{2n} x_n = b_2,$$
$$\cdots\cdots\cdots\cdots$$
$$a_{m1} x_1 + a_{m2} x_2 + \cdots + a_{mn} x_n = b_m,$$
$$x_i \geqslant 0, \qquad i = 1, 2, \cdots, n.$$

以矩阵形式表示为

目标函数

$$\min \boldsymbol{C}^{\mathrm{T}} \boldsymbol{X},$$

约束

$$\boldsymbol{AX} = \boldsymbol{B}, \qquad \boldsymbol{X} \geqslant \boldsymbol{0},$$

其中

$$\boldsymbol{C} = (C_1, C_2, \cdots, C_n)^{\mathrm{T}},$$
$$\boldsymbol{B} = (b_1, b_2, \cdots, b_m)^{\mathrm{T}},$$
$$\boldsymbol{X} = (x_1, x_2, \cdots, x_n)^{\mathrm{T}},$$
$$\boldsymbol{A} = (a_{ij})_{m \times n}.$$

例 9.2 将下述线性规划问题化为标准形式.

目标函数

$$\max z = 3x_1 + x_2,$$

约束

$$-x_1 + x_2 \leqslant 2,$$
$$x_1 - 2x_2 \leqslant 2,$$
$$-3x_1 - 2x_2 \geqslant -14,$$
$$x_1 \geqslant 0, \qquad x_2 \geqslant 0.$$

对约束条件中 $AX \leqslant b$ 的不等式,利用加入松弛变量的方法化为等式. 增加变量 x_3, x_4, x_5,将不等式约束化为

$$-x_1 + x_2 + x_3 = 2, \qquad x_3 \geqslant 0,$$
$$x_1 - 2x_2 + x_4 = 2, \qquad x_4 \geqslant 0,$$
$$3x_1 + 2x_2 + x_5 = 14, \qquad x_5 \geqslant 0.$$

在约束条件 $-3x_1 - 2x_2 \geqslant -14$ 中,将其化为等价形式 $3x_1 + 2x_2 \leqslant 14$,之后加入松弛变量 x_5,又称 x_1, x_2 为结构变量.

注意到 $\max z = \min(-z)$,原问题可化为

$$\min_{x} \quad -3x_1 - x_2 + 0x_3 + 0x_4 + 0x_5,$$
$$\text{s. t.} \quad -x_1 + x_2 + x_3 = 2,$$
$$x_1 - 2x_2 + x_4 = 2,$$
$$3x_1 + 2x_2 + x_5 = 14,$$
$$x_i \geqslant 0, \quad i = 1, 2, \cdots, 5.$$

在上式中,$x_i \geqslant 0$ 的约束对一般实际问题是存在的. 如果在数学上,某个 x_j 无此约束,可令 $x_j = x_j' - x_j''$,x_j',$x_j'' \geqslant 0$;如果原约束为 $x_j \geqslant l_j$,可令 $x_j' = x_j - l_j$,$x_j' \geqslant 0$. 当然,原目标函数与约束条件亦应作相应调整.

在优化工具箱中,lp 函数用于求解线性规划问题. 只介绍两种基本调用格式.

x=lp(C,A,B),

x=lp(C,A,B,vlb,vub,x0,neqcstr).

适用形式:

目标函数

$$\min_{x} \boldsymbol{C}^{\mathrm{T}} \boldsymbol{x},$$

约束条件

$$\boldsymbol{AX} \leqslant \boldsymbol{B}.$$

X=lp(C,A,B)求解上述线性规划问题,返回解向量 X.

第二式中 vlb 与 vub 设置解向量的上、下界,即解向量 X 必须满足 vlb≤x≤ vub. 一般 vlb 与 vub 应与 x 同样维数.

X0 为初始解向量,缺省时 X0=zeros(size(x)).

neqcstr 为等式约束个数,且等式约束的系数必须位于矩阵 A 的前几行和向量 B 的前几个元素.

例如,lp(C,A,B,[ ],[ ],[ ],length(b)),表明该问题为一个等式约束问题,无上下界约束,并使用缺省的初始解向量.

注　(1) 函数 lp 的使用是灵活方便的,即不用将 $\boldsymbol{AX} \leqslant \boldsymbol{B}$ 转化为等式形式,亦不用要求 $\boldsymbol{X} \geqslant \boldsymbol{0}$.

(2) lp 有被 liprog 取代的可能.

9.3　污 水 控 制

问题 1　如图 9.1 所示,有若干排污口,将污水处理后注入江中. 江面各段流量和污水浓度分别记为 Q_k 和 C_k,污水处理厂入口处污水量和污水浓度分别记为 ΔQ_k 和 u_k,出口处两量值分别为 ΔQ_k 和 u_k^*. 尽管国家对各种排污有各种标准,如

果因经济等原因短期不可能全面达标,那么应如何安排各种排污口位置或为了保证居民点用水卫生标准,制定临时排放标准.

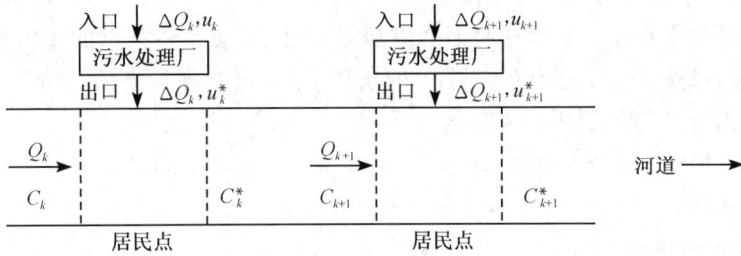

图 9.1

假设与要求

设流量单位为 m^3/s,浓度单位为 $\mathrm{mg/l}$.

假设:

(1) 污染浓度的递推关系满足水质自净方程

$$C_{k+1} = \left(\frac{Q_k}{Q_{k+1}}C_k + \frac{\Delta Q_k}{Q_{k+1}}u_k^* \right)\mathrm{e}^{-a_k},$$

其中,a_k 是与江段地理位置相关的系数,$\beta_k = \mathrm{e}^{-a_k}$ 称之为自净系数.

(2) 设污水处理费用 T_k 与污水浓度差 $u_k - u_k^*$ 成正比,与污水量 ΔQ_k 成正比,即

$$T_k = r_k \cdot \Delta Q_k \cdot (u_k - u_k^*),$$

其中 r_k 为比例系数.

(3) 定义单位时间流过某一截面的污物总量为此截面的污染通量,记为 V_k,则显然流入站点的 $V_k = \Delta Q_k u_k$,流出站点的 $V_k^* = \Delta Q_k u_k^*$. 定义

$$\lambda_k = \frac{V_k - V_k^*}{V_k} = 1 - \frac{u_k^*}{u_k}$$

为第 k 个站点的治理系数,则有 $u_k^* \downarrow \Rightarrow \lambda_k \uparrow$.

要求:

(1) 依据江水水质与国家规定水质标准,确定各排污口的排放量与最大排污浓度.

(2) 在使各居民点的水污染不超过国家标准 C 的条件下,使投入污水处理的总资金最少.

(3) 如不考虑 C_1 与 C_2,只考虑 C_3(重点控制对象)符合 C,我们的标准应如何制定?

注 ① 国家污染控制指标是多指标的,我们只取主要一项,即 $C=$ 污染浓度.

② 设各站点的排出污水量 ΔQ_k 与污染浓度 u_k 为常数.

③ λ_k 反映了治理能力($0 \leqslant \lambda_k < 1$),$\lambda_k = 0$ 表示直接排放,λ_k 越接近 1,治污效果越好.

问题 2　建立水质全面达标模型.

本模型要求在使江水水质全面达到质量标准,即使各污染点的排出水与江水均匀混合后都达到卫生标准($C_k^* \leqslant C$)的条件下,求出治理污染的花费 T 的模型,并最后求出 min$T$. 其所用相关数据如下:

$C_1 = 0.8$(mg/l);　$Q_1 = 1000$(10^{12}l/min);$u_1 = 100$;$u_2 = 60$;$u_3 = 50$(mg/l);

$\Delta Q_1 = \Delta Q_2 = \Delta Q_3 = 5$($10^{12}$l/min);$\beta_1 = 0.9$;$\beta_2 = 0.6$;

$r_1 = r_2 = r_3 = 1$

(每个流量单位,每降低一个浓度单位需资金 1 万元);$C = 1$.

问题 3　利用问题 2 的数据,假设江水在各段通过自净后,在达到居民点之前达到标准,求此时 T 的模型.

问题 4　利用问题 2 与 3 的模型及计算结果,给出你的结果分析.

第 10 章 图 像 增 强

10.1 图像及操作

科学研究和统计表明,人类从外界获得的信息约有 75% 来自视觉系统,也就是从图像中获得的.图像可以是照片(photo)、图形(graphics)、视像(video)等.一幅图像可以用一个 2-D 数组 $f(x,y)$ 来表示,这里 x 和 y 表示 2-D 空间 XY 中一个坐标点的位置,而 f 则代表图像在点 (x,y) 的某种性质的数值.例如,常用的图像一般是灰度图.这时 f 表示灰度值,它常对应客观景物被观察到的亮度.

日常所见的图像多是连续的,即 f,x,y 的值可以是任意实数.随着计算机和网络的发展,连续的图像在坐标空间 XY 和性质空间都需要离散化.这种离散化了的图像就是数字图像(digital image 或 image).例如,计算机屏幕上的桌面背景,上网时看到的网页上的名人或景物,数码照相机拍摄结果等,这些都是数字图像.数字图像可以用 $I(r,c)$ 表示,这里 I 代表离散化后的 f,(r,c) 代表离散化后的 (x,y),其中 r 代表图像的行(row),c 代表图像的列(column),这里 I,r,c 的值都是整数.本实验主要讨论数字图像,如无特别声明,$f(x,y)$ 代表数字图像,f,x,y 都在整数集合中取值.

MATLAB 中的数据类型

单精度类型(single),复数双精度类型(double). int8,int16,int32,int64 用以支持 8 位,16 位,32 位和 64 位的有符号整数. uint8,uint16,uint32,uint64 用以支持 8 位,16 位,32 位和 64 位的有符号整数和无符号整数类型.

MATLAB 支持的图像文件格式

BMP(Microsoft Windows Bitmap)格式,CUR(Microsoft Windows Cursor resource)格式,GIF(Graphics Interchange Format)格式,HDF(Hierarchical Data Format)格式,ICO(Windows Icon resource)格式,JPEG(Joint Photographic Experts Group)格式,PBM(Portable Bitmap)格式,PCX(Windows Paintbrush)格式,PGM(Portable Graymap)格式,PNG(Portable Network Graphics)格式,PPM(Portable Pixmap)格式,RAS(Sun Raster image)格式,TIFF(Tagged Image File Format)格式,XWD(X Window Dump)格式.

MATLAB 中图像文件的输入/输出函数

imread 读图像文件,imwrite 写图像文件,imfinfo 返回关于图像文件的信息.

MATLAB 中图像文件的显示函数

imshow 显示图像文件.

例如,显示图像.

I＝imread('pout.tif');

figure,imshow(I)

MATLAB 支持的图像类型

· 索引图像(indexed image)

索引图像包括一个数据矩阵 X,一个颜色映象矩阵 Map,其中 Map 是一个包含 $m×3$ 的数据阵列,其每一个元素的值均为[0,1]间的双精度浮点型数据.Map 矩阵的每一行分别表示红色、绿色和蓝色的颜色值.

例如,显示索引图像.

load trees

image(X);

colormap(map)

· 灰度图像(intensity (or grayscale)image)

MALAB 中,一幅灰度图像是一个数据矩阵 I,其中 I 中的数据均代表了在一定范围内的亮度值.MALAB 把灰度图像存储为一个数据矩阵,该数据矩阵中的元素分别代表了图像中的像素.

例如,显示灰度图像.

I＝imread('cameraman.tif');

imshow(I)

· RGB 图像(RGB image)

RGB 图像,即真彩图像,在 MATLAB 中存储为 $n×m×3$ 的数据矩阵.数组中的元素定义了图像中每一个像素的红、绿、蓝颜色值.

例如,显示 RGB 图像.

RGB＝imread('flowers.tif');

image(RGB)

· 二值图像(binary image)

与灰度图像相同,二值图像只需要一个数据矩阵,每个像素只取两个灰度值.二值图像可以采用 uint8 或 double 类型存储,工具箱中以二值图像作为返回结果的函数都使用 uint8 类型.

例如,显示二值图像.

BW＝imread('circles.tif');

imshow(BW)

图像类型之间的转换函数

· dither 函数通过颜色抖动(改变边缘像素的颜色,使像素周围的颜色近似于原始图像的颜色,从而以空间分辨率来换取颜色分辨率)来增加输出图像的颜色分辨率,从而实现转换图像.

例如：

```
I＝imread('rice.tif');
BW＝dither(I);
imshow(BW);
```

• gray2ind 函数的功能是将灰度图像转换成索引图像.

例如：

```
I = imread('circuit.tif');
imshow(I);
[J,map1] = gray2ind(I,128);
[K,map2] = gray2ind(I,16);
figure,imshow(J,map1);
figure,imshow(K,map2);
```

• grayslice 函数的功能是通过设定阈值将灰度图像转换成索引图像.

例如：

```
I = imread('ngc4024m.tif');
X = grayslice(I,16);
imshow(I)
figure,imshow(X,jet(16))
```

• im2bw 函数的功能是通过设置亮度阈值将真彩、索引、灰度图像转换成二值图像.

例如：

```
load trees
BW = im2bw(X,map,0.4);
imshow(X,map)
figure,imshow(BW)
```

• ind2gray 函数的功能是将索引图像转换成灰度图像.

例如：

```
load trees
I = ind2gray(X,map);
imshow(X,map)
figure,imshow(I)
```

• ind2rgb 函数的功能是将索引图像转换成真彩图像.

例如：

```
[X,map] = imread('forest.tif');
```

```
I = imread('westconcordorthophoto.png');
imshow(X,map);
RGB = ind2rgb(I,map);
figure,imshow(I)
figure,imshow(RGB)
```

• mat2gray 函数的功能是将一个数据矩阵转换成一幅灰度图像.

例如：

```
I = imread('rice.tif');
J = filter2(fspecial('sobel'),I);
K = mat2gray(J);
imshow(I)
figure,imshow(K)
```

• rgb2gray 函数的功能有两个：一个功能是将一幅真彩图像转换成一幅灰度图像；另一个功能是把一幅索引图像的彩色颜色映射表（颜色映射表）转换为灰度颜色映射表.

例如：

```
RGB = imread('flowers.tif');
imshow(RGB)
I = rgb2gray(RGB);
figure,imshow(I)
```

• rgb2ind 函数的功能是将索引图像转换成真彩图像.

例如：

```
RGB = imread('flowers.tif');
imshow(RGB);
[X,map] = rgb2ind(RGB,128);
figure,imshow(X,map)
```

MATLAB 中图像的空间变换函数

imresize:改变图像的大小,imrotate:旋转图像,imcrop:从图像中剪切矩形子图.

MATLAB 中图像的基于区域的处理函数

roicolor:基于颜色的基础上选择感兴趣的区域,roifill:在任意的图像区域内平滑地插值,roifilt2:对感兴趣的区域滤波,roipoly:选择感兴趣的多边形区域.

10.2   直接灰度调整

有时图像整体或图像局部并不清晰,就需要对图像或图像局部进行处理,使图像更"好"、更"清晰",这个过程即为图像增强.那么如何使一幅不清晰的图像变清晰呢?

一种图像增强技术是直接在图像上进行处理,即空域变换增强.空域增强方法可表示为

$$g(x,y) = EH[f(x,y)]. \tag{10.1}$$

当 $g(x,y)$ 的值取决于在 (x,y) 处的 $f(x,y)$ 值时,EH 就是一个灰度变换,如以 s 和 t 分别表示 $f(x,y)$ 和 $g(x,y)$ 在 (x,y) 位置处的灰度值,则此时式(10.1)可写成

$$t = EH(s). \tag{10.2}$$

1. 增强对比度

增强对比度实际是增强原图的各部分的反差.实际中往往是通过增加原图中某两个灰度值之间的动态范围来实现的.典型的增强对比度的变换曲线如图 10.1 所示.通过这样一个变换,原图中灰度值在 0 到 s1 和 s2 到 255 之间的动态范围减小了,而原图中灰度值在 s1 到 s2 之间的动态范围增加了,从而这个范围内的对比度增加了.在实际应用中 s1,s2,t1,t2 可取不同的值进行组合,从而得到不同的效果(图 10.2,图 10.3).

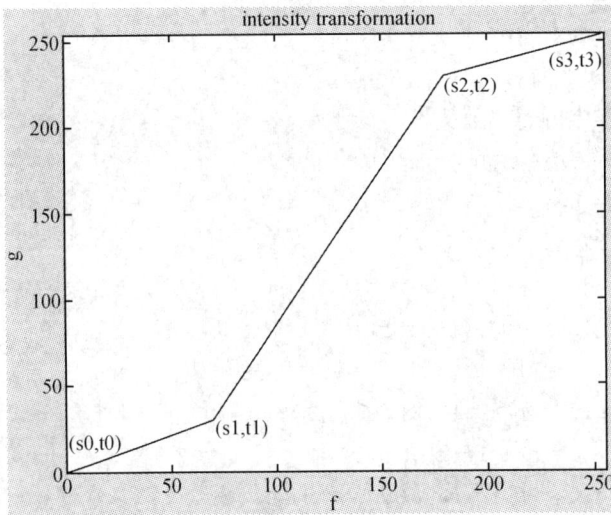

图 10.1 增强对比度的变换曲线

例 10.1 应用变换曲线增强对比度.

```
X1 = imread('pout.tif');
figure,imshow(X1)
```

```
f0 = 0;g0 = 0;
f1 = 70;g1 = 30;
f2 = 180;g2 = 230;
f3 = 255;g3 = 255;
%绘制变换曲线
figure,plot([f0,f1,f2,f3],[g0,g1,g2,g3])
axis tight,xlabel('f'),ylabel('g')
title('intensity transformation')
text(2,12,'(s0,t0)','HorizontalAlignment','left')
text(72,24,'(s1,t1)','HorizontalAlignment','left')
text(182,224,'(s2,t2)','HorizontalAlignment','left')
text(232,238,'(s3,t3)','HorizontalAlignment','left')
r1 = (g1 - g0)/(f1 - f0);
b1 = g0 - r1 * f0;
r2 = (g2 - g1)/(f2 - f1);
b2 = g1 - r2 * f1;
r3 = (g3 - g2)/(f3 - f2);
b3 = g2 - r3 * f2;
[m,n] = size(X1);
X2 = double(X1);
%变换矩阵中的每个元素
for i = 1:m
    for j = 1:n
      f = X2(i,j);
      g(i,j) = 0;
      if  (f > = 0)&(f < = f1)
      g(i,j) = r1 * f + b1;
      elseif  (f > = f1)&(f < = f2)
      g(i,j) = r2 * f + b2;
      elseif  (f > = f2)&(f < = f3)
      g(i,j) = r3 * f + b3;
      end
    end
end
figure,imshow(mat2gray(g))
```

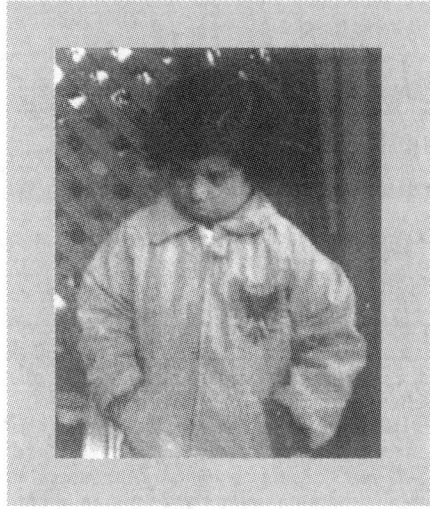

图 10.2 原始图像　　　　　　　　图 10.3 变换后图像

MATLAB 中还提供了一个函数 imadjust,用于将图像的灰度调整为一个新的数值范围内.

例 10.2 利用 imadjust 函数进行灰度调整(图 10.4,图 10.5).

```
I = imread('pout.tif');
J = imadjust(I,[0.3 0.7],[ ]);
imshow(I)
figure,imshow(J)
```

图 10.4 原图像　　　　　　图 10.5 利用 imadjust 函数调整后的图像

2. 图像求反

对图像求反是将原图的灰度值翻转,简单地说就是使黑变白,使白变黑,普通的黑白底片和照片就是这样的关系.具体的变换就是将图像中每个像素的灰度值根据变换曲线进行映射(图 10.6 和图 10.7).

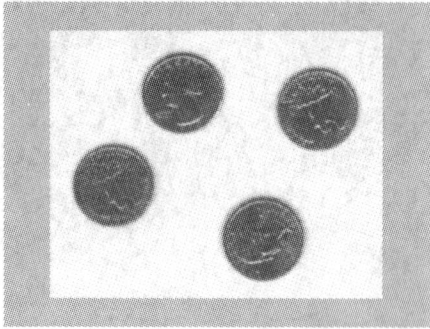

图 10.6 原图像

图 10.7 图像求反所得的图像

例 10.3 图像求反.

```
X1 = imread('eight.tif');
figure,imshow(X1)
f1 = 200;%f1 和 g1 分别为 f,g 的最大值
g1 = 256;
figure,plot([0,f1],[g1,0])
axis tight,xlabel('f'),ylabel('g')
title('intensity transformation')
k = g1/f1;
[m,n] = size(X1);
X2 = double(X1);
for i = 1:m %转换矩阵的每个元素
    for j = 1:n
        f = X2(i,j);
        g(i,j) = 0;
        if  (f> = 0)&(f< = f1)
        g(i,j) = g1 - k * f;
        else
        g(i,j) = 0;
        end
```

```
    end
end
figure,imshow(mat2gray(g))
```

3. 动态范围压缩

这种方法的目标与增强对比度相反.当原图的动态范围太大,超出了某些显示设备所允许的动态范围时,如果直接使用原图则有一部分信息可能丢失,解决的办法是对原图进行灰度压缩.

采用对数形式的变换函数进行动态范围压缩(图 10.8～图 10.10):

$$g = c \times \log(1 + f).$$

图 10.8 原图像

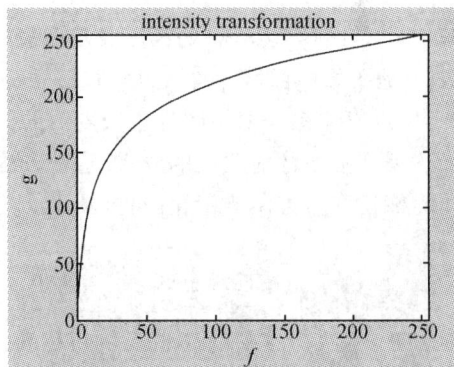

图 10.9 对数变换曲线

例 10.4 采用对数变换曲线进行动态范围压缩.

```
X1 = imread('tire.tif');
figure,imshow(X1)
%绘制变换曲线,如图 10.9 所示
c = 255/log(256);
x = 0 : 1 : 255;
y = c * log(1 + x);
figure,plot(x,y)
axis tight,xlabel('f'),ylabel('g')
title('intensity transformation')
%转换矩阵中的每个元素
[m,n] = size(X1);
X2 = double(X1);
```

图 10.10 对数变换处理后的图像

```
for i = 1:m
    for j = 1:n
        g(i,j) = c * log(X2(i,j) + 1);
    end
end
figure,imshow(mat2gray(g))
```

10.3　直方图处理

图像的灰度统计直方图是一个一维离散函数：

$$p(s_k) = n_k/n, \qquad k = 0,1,\cdots,L-1, \tag{10.3}$$

其中 s_k 是图像 $f(x,y)$ 的第 k 级灰度值，n_k 是 $f(x,y)$ 中具有灰度值 s_k 的像素的个数，n 是图像中像素的总数. 由(10.3)式可知，$p(s_k)$ 给出了对 s_k 出现概率的一个估计，所以直方图表明了图像中灰度值的分布情况. 因此可以通过改变直方图的形状来达到增强图像对比度的效果. 这种方法是以概率论为基础的. 常用的方法有直方图均衡化和直方图规定化两种(图 10.11～图 10.14).

图 10.11　原图像

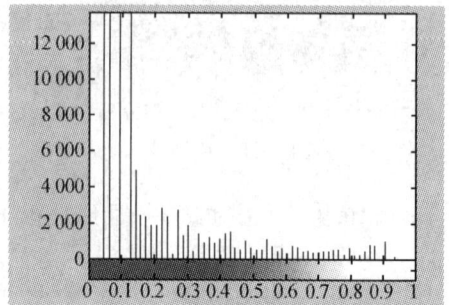

图 10.12　原图像的直方图

图 10.13　图像直方图规定化

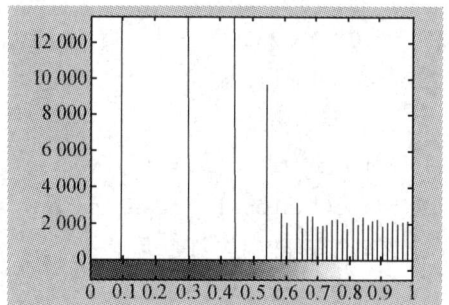

图 10.14　图像直方图规定化的直方图

MATLAB 中使用函数 imhist 来显示图像数据的直方图.

例 10.5　显示图像的直方图.

```
[X,map] = imread('forest.tif')
I = ind2gray(X,map);
imshow(I)
figure,imhist(I,64)
```

在 MATLAB 中调用函数 J=histeq(I,hgram),可以实现直方图规定化,其中 hgram 中的每一个元素都在[0,1]中.

例 10.6　直方图规定化.

```
[X,map] = imread('forest.tif')
I = ind2gray(X,map);
imshow(I)
figure,imhist(I,64)
J = histeq(I);
figure,imshow(J)
figure,imhist(J,64)
```

10.4　空域滤波增强

像素的邻域通常除了本身以外还包括其他像素. 因此,$g(x,y)$ 在 (x,y) 位置处的值不仅取决于 $f(x,y)$ 在 (x,y) 位置处的值,还取决于 $f(x,y)$ 在以 (x,y) 为中心的邻域内所有像素的值. 如以 s 和 t 分别表示 $f(x,y)$ 和 $g(x,y)$ 在 $f(x,y)$ 位置处的灰度值,以 $n(s)$ 代表 $f(x,y)$ 在 $f(x,y)$ 邻域内像素的灰度值,则此时式(10.1)可写成

$$t = EH[s,n(s)]. \qquad (10.4)$$

为了在邻域内实现增强操作,常可利用模板与图像进行卷积. 每个模板实际上是一个二维数组,其中各个元素的取值确定了模板的功能,这种模板操作也称为空域滤波.

空域滤波一般可分为线性滤波和非线性滤波两类. 线性滤波器的设计常基于对傅里叶变换的分析. 非线性空域滤波器则一般直接对邻域进行操作. 空域滤波器又分成平滑滤波器和锐化滤波器. 平滑可用低通来实现. 平滑的目的可分为两类:一类是模糊,目的是在提取较大的目标前去除太小的细节或将目标内的小间断连接起来;另一类是消除噪声. 锐化可用高通滤波来实现. 锐化的目的是为了增强被模糊的细节. 空间滤波增强方法分成线性平滑滤波器(低通)、非线性平滑滤波器

(低通)、线性锐化滤波器(高通)和非线性锐化滤波器(高通).

空域滤波器的工作原理是让图像在傅里叶空间的某个范围的分量受到抑制,而让其他分量不受影响,从而改变输出图像的频率分布,达到增强的目的.在增强中用到的空间滤波器主要有两类.

(1) 平滑(低通)滤波器:能减弱或消除傅里叶空间的高频分量,但不影响低频分量.高频分量对应图像中的区域边缘等灰度值具有较大较快变化的部分,滤波器将这些分量滤去可使图像平滑.

(2) 锐化(高通)滤波器:能减弱或消除傅里叶空间的低频分量,但不影响高频分量.低频分量对应图像中灰度值缓慢变化的区域,因而与图像的整体特性,如整体对比度和平均灰度值等有关,将这些分量滤去可使图像锐化.

空域滤波器都是利用模板卷积,主要步骤如下:

(1) 将模板在图中漫游,并将模板中心与图中某个像素位置重合;

(2) 将模板上的系数与模板下对应的像素相乘;

(3) 将所有乘积相加;

(4) 将和(模板的输出响应)赋给图中对应模板中心位置的像素.

1. 线性平滑滤波器

线性低通滤波器是最常用的线性平滑滤波器.这种滤波器的所有系数都是正的.对 3×3 的模板来说,最简单的操作是取所有系数都为 1.为了保证输出图像仍在原来的灰度范围内,在计算出 R 后要将其除以 9 再进行赋值.这种方法称为邻域平均法.

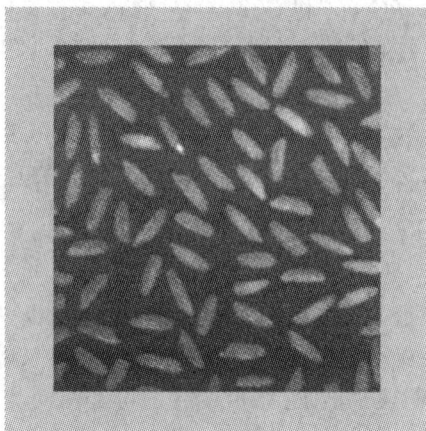

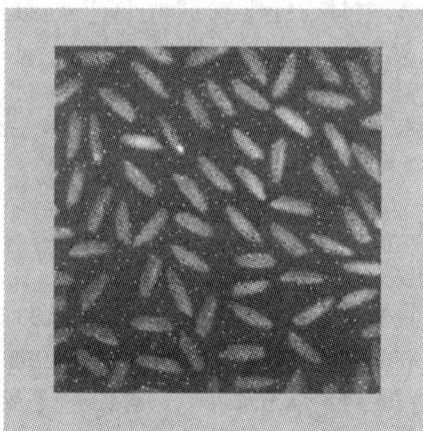

图 10.15　原图像　　　　　　　　　图 10.16　加入椒盐噪声后图像

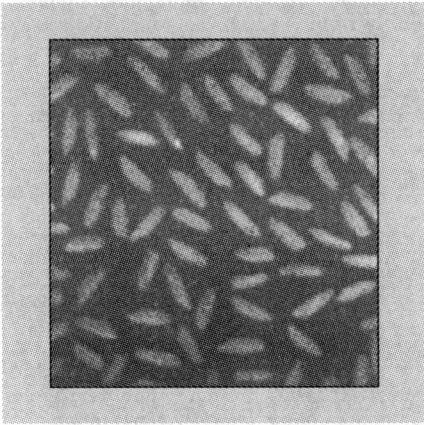

图 10.17　3×3 的均值滤波器处理结果

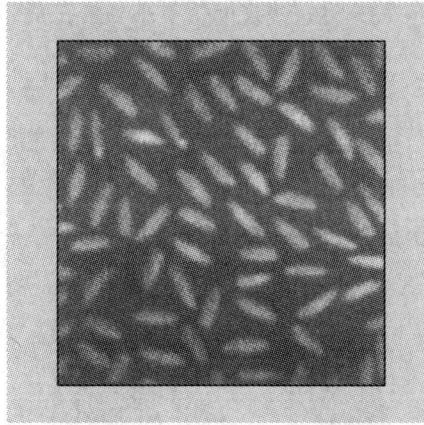

图 10.18　5×5 的均值滤波器处理结果

例 10.7　实现均值滤波器(图 10.15~图 10.19).

```
I = imread('rice.tif');
J = imnoise(I,'salt & pepper',
    0.02);
imshow(I)
figure,imshow(J)
K1 = filter2(fspecial('average',
    3),J)/255;
K2 = filter2(fspecial('average',
    5),J)/255;
K3 = filter2(fspecial('average',
    7),J)/255;
figure,imshow(K1)
figure,imshow(K2)
figure,imshow(K3)
```

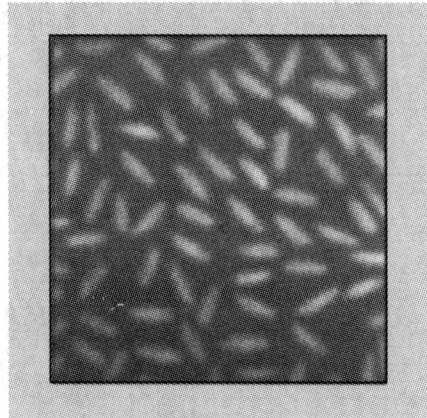

图 10.19　7×7 的均值滤波器
处理结果

2. 非线性平滑滤波器

中值滤波器是最常用的中值滤波器.它是一种邻域运算,类似于卷积,但计算的不是加权求和,而是把邻域中的像素按灰度级进行排序,然后选择该组的中间值作为输出像素值.具体步骤如下:

(1)将模板在图像中漫游,并将模板中心与图像中某个像素的位置重合;

(2)读取模板下各对应像素的灰度值;

（3）将这些灰度值从小到大排成一列；

（4）找出这些值里排在中间的一个；

（5）将这个中间值赋给对应模板中心位置的像素.

由此可以看出,中值滤波器的主要功能就是让与周围像素灰度值的差比较大的像素改取与周围的像素值接近的值,从而可以消除孤立的噪声点.

图 10.20　加入椒盐噪声的图像

图 10.21　处理结果

例 10.8 使用稀疏分布的模板实现中值滤波(图 10.20,图 10.21).

```
I = imread('saturn.tif');
imshow(I)
J = imnoise(I,'salt & pepper',0.02);
domain = [0 0 1 0 0;
          0 0 1 0 0;
          1 1 1 1 1;
          0 0 1 0 0;
          0 0 1 0 0];
K1 = ordfilt2(J,5,domain);
figure,imshow(K1)
```

3. 线性锐化滤波器

线性高通滤波器是最常用的线性锐化滤波器.这种滤波器的中心系数都是正的,而周围的系数都是负的.对 3×3 的模板来说,典型的系数取值是

$$[-1\ -1\ -1;-1\ 8\ -1;-1\ -1\ -1].$$

事实上这是拉普拉斯算子,所有系数之和为 0.当这样的模板放在图像中灰度值是常数或变化很小的区域时,其输出为 0 或很小.这个滤波器将原图像中的零频率分量去除了,也就是将输出图像的平均灰度值变为 0,这样就会有一部分像素灰度值小于 0.在图像处理中我们一般只考虑正的灰度值,所以还要将输出图像的灰

度值范围通过尺度变换变回到所要求的范围.

例 10.9 使用 unsharp 算子实现对比度增强滤波(图 10.22,图 10.23).

```
I = imread('blood1.tif');
imshow(I)
h = fspecial('unsharp',0.5);
I2 = filter2(h,I)/255;
figure,imshow(I2)
```

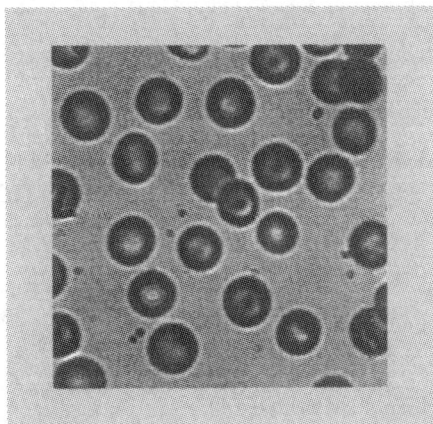

图 10.22 原图像

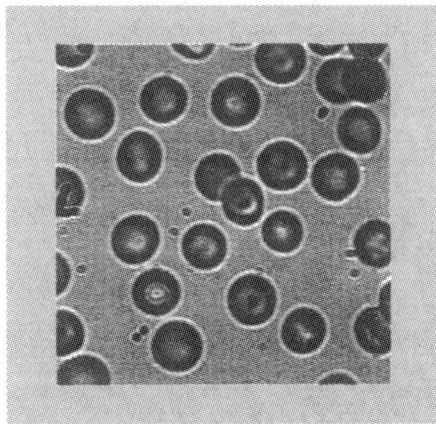

图 10.23 使用 unsharp 算子处理后的结果

4. 非线性锐化滤波器

邻域平均可以模糊图像,因为平均对应积分,所以利用微分可以锐化图像.图像处理中最常用的微分方法就是利用梯度.对一个连续函数 $f(x,y)$,其梯度是一个矢量(需要用两个模板分别沿 x 和 y 方向计算):

$$\nabla f = \left[\frac{\partial f}{\partial x}, \frac{\partial f}{\partial y}\right]^{\mathrm{T}}, \tag{10.5}$$

其模(以 2 为模,对应欧几里得距离)为

$$|\nabla f_{(2)}| = \mathrm{mag}(\nabla f)\left[\left(\frac{\partial f}{\partial x}\right)^2 + \left(\frac{\partial f}{\partial y}\right)^2\right]^{\frac{1}{2}}. \tag{10.6}$$

在使用中为了计算简便,也可不用上述对应欧几里得距离的以 2 为模的方法组合两个模板的输出.有一种简单的方法是利用城区距离(以 1 为模),即

$$|\nabla f_{(1)}| = \left|\frac{\partial f}{\partial x}\right| + \left|\frac{\partial f}{\partial y}\right|. \tag{10.7}$$

另一种简单方法是利用棋盘距离(以 ∞ 为模),即

$$| \nabla f_{(\infty)} | = \max\left\{ \left| \frac{\partial f}{\partial x} \right|, \left| \frac{\partial f}{\partial y} \right| \right\}. \tag{10.8}$$

上述这些组合的方法本身都是非线性的、常用的空域微分算子有 Sobel 算子、Prewitt 算子、高斯-拉普拉斯算子等.

例 10.10　对各种空域微分算子的效果进行比较(图 10.24～图 10.28).

```
I1 = imread('cameraman.tif');
figure,imshow(I1)
title('原图像')
h1 = fspecial('sobel');
I2 = filter2(h1,I1);
figure,imshow(I2)
title('sobel 卷积')
I3 = conv2(I1,h1);
figure,imshow(I3)
title('sobel 滤波')
h2 = fspecial('prewitt');
I4 = conv2(h2,I1);
figure,imshow(I4)
title('prewitt 滤波')
h3 = fspecial('log');
I5 = filter2(h3,I1);
figure,imshow(I5)
title('log 滤波')
```

图 10.24　原图像

图 10.25　sobel 卷积

图 10.26　sobel 滤波

图 10.27 prewitt 滤波

图 10.28 log 滤波

10.5 频 域 增 强

卷积理论是频域技术的基础. 设函数 $f(x,y)$ 与线性移不变算子 $h(x,y)$ 的卷积结果是 $g(x,y)$, 即 $g(x,y)=h(x,y)*f(x,y)$, 那么根据卷积定理, 在频域有

$$G(u,v) = H(u,v)F(u,v), \tag{10.9}$$

其中 $G(u,v), H(u,v), F(u,v)$ 分别是 $g(x,y), h(x,y), f(x,y)$ 的傅里叶变换.

频域增强的主要步骤是:

(1) 计算所需增强图的傅里叶变换;

(2) 将其与一个(根据需要设计的)转移函数相乘;

(3) 再将结果进行傅里叶变换反变换以得到增强的图.

常用的频域增强方法有低通滤波和高通滤波.

低通滤波

图像的能量大部分集中在幅度谱的低频和中频, 而图像的边缘和噪声对应于高频部分. 因此能降低高频成分幅度的滤波器就能减弱噪声的影响.

Butterworth 低通滤波器是一种物理上可以实现的低通滤波器. n 阶截断频率为 d_0 的 Butterworth 低通滤波器的转移函数为

$$H(u,v) = \frac{1}{1+[d(u,v)/d_0]^{2n}}. \tag{10.10}$$

例 10.11 实现 Butterworth 低通滤波器(图 10.29~图 10.31).

```
I1 = imread('Saturn.tif');
figure,imshow(I1)
```

```
I2 = imnoise(I1,'salt & pepper');
figure,imshow(I2)
f = double(I2);
%傅里叶变换
g = fft2(f);
%转换数据矩阵
g = fftshift(g);
[N1,N2] = size(g);
n = 2;
d0 = 50;
n1 = fix(N1/2);
n2 = fix(N2/2);
for i = 1 : N1
    for j = 1 : N2
        d = sqrt((i - n1)^ 2 + (j - n2)^ 2);
        %计算 Butterworth 低通转换函数
h = 1/(1 + 0.414 * (d/d0)^(2 * n));
        result(i,j) = h * g(i,j);
    end
end
```

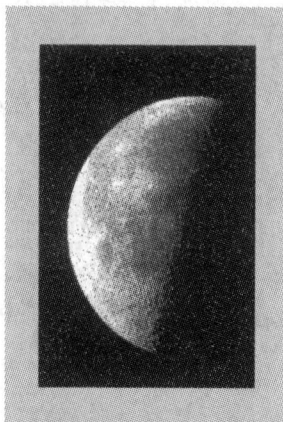

图 10.29   原图像   图 10.30   加噪图像   图 10.31   Butterworth 低通
                                                                      滤波器去噪

高通滤波

高通滤波也称高频滤波器,它的频值在 0 频率处为单位 1,随着频率的增长,传递函数的值逐渐增加;当频率增加到一定值之后传递函数的值通常又回到 0 值或者降低到某个大于 1 的值.在前一种情况下,高频增强滤波器实际上是一种带通滤波器,只不过规定 0 频率处的增益为单位 1.

实际应用中,为了减少图像中面积大且缓慢变化的成分的对比度,有时让 0 频率处的增益小于单位 1 更合适.如果传递函数通过原点,则可以称为 Laplacian 滤波器.

n 阶截断频率为 d_0 的 Butterworth 高通滤波器的转移函数为

$$H(u,v) = \frac{1}{1 + [d_0/d(u,v)]^{2n}} . \tag{10.11}$$

例 10.12 实现 Butterworth 高通滤波器(图 10.32 和图 10.33).

```
I1 = imread('canoe.tif');
figure,imshow(I1)
f = double(I1);
g = fft2(f);%傅里叶变换
g = fftshift(g);%转换数据矩阵
[N1,N2] = size(g);
n = 2;
d0 = 5;
n1 = fix(N1/2);
n2 = fix(N2/2);
for i = 1:N1
    for j = 1:N2
        d = sqrt((i - n1)^2 + (j - n2)^2);
        if d = = 0
            h = 0;
        else
            h = 1/(1 + (d0/d)^(2 * n));
        end
        result(i,j) = h * g(i,j);
    end
end
result = ifftshift(result);
X2 = ifft2(result);
X3 = uint8(real(X2));
figure,imshow(X3)
```

图 10.32   原始图像   图 10.33   Butterworth 高通滤波图像

思考题 （1）通过图像的具体性质如 size(I)，I(m1:m2,c1:c2)等，说明索引图像与 RGB 图像之间的区别和联系，灰度图像与二值图像之间的区别和联系.

（2）对上面所举的例子中选择不同的图像和不同的函数完成对应的功能.

（3）对上面所举的例子中选择不同的图像和不同的空间变换函数体会 roicolor 和 roifill 的意义并进行图像局部增强的操作.

（4）对上面所举的例子中选择不同的图像和 roipoly 函数完成对图像的多边形区域进行图像局部增强的操作.

（5）对图像 tire.tif 使用 imadjust 函数进行灰度调整.

（6）对图像 tire.tif，pout.tif 使用直方图处理进行灰度增强.

（7）关于适用不同大小的窗的滤波器处理效果你会得出什么结论.通过选择不同的图像证实你的结论.

（8）在函数 imnoise 中除 salt & pepper 外，还有其他的选项.请选择不同的其他选项验证不同图像对不同平滑滤波器的效果.

（9）对不同的空域微分算子，不同的图像的效果是不同的.选择不同的图像验证你的想法.

（10）高通滤波器处理后，图像变得昏暗，想一想这是为什么.

综合实验 对本章所介绍的图像增强技术，设计一个界面程序，对任意给定的图像能完成本章所介绍的各种图像增强技术.这个程序的菜单相应包含文件(F)、编辑(E)、图像(I)、滤波(P)、视图(V)、窗口(W)、帮助(H)菜单项，其中在文件(F)菜单项中包含对图像的打开方式、存储格式、颜色显示方式、退出等子菜单项；在编辑(E)菜单项中包含对图像的还原、恢复、复制、拷贝、粘贴等子菜单项；在图像(I)菜单项中包含对图像的大小计算、旋转角度的计算、直方图的计算、直方图均衡化的计算、直方图规定化的计算等子菜单项；在滤波(P)菜单项中包含对图像的直接灰度调整、空域滤波、频域滤波等子菜单项；视图(V)、窗口(W)、帮助(H)菜单项的设计可参阅一般常规应用程序设计.

第 11 章　数　学　曲　面

曲面是数学中的一个有多种含义的基本数学概念,正确地理解好曲面的数学模型是学好很多高级的数学分支如《微分几何》、《拓扑学》等的基础,同时也是一些工科专业如机械专业等进行专业学习的必备知识.在本科低年级《数学分析》和《解析几何》两门课程的学习中,我们已经接触和熟悉了一些常见的基本曲面,如平面、球面、双曲面等及其它们的解析表达形式.按照最常用的数学定义,我们通常把曲面定义为三维欧几里得空间中的一个"二维流形".之所以称其为是一个"二维流形",是因为可以把曲面上所有点的坐标表示为两个参数的函数,具体如下:

$$\begin{cases} x = x(u,v), \\ y = y(u,v), \\ z = z(u,v), \end{cases}$$

其中 u,v 是两个独立的变化参数.

在本章的学习实验中我们将抛开抽象的数学理论,以 MATLAB 为工具,利用 MATLAB 强大的三维图形显示绘制功能,在大量实验的基础上去理解和体会曲面的一些数学本质,从而为自己在后续机械工程等领域内的应用数学建模打下一定的基础.

11.1　MATLAB 语言的预备知识

1. 极(柱)坐标至直角坐标的转换命令 pol2cart

语法　$[X,Y]$=POL2CART(TH,R)(极坐标转换为直角坐标)

　　　　$[X,Y,Z]$=POL2CART(TH,R,Z)(柱坐标转换为直角坐标)

参数　TH:极角数阵;R:极径数阵;

　　　　X,Y,Z:直角坐标分量数阵.

使用　如果所绘制的曲面的自变量 x,y 的变化区域是圆或圆的一部分,那么首先在极坐标内进行离散化,然后再转化为直角坐标.

2. 自变量区域数阵的生成命令 meshgrid

语法　$[X,Y]$=MESHGRID(x,y)

参数　x,y:自变量数组;

　　　　X,Y:自变量数阵.

使用　在使用 mesh 或 surf 命令绘图之前必须先得到曲面数阵,因此利用自变量 x,y 计算 z 之前必须先进行 x,y 数组的数阵化.

3. 曲面绘制命令 mesh 或 surf

mesh 和 surf 的语法规则基本一样,其差别在于曲面的表示方式.为了得到后续的关于曲面颜色及光照效果的显示模式,我们更经常使用 surf 命令,下面以该命令为例进行说明.

语法　h＝SURF(X,Y,Z)

参数　X,Y,Z:曲面坐标的三分量数阵.

返回参数 h 用于获得所绘制的曲面句柄,以后可以通过对句柄 h 的操作修改曲面数据、颜色属性等曲面的各种属性(具体使用参见后续的说明).

结果　如果数据的维数正确无误,MATLAB 会在响应的图形窗口内绘制出网格曲面,缺省情况下颜色变化与高度数据成正比.

4. 视点调整命令 view

语法　VIEW(AZ,EL)或 VIEW([AZ,EL])

参数　AZ 代表绕 Z 轴的水平方位角,EL 是视点位置关于 XOY 平面的俯仰角,二者的值的单位都是度,且可取正数和负数,分别代表逆时针和顺时针角度.

使用　在使用 mesh 或 surf 命令后所得到的是空间曲面在缺省视角 AZ＝－37.5,EL＝30 的投影平面图,为了观察曲面的整体轮廓,需要进行视点位置的调整.

5. 视点角度交互自由调整命令 rotate3d

这是一个带有开关作用的视点角度调整命令,可在其后选择使用参数 on 或 off,其作用与图形窗口内工具条上的 ⟳ 按钮一样,打开该命令后,可以在图形窗口内通过鼠标操作自由交互地改变视点的角度.

6. 视点位置(离曲面的远近)调整命令 zoom

这是一个带有开关作用的视点位置调整命令,可在其后选择使用参数 on 或 off,其作用分别与图形窗口内工具条上的 ⊕ 和 ⊖ 按钮一样,使用命令后,可以在图形窗口内通过鼠标操作自由交互地改变视点的位置.

7. 曲面的光滑效果处理命令 shading

该命令可选择后续跟三个参数 interp,flat 或 faceted 中的一个,其中为了充分表现曲面整体的光滑过渡效果,我们会经常使用第一个参数模式,即命令模式为 shading interp.

8. 环境光源设置命令 light

语法 L＝LIGHT(Param1,Value1,…,Param N,Value N)

参数 Param1,Param2,…,Param N:光源对象的一些属性名称.包括 Color,Style,Position 和 Visible 等,分别用于设置光源对象的颜色、种类、位置和可见性等,而 Value1,Value2,…,ValueN 是相应属性的取值,对于具体取值用户可以参阅 MATLAB 的相关帮助文档.返回值 L 用于保存该光源对象的句柄,供用户在需要时调整该光源的上述提到的各个属性.用户可根据需要设置多个光源.

9. 曲面光照的高光效果命令 lighting

语法 LIGHTING GOURAUD

LIGHTING PHONG

LIGHTING FLAT

LIGHTING NONE

说明 该命令可选择跟随上述的后续四个参数,其中前两个是计算机图形学中关于曲面高光效果的两个重要的算法模型,大家可以在绘制曲面加上光源之后尝试一下每种命令,观察图形所产生的不同视觉变化.

10. 曲面图形句柄对象的属性调整命令 set

利用前述的带返回值 h 的 surf 命令我们得到了一个图形对象句柄.如果用户需要调整曲面图形的一些属性,如颜色、控制点的坐标、表面的反射属性等,可以用 set 命令来进行,初学者可在此时在命令窗口内键入 set(h)以了解可以调整哪些属性.使用此命令后可以看到有多至 28 种属性可以用该命令调整,具体含义和值的设定用户可以参阅 MATLAB 的帮助文件,在后面的例子中我们可以看到该命令的一些使用方法.

11. 光源对象的属性调整命令 set

利用前述的带返回值 L 的 light 命令我们得到了一个光源对象句柄.如果用户需要调整光源一些属性,如颜色、光源位置、光源类型等,可以用 set 命令来进行,初学者可在此时在命令窗口内键入 set(L)以了解可以调整哪些属性.使用此命令后可以看到有多至 17 种属性可以用该命令调整,具体含义和值的设定用户可以参阅 MATLAB 的帮助文件,在后面的例子中我们可以看到该命令的一些使用方法.

下面我们通过一个简单的例子来体会如何灵活地使用上述的图形指令和 MATLAB 的其他常用指令绘制丰富多彩的曲面图形.

(1) 用下列语句绘制半径为 5 的球面的第一卦限部分.

th = linspace(0,pi/2,30);

```
r = linspace(0,5,30);
[th,r] = meshgrid(th,r);
[x,y] = pol2cart(th,r);
z = sqrt(abs(25 - x.^2 - y.^2));
h = surf(x,y,z);
axis off;
axis equal;
```

得到如图 11.1 所示的曲面图形.

(2) view(60,30).

得到如图 11.2 所示的曲面图形.

(3) shading interp.

得到曲面色彩光滑后的非网格曲面,见图 11.3.

(4) L1＝light.

以缺省的方式添加一个光源,得到如图 11.4 所示的曲面.

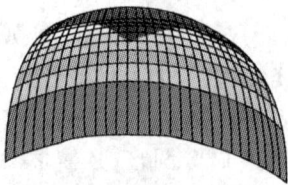

图 11.1　第一卦限内的球面　　　　　　　　图 11.2　改变视角后的图形

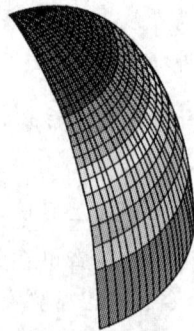

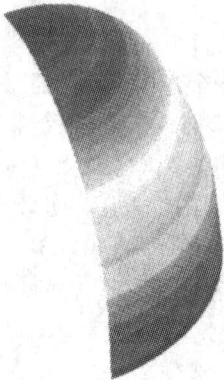

图 11.3　执行 shading 后的曲面　　　　　　图 11.4　添加光源后的曲面

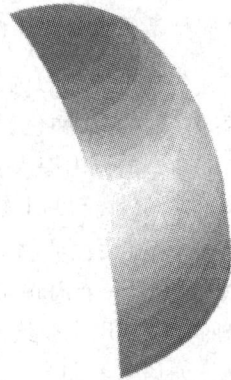

（5）lighting phong.

用 Phong 光照模型添加高光,得到图 11.5 所示的曲面.

以下我们学习体会用 set 命令来调整曲面和光源对象的属性.

（6）给曲面数据的 z 分量加一个随机扰动并修改曲面的颜色属性.

zz = 0.1 * randn(size(z));

zz = zz + z;

set(h,'zdata',zz,'facecolor',[0.8 0.1 0.2]);

得到如图 11.6 所示的曲面.

观察曲面图形的颜色变化和形状变化.

图 11.5　执行 lighting phong 后的曲面　　　　图 11.6　修改曲面数据和颜色后

（7）修改光源的位置、颜色,并将缺省的平行光源转变为点光源.

set(L1,'position',[100 40 50],'color',[0 1 0]);

set(L1,'style','local');

注　在前两步实验中曲面的颜色和光源的颜色使用的是[红 绿 蓝]三分量表示法,每个分量的取值都是介于 0 和 1 之间的一个浮点数,所以[0.8　0.1　0.2]表示曲面的色彩偏红,而[0　1　0]表示光源的颜色为强绿色.

观察曲面的色彩变化情况,如有必要,可以通过执行 rotate3d 命令然后用鼠标交互地改变视角位置.

练习 1　编写一个程序绘制抛物双曲面 $z = x^2 - y^2$ 在区域 $\begin{cases} -5 \leqslant x \leqslant 5, \\ -\sqrt{25-x^2} \leqslant y \leqslant \sqrt{25-x^2} \end{cases}$ 内的曲面图形.

练习 2　在曲面的上方和下方各设置一个光源,前者是红色的平行光源,后者是蓝色的点光源.

练习 3　执行 shading interp 命令,观察曲面的变化.

练习 4　采用不同的 lighting 命令,观察曲面图形的视觉变化,特别注意观察光源引起的高光效果.

练习 5   执行 rotate3d 命令,从各个视角观察曲面的整体形状.

11.2   几种有趣的数学曲面

本节我们利用前述的一些命令用 MATLAB 绘制一些著名的数学曲面,进而消化理解本章前述的双参数曲面的数学本质.

1. 惠特尼伞形曲面(Whitney umbrella)

曲面的参数表达式:
$$\begin{cases} x = uv, \\ y = u, \\ z = v^2, \end{cases} \quad u, v \in [-1, 1].$$

为了便于重复实验和观察参数的变化范围对曲面形状的影响,我们首先建立一个 MATLAB 函数文件.

```
function myumbrella(a,b)
u = linspace(a,b,100);
v = u;
[u,v] = meshgrid(u,v);
x = u. * v;
y = u;
z = v.^ 2;
surf(x,y,z);
shading interp;
lighting phong;
colormap([1 .5 0]);
light;
axis equal;
axis off;
view( - 16,60);
rotate3D on;
```

以文件名 myumbrella. m 存盘.

在 MATLAB 的命令窗口中键入 myumbrella (-1,1),得到如图 11.7 所示的曲面图形.

图 11.7   Whitney umbrella 曲面

此时用户可操纵鼠标观察曲面的整体形状,以加深对曲面的整体认识. 该曲面中央的十字交叉处是曲面的奇异点, 也称为"收缩点"或"萎缩点".

思考题 (1) 在两个不同的子图上(subplot 命令)绘制 $u=$常数及 $v=$常数的一系列曲线, 思考数学表达式和曲面的关系, 得出你自己的结论.

(2) 调整函数的参数变化范围(a,b 的取值), 观察所引起的曲面形状的变化, 并分析产生变化的原因.

(3) 由于曲面的底部没有设置光源, 因此到视角的俯仰角为负时曲面是黑色的, 无法看清形状. 试修改程序, 在底部的适当位置添加一个光源.

2. 环形曲面(torus)

曲面的参数表达式: $\begin{cases} x=(b+a\cos v)\cos u, \\ y=(b+a\cos v)\sin u, \quad u,v\in[0,2\pi],b<a. \\ z=a\sin v, \end{cases}$

同样为了便于重复实验和观察参数的变化范围对曲面形状的影响, 我们首先建立一个 MATLAB 函数文件.

```
function mytorus(a,b,t1,t2)
u = linspace(0,t1,100);
v = linspace(0,t2,100);
[u,v] = meshgrid(u,v);
x = (b + a * cos(v)). * cos(u);
y = (b + a * cos(v)). * sin(u);
z = a * sin(v);
surf(x,y,z);
shading interp;
lighting phong;
colormap([0.8 0 0.2]);
light;
light('position',[-3 -6 -20],'color',[0.1 0.1 1]);
axis equal;
axis off;
view(-16,20);
rotate3D on;
```

以文件名 mytorus. m 存盘.

本程序中我们采用了两个光源, 上侧采用的是缺省的白色光源, 下侧设置了一

图 11.8　环形曲面

个偏蓝色的光源. 另外, 函数的后两个参数是为了便于实验所使用的参数 u 和 v 的上限值.

我们使用命令 mytorus$(3,1,2*pi,2*pi)$, 执行后得到的曲面图形如图 11.8 所示. 我们可以看到上下两个不同颜色的光源所形成的高光效果, 从不同的视角观察, 曲面看起来仿佛是一个"苹果". 仅仅就是这样简单吗? 我们减少 t1 和 t2 两个参数的取值观察所获得的新的曲面的图形, 看看可以发现什么.

执行 mytorus$(3,1,pi,2*pi)$, 得到如图 11.9 所示的曲面图形, 然后执行 mytorus$(3,1,2*pi,pi)$, 适当地调整视角 (把俯仰角调至负值), 得到如图 11.10 所示的曲面图形.

图 11.9　减少参数 u 的上限

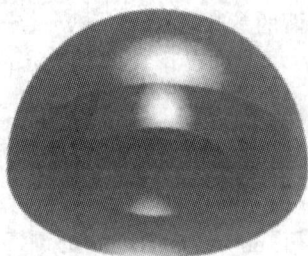

图 11.10　减少参数 v 的上限

由图 11.9 和图 11.10 不难看出内部还包着一部分曲面, 可以看出内部的曲面类似于"橄榄球"的形状, 而且曲面是一个关于 z 轴的中心轴对称图形. 而这样的一个曲面我们是很难通过直角坐标系下的函数形式 $z = f(x,y)$ 实现的, 从而看出参数曲面是一种更广泛的曲面描述方法. 进行更多的参数上限改变实验, 我们可以看到和体会参数 u,v 的作用效果.

我们再来执行 mytorus$(3,1,pi/2,2*pi)$, 适当地调整视角方向, 得到如图 11.11 所示的曲面图形. 回忆我们在过去所学过的球面的极坐标方程, 不难看出我们这里仅仅是在 x,y 的坐标表达式中多了一个参数 b, 而球面按照旋转的思想来看, 就是一个圆绕着它的直径旋转一圈后所得到的轨迹. 而以同样的思想结合图 11.11, 我们不难得出这样的结论: 这种环形曲面从数学本质上看就是将圆绕着某个弦旋转后所得到的空间曲面, 而该弦与较近的弧的距离恰好是 b.

前面的表达式中我们限定 $b < a$. 如果 $b = a$ 或 $b > a$ 呢?

我们执行 mytorus$(3,5,2*pi,2*pi)$, 适当调整视角方向, 得到如图 11.12 所示的圆环, 请读者按照前述的旋转思想分析其中的原因. 在本章的下一节中我们沿着这个问题再进一步拓广讨论, 建立更广泛的默比乌斯曲面族, 以进一步把握数学

图 11.11　u 的变化范围是 $\left[0, \dfrac{\pi}{2}\right]$

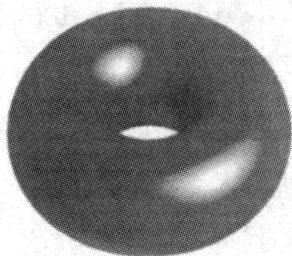

图 11.12　$b>a$ 时的环形曲面

的一些思想本质和数学的内在及形式美.

3. Klein 瓶

在这个实验中,我们利用两个不同的参数曲面组成一个带柄的瓶状模型——Klein 瓶.

曲面的参数表达式:

(1) $\begin{cases} x = b\left(\cos u \sin u + \dfrac{a\sin u \sin v}{\sqrt{\sin^2 u + \cos^2(2u)}} - \dfrac{1}{2}\right), & \dfrac{\pi}{4} \leqslant u \leqslant \dfrac{5\pi}{4}, \\ y = ab\cos v, & a < b, \\ z = \cos u + \dfrac{ab\cos(2u)\sin v}{\sqrt{\sin^2 u + \cos^2(2u)}}, & \dfrac{\pi}{2} \leqslant v \leqslant \dfrac{5\pi}{2}; \end{cases}$

(2) $\begin{cases} x = b\sin v\left(\sin u \cos u - a - \dfrac{1}{2}\right), & \dfrac{5\pi}{4} \leqslant u \leqslant \dfrac{9\pi}{4}, \\ y = -b\cos v\left(\sin u \cos u - a - \dfrac{1}{2}\right), & a < b, \\ z = \cos u, & \dfrac{\pi}{2} \leqslant v \leqslant \dfrac{5\pi}{2}. \end{cases}$

下面我们编写程序实现这个曲面的图形.同样为了后续的实验方便起见,我们编写一个 MATLAB 函数.

```
function myklein(a,b,t1,t2,t3,s1,s2)
u1 = linspace(t1,t2,60);
u2 = linspace(t2,t3,60);
v = linspace(s1,s2,60);
[u1,v1] = meshgrid(u1,v);
[u2,v2] = meshgrid(u2,v);
%瓶柄曲面
len = sqrt(sin(u1).^2 + cos(2 * u1).^2);
```

```
x1 = b * (cos(u1). * sin(u1) - 0.5 + a * sin(v1). * sin(u1)./len);
y1 = a * b * cos(v1);
z1 = cos(u1) + a * b * sin(v1). * cos(2 * u1)./len;
%瓶体曲面
r = sin(u2). * cos(u2) - a - 1/2;
x2 = b * sin(v2). * r;
y2 = - b * cos(v2). * r;
z2 = cos(u2);
h1 = surf(x1,y1,z1);
hold on;
h2 = surf(x2,y2,z2);
shading interp;
lighting phong;
colormap([0.2 0 0.8]);
%设置瓶体的透明度,从而可以看出两个不同的曲面形状
set (h2,'facealpha',0.5);
light;
light('position',[-6 -5 20],'color',[0.1 0 0.8]);
axis equal;
axis off;
hold off;
view(-13,34);
rotate3D on;
```

将文件保存为 myklein. m.

在 MATLAB 的命令窗口中按上述标准的 u, v 参数执行命令

myklein(0.2,0.6,pi/4,5 * pi/4,9 * pi/4,pi/2,5 * pi/2)

得到如图 11.13 所示的曲面图形.

此时我们可以在图形窗口中通过操纵鼠标从各个视角观察曲面的整体形状.

为了独立观测两个曲面的图形,可以在程序中通过控制每个曲面的可见性属性得以实现,比如在该程序中我们在最后添加语句

set (h2,'visible','off');

即可屏蔽"瓶体"曲面的可见性,然后执行上述同样的命令得到"瓶柄"曲面如图 11.14 所示. 如果要恢复瓶体的可见性,可以在

图 11.13　瓶体透明的 Klein 瓶

其后添加如下两个语句

　　pause(2);

　　set(h2,'visible','on');

其中 pause(2)让程序暂时停止 2 分钟,后一个语句再恢复"瓶体"
曲面的显示.

图 11.14　屏蔽
瓶体后的瓶柄

　　练习　(1) 修改上述命令中的 a,b 两个参数进行实验,观察
这两个参数的变化对于曲面形状的影响.(注:首先为了保证曲面
的特性不发生变化,参数 a 的大小最好不超过 1,在对该参数的作
用有了一定的了解后再将它调成较大的数.)

　　(2) 分别对后续的五个参数在上述例子命令的范围内进行调整,体会参数曲
面表达式中的取值范围的不同对曲面形状产生的作用.这里请大家多做参数调整
实验以了解它们的作用.(注:本质上如果在上述参数范围内进行调整,得到的应该
是上述曲面的一部分,请观察思考曲面的每一部分是如何与参数的取值范围相对
应的.)

　　(3) 根据所给出的参数曲面表达式分析两个曲面是如何密合地在底部衔接在
一起的.其中的原因何在?

　　(4) 取定 u,v 中的某个参数为常数,让另一个参数在相应的取值范围内变化,
在两个子图内分别绘制相应的曲线族(plot3 命令),观察它们的图形,体会 u,v 参
数的作用.

　　(5) 修改曲面表达式中的常数项 $\frac{1}{2}$,观察它的选取对曲面形状的影响,写出你
的结论.(注:可以修改上述程序,在函数头中增加一个参数 c,然后在程序体内把
$\frac{1}{2}$ 出现的地方换成 c,这样就可以不修改程序而直接修改该参数进行实验了.)

　　4. 旋转曲面

　　从旋转曲面的几何构成来看,旋转曲面可以通过把平面上的一条曲线绕着该
平面内的某一个直线旋转得到,如我们知道球面、圆台侧面、锥面、旋转抛物面等都
可以看作是某条基本曲线旋转后的结果.以曲面的参数表达式来看,旋转曲面可以
写成下列的一般形式:

$$\begin{cases} x(u,v) = \varphi(v)\cos u, & 0 \leqslant u \leqslant 2\pi, \\ y(u,v) = \varphi(v)\sin u, & -\dfrac{\pi}{2} \leqslant v \leqslant \dfrac{\pi}{2}. \\ z(u,v) = \phi(v), \end{cases}$$

下面我们以几个特列的 φ 和 ϕ 来体会这个思想.

　　(1) "8"字型曲面:取 $\varphi(v) = a\sin(2v)$,$\phi(v) = b\sin(v)$,我们编写程序 my-

eight. m 如下:

```
function myeight(a,b,t1,t2,s1,s2)
u = linspace(t1,t2,100);
v = linspace(s1,s2,100);
[u,v] = meshgrid(u,v);
x = a * cos(u). * sin(2 * v);
y = a * sin(u). * sin(2 * v);
z = b * sin(v);
surf(x,y,z);
shading interp;
lighting phong;
colormap([0.1 0.8 0.2]);
light;
light('position',[ - 6 - 5 20],'color',[0.1 0 0.8]);
axis equal;
axis off;
view( - 15,20);
rotate3D on;
```

我们选择一组参数执行如下的命令

```
myeight(1,2,0,2 * pi, - pi/2,pi/2)
```

得到如图 11.15 所示的曲面. 调整视角方向可以看出它恰好是相应的"8"字型曲线绕着它的中轴线旋转后所得到的曲面.

同样我们可以进行反复的参数变化实验, 了解不同参数的变化所对应的对于曲面形状的影响. 如我们执行命令

```
myeight(4,2,pi,2 * pi,0,pi/2)
```

并调整视角得到如图 11.16 所示的曲面.

图 11.15　"8"字型曲面　　　　　　　　图 11.16　参数对曲面形状的影响

（2）伪球面（曳物面）参数表达式：

$$\begin{cases} x = \dfrac{a}{\cosh v}\cos u, \\[2mm] y = \dfrac{a}{\cosh v}\sin u, \\[2mm] z = b(v - \tanh v), \end{cases} \qquad \begin{array}{l} 0 \leqslant u \leqslant 2\pi, \\[2mm] v \geqslant 0. \end{array}$$

按照表达式我们编写函数 mypsphere.m 如下：

```
function mypshere(a,b,t1,t2,s1,s2)
u = linspace(t1,t2,100);
v = linspace(s1,s2,100);
[u,v] = meshgrid(u,v);
x = a * cos(u). * sech(v);
y = a * sin(u). * sech(v);
z = b * (v - tanh(v));
surf(x,y,z);
shading interp;
lighting phong;
colormap([0.1 0.8 0.8]);
light;
light('position',[-6 -5 20],'color',[0.5 0 0.1]);
axis equal;
axis off;
view(-15,35);
rotate3D on;
```

执行命令

```
mypsphere(2,1,0,pi,0,5)
```

得到如图 11.17 所示的"喇叭"型曲面.

也可以采用前述的实验方法通过调整不同的参数观察曲面的变化而体会参数 u,v 的作用,如输入如下的命令

```
mypsphere(2,3,0,5 * pi/3,0,3)
```

得到如图 11.18 所示的图形.

可以看出该类曲面是由平面上的"曳物线"绕它的垂直渐近线旋转后所得到的曲面,因此这类曲面通常被称为曳物面. 如果按照数学上曲面分析的角度,该曲面上每一点处的曲率都是负数,这一性质恰好与球面相反,即球面上每一点处的曲率

图 11.17　伪球面

图 11.18　参数的变化作用

都是正数,所以数学上人们也称这类曲面为伪球面.感兴趣的读者可以参考相应的数学书籍,在此我们就不从这个角度展开讨论了.

练习　分别编写程序绘制下列的几个旋转曲面,根据观察和理论分析确定它们分别是何种曲面.

(1)
$$\begin{cases} x = a\sqrt{v}\cos u, \\ y = a\sqrt{v}\sin u, \\ z = bv, \end{cases} \quad \begin{array}{l} 0 \leqslant u \leqslant 2\pi, \\ v \geqslant 0. \end{array}$$

(2)
$$\begin{cases} x = a\sqrt{v}\cos u, \\ y = b\sqrt{v}\sin u, \\ z = cv, \end{cases} \quad \begin{array}{l} 0 \leqslant u \leqslant 2\pi, \\ v \geqslant 0. \end{array}$$

(3)
$$\begin{cases} x = a(h-v)\sqrt{v}\cos u, \\ y = b(h-v)\sqrt{v}\sin u, \\ z = cv, \end{cases} \quad \begin{array}{l} 0 \leqslant u \leqslant 2\pi, \\ 0 \leqslant v \leqslant h. \end{array}$$

5. 涡轮型曲面

虽然参数型曲面是定义空间三维曲面的一种最通用的形式,但正像我们从中学开始所熟悉的那样,显示直角坐标形式的曲面方程 $z = f(x,y)$ 和柱坐标形式的方程 $z = f(r,\theta)$ 也可以定义很多丰富的曲面图形.下面我们来观察一个有趣的例子.

曲面方程为

$$z = \sin(\cos r - n\theta), \quad 0 \leqslant r \leqslant R, \quad 0 \leqslant \theta \leqslant 2\pi, \quad n \in \mathbf{N}.$$

同样我们编写程序 myswirl. m 如下:

```
function myswirl(r1,r2,t1,t2,n)
t = linspace(t1,t2,60);
```

```
r = linspace(r1,r2,60);
[t,r] = meshgrid(t,r);
[x,y] = pol2cart(t,r);
z = sin(cos(r) - n * t);
surf(x,y,z);
shading interp;
lighting phong;
colormap([1 .5 0]);
light;
axis equal;
axis off;
view(0,90);
rotate3D on;
```

选择如下参数执行命令

```
myswirl(0,5,0,2 * pi,2)
```

得到如图 11.19 所示的曲面顶视图,调整视角,得到如图 11.20 所示的曲面图形.

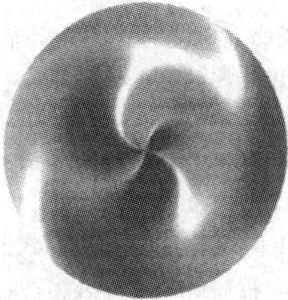

图 11.19 "双涡轮"型曲面

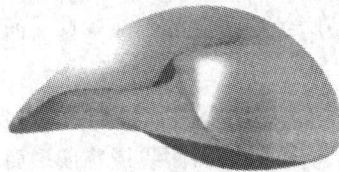

图 11.20 改变视角后的曲面

不难看出这是一个以原点为中心的"双峰双谷"的涡轮状曲面. 比较表达式和曲面图形的关系,我们可以看出程序中前四个参数的作用,为此我们主要讨论和观察参数 n 的作用,如分别执行命令

```
myswirl(1,5,0,2 * pi,5)
```

和

```
myswirl(1,2,0,2 * pi,6)
```

后得到如图 11.21 所示的两个顶视图.

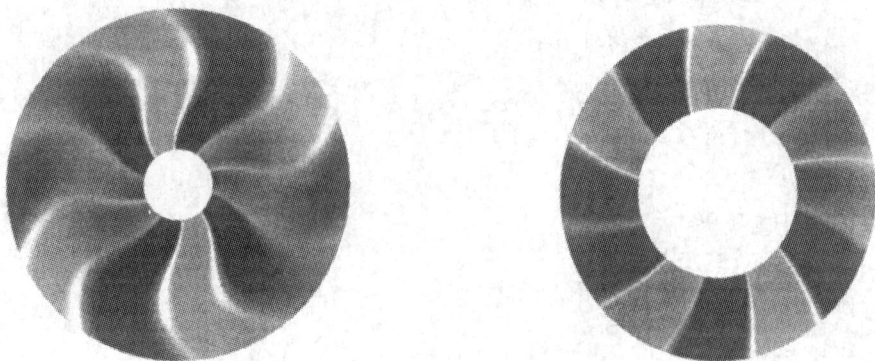

图 11.21　参数变化对曲面图形的影响

练习　编写程序绘制如下的柱坐标形式的曲面图形.

(1) $z = \sin(e^r - n\theta)$,　　　$0 \leqslant r \leqslant R$,　$0 \leqslant \theta \leqslant 2\pi$,　$n \in \mathbf{N}$.

(2) $z = \cos(\sqrt{r^2 + \theta^2} - n\theta)$,　　　$0 \leqslant r \leqslant R$,　$0 \leqslant \theta \leqslant 2\pi$,　$n \in \mathbf{N}$.

11.3　默比乌斯曲面族

相信很多人都多少听说过默比乌斯曲面(或默比乌斯带),它的一个显著特点是它的单侧性.用一张小纸条,我们可以很容易地建立起这样一张曲面:将小纸条扭转一圈,让首尾衔接在一起得到一个默比乌斯带.

本节我们通过分析默比乌斯曲面产生的数学本质来认识和体会数学曲面性质的统一性.

首先我们回顾 11.2 节中所提到的旋转曲面.由前述的实验我们可以知道旋转面就是由一条平面曲线绕着该平面内的某个轴线旋转后所得到的几何图形,如图 11.22(a)中的直线 l 绕轴 a 旋转得到图 11.22(b)所示的圆台曲面,图 11.23(a)中的渐开线 l 绕轴 a 旋转得到图 11.23(b)所示的曲面形状,等等.

下面我们设想图 11.22(a)中的直线 l 除了绕轴 a 旋转一周外,自身还同步旋转一周,那么 l 在这个运动过程中所走过的轨迹就是图 11.24 所示的默比乌斯曲面.

下面我们按照数学坐标变换的思想给出相应曲面的参数解析形式,并给出相应的 MATLAB 实验程序.

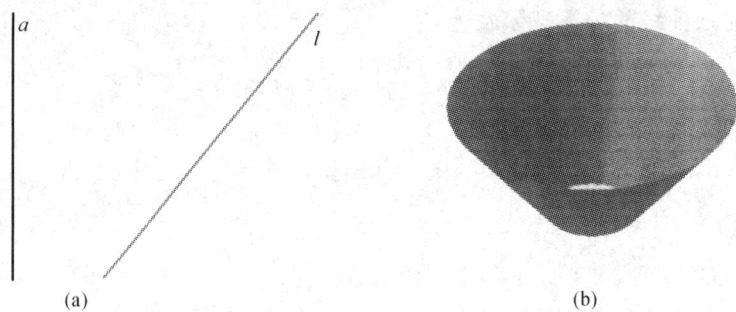

图 11.22 直线绕轴旋转得到圆台曲面

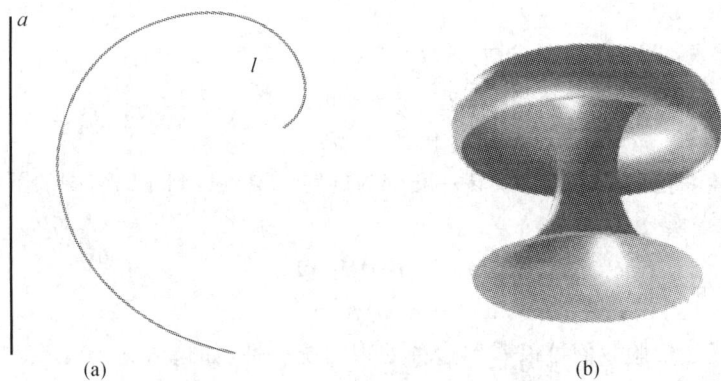

图 11.23 渐开线绕轴旋转得到右侧曲面

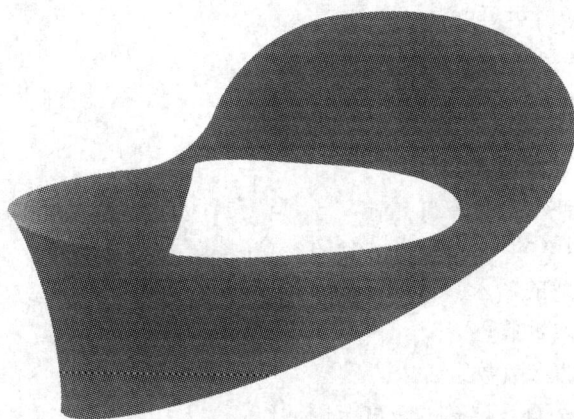

图 11.24 直线的两种旋转生成的默比乌斯曲面

（1）生成曲线的参数坐标表达式

$$
\begin{cases}
xv = x(v), \\
yv = y(v),
\end{cases}
v_1 \leqslant v \leqslant v_2,
$$

在我们的默比乌斯带例子中

$$
\begin{cases}
xv = v, \\
yv = v,
\end{cases}
0 \leqslant v \leqslant 2.
$$

注　v 的上下限和直线的斜率可以自行选定.

编写相应的 MATLAB 函数 mycurvel. m 如下：

```
function[xt,zt]=mycurvel(t)
xt=t;
zt=t;
```

（2）将曲线方程绕自身进行旋转变换

$$
\begin{cases}
xr = x(v)\cos u - y(v)\sin u, \\
zr = x(v)\sin u + y(v)\cos u,
\end{cases}
0 \leqslant u \leqslant 2\pi.
$$

可以将上述变换公式由自身旋转一圈变为旋转 n 圈以得到扭结多圈的默比乌斯曲面. 相应的变换公式为

$$
\begin{cases}
xr = x(v)\cos nu - y(v)\sin nu, \\
zr = x(v)\sin nu + y(v)\cos nu,
\end{cases}
0 \leqslant u \leqslant 2\pi.
$$

后面通过实验我们可以看到这种处理的统一性, 如选取 $n=0$, 则对应于前述的简单的旋转面.

为了处理的便捷起见, 我们对两个坐标的变换分别编写调用基本曲线的两个函数 xpr. m 和 zpr. m 如下：

```
function xr=xpr(fun,t,u,n)
[xt,yt]=feval(fun,t);
xr=xt. * cos(n * u)-yt. * sin(n * u);

function zr=zpr(fun,t,u,n)
[xt,yt]=feval(fun,t);
zr=xt. * sin(n * u)+yt. * cos(n * u);
```

这里两个函数的输入参数的意义为：

fun：生成曲线函数；

t：生成曲线的参数数组；

u：生成曲线绕自身旋转的角度范围数组；

n：扭转的圈数.

有关这些参数的具体作用待到我们编写完主函数后再进一步考察.

(3) 记原点到旋转轴的距离为 R, 将上述的自身旋转变换与绕主旋转轴的变换相复合, 得到下列曲面的参数关系式:

$$
\begin{cases}
x = (R + x(v)\cos nu - y(v)\sin nu)\cos u, \\
y = (R + x(v)\cos nu - y(v)\sin nu)\sin u, \\
z = x(v)\sin nu + y(v)\cos nu,
\end{cases}
\quad
\begin{array}{l}
0 \leqslant u \leqslant 2\pi, \\
n \in \mathbf{N}.
\end{array}
$$

同样结合前述的程序建立函数 mymobi.m 如下:

```
function[xx,yy,zz] = mymobi(fun,t1,t2,u_end,radius,n)
t = linspace(t1,t2,100);
u = linspace(0,u_end,100);
[tt,uu] = meshgrid(t,u);
xx = (radius + xpr(fun,tt,uu,n)). * cos(uu);
yy = (radius + xpr(fun,tt,uu,n)). * sin(uu);
zz = zpr(fun,tt,uu,n);
```

这个函数的输入参数说明如下:

fun:同上,生成曲线函数;

t1:生成曲线的参数的初始值;

t2:生成曲线的参数的结束值;

u_end:生成曲线绕旋转轴旋转角度,u_end≤2π;

radius:旋转半径.

n:扭转的圈数.

(4) 对于开始所定义的直线段我们编写函数 main_mobi,调用上述的函数绘制相应的默比乌斯曲面.

```
function main_mobi(fun,t1,t2,u_end,radius,n)
[xx,yy,zz] = mymobi(fun,t1,t2,u_end,radius,n);
h1 = surf(xx,yy,zz);
light('Position',[16 0 10]);
light('Position',[0 10 -15],'color',[0 0 1]);
lighting phong;
shading interp;
colormap([1 1 0]);
view(18,25);
axis equal;
axis off;
rotate3d on;
```

将程序按文件 main_mobi.m 存盘后我们执行命令如下:

```
main_mobi(@mycurve1,0,2,2 * pi,4,1)
```
得到如图 11.25 所示的默比乌斯曲面.

　　为了看到前述讨论中所提到的该曲面方程的广泛性,我们将最后一个参数改为 0,执行命令

```
main_mobi(@mycurve1,0,2,2 * pi,4,0)
```
得到如图 11.26 的圆台面图形.

图 11.25　默比乌斯曲面　　　　　　图 11.26　参数 $n=0$ 时的圆台面

　　读者可以调整各个不同的参数进行反复调用实验,观察每个参数的取值对于曲面形状的影响,并结合曲面的参数表达式分析其中的原因.

　　我们将上述的思想再进行一些推广,如我们看看将椭圆作为初始曲线进行同样的操作变换后生成曲面的形状.为此我们定义曲线的函数文件 mycurve2.m 如下:

```
function[xt,yt] = mycurve2(t)
xt = 2 * cos(t);
yt = sin(t);
```
然后执行命令

```
main_mobi(@mycurve2,0,2 * pi,2 * pi,5,1)
```
得到如图 11.27(a)所示的曲面图形.

　　再执行命令

```
main_mobi(@mycurve2,0,pi,2 * pi,5,2)
```
得到如图 11.27(b)所示的曲面图形.试比较两个命令的差异及所生成曲面的不同,试分析产生这种现象的原因.

(a)　　　　　　　　　　　　　　　　　(b)

图 11.27　用两组不同的参数由椭圆曲线生成的默比乌斯曲面

建立星形线的参数曲线函数为 mycurve3. m.

```
function[xt,yt] = mycurve3(t)
xt = 3 * cos(t).^ 3;
yt = 3 * sin(t).^ 3;
```

分别执行命令

```
main_mobi(@mycurve3,0,2 * pi,7 * pi/4,8,0)
```

和

```
main_mobi(@mycurve3,0,2 * pi,2 * pi,8,2)
```

得到如图 11.28 所示的两个不同的曲面图形.

图 11.28   由星形线旋转后所得到的两种曲面

练习 1   分别用如下的一些曲线生成上述的默比乌斯曲面,并经过自己的实验讨论参数的选择对于最终曲面形状的影响. 如果需要,可以在另一个图形窗口中画出相应的生成曲线的图形.

(1) 正弦函数;

(2) 函数 $f(x) = \frac{1}{2}x + \sin x$;

(3) $\begin{cases} x = t\cos t, \\ y = t\sin t; \end{cases}$

(4) $\begin{cases} x = \cos t + t\sin t, \\ y = \sin t - t\cos t. \end{cases}$

练习 2   采用哪个参数的变化可以使图 11.26 中的圆台变成圆锥?

练习 3   引起图 11.27 中两个曲面的不同的原因是什么?

练习 4   图 11.28 中左侧的曲面为什么会出现一个豁口?

练习 5   如果 main_mobi 函数调用中的最后一个参数取值不是整数,而是一个正的小数,会使图形产生什么样的变化? 为什么?

附注   为了配合本节的数学思想的介绍和演示,作者编写了一个具有良好的用户界面的交互式演示程序,其运行的主界面如图 11.29 所示.

其中左上角的四个部分用于控制曲面的各组参数,分别是曲面的颜色、视角方向、生成曲线的参数选择和空间旋转的展开参数,用户只要通过下拉菜单的选择和滚动条的拉动即可完成参数的输入. 左下角处的图形窗口绘制出相应的生成曲线

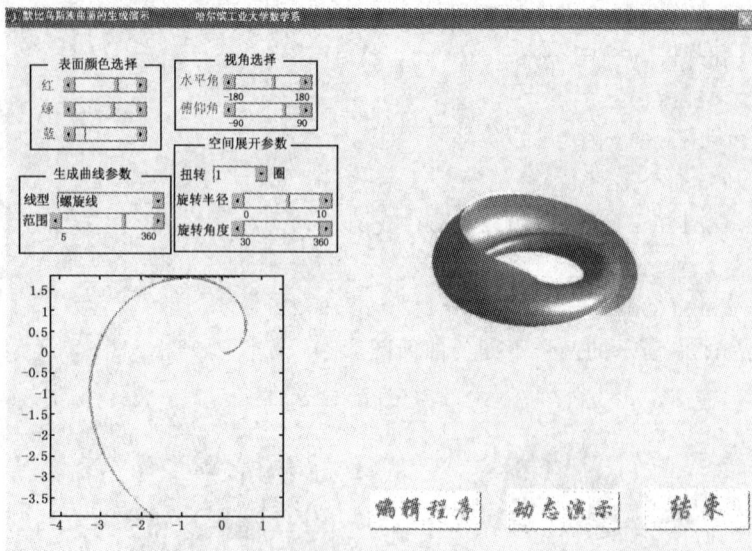

图 11.29   交互式默比乌斯曲面族演示程序界面

图形,右面的图形窗口绘制出当前参数选择下的空间曲面图形,右下角是三个按钮,分别用于查看和编辑程序(主要是增加新的生成曲线)、动态地演示生成曲线旋转过程中曲面的生成过程和结束当前程序. 由于本程序语句较多(在用 guide 界面生成工具创建完界面并导出为 MATLAB 文件后共有 1800 多条程序语句),我们就不在此给出原程序了,感兴趣的同学可以访问哈尔滨工业大学数学系网站(http://math.hit.edu.cn)下载该演示软件.

第12章　阅读实验一　泛函分析初步

作为一种新的学习模式,尝试编写几个读书实验,包括本章的泛函分析与第13章的群的概念及应用,内容的叙述力求简明,更重视抽象理论在实际中的应用.

一元函数与多元函数的极值问题在数学分析中占有重要位置.下面,我们将看到另一类极值问题,其讨论问题的基础不再是数集,而升级为一类函数集合,称此种以函数为自变量的函数为泛函数.

12.1　一　个　例　子

1. 最速下降线问题

在 xOy 平面,由原点 $O(0,0)$ 处,质点沿一光滑曲线下滑至 $A(x_1,y_1)$ 处,如图12.1所示,问曲线 f 取什么形状时,所用时间最少?

初看,可能认为 O,A 间因直线段最短,故沿直线段下降由 $O \rightarrow A$ 所用时间最短. 如果进一步想一想,可能会意识到最初的想法有问题.

如何解决这一问题? 考虑从 O 至 A 先用任意光滑曲线段 $C: y = f(x), y(0) = 0, y(x_1) = y_1$ 连接,且要求 $f'(x)$ 在 $[0, x_1]$ 上连续. 记 $T_{f(x)}$ 为质点沿 C 由 $O \rightarrow A$ 所用时间,显然,不同曲线对应不同的 T,如此构成一个 $f(x) \rightarrow T_{f(x)}$ 的映射 J,即有

$$J[f(x)] = T_{f(x)}.$$

图 12.1

现在,我们的问题转化为求 $J[f(x)]$ 的最小值.这里应注意的是记号 $J[f(x)]$ 与函数复合记号 $g[f(x)]$ 有本质差异,后者对确定的 $x, g[f(x)]$ 有唯一确定的值与之对应,而对 $J[f(x)], J[f(0)]$ 则无任何意义,$f(x)$ 应视为一个确定的整体自变量.

2. 背景与联想

在实函数分析中,$y = f(x), x \in [a,b]$,于几何直观看,x 是 x 轴上一个点,y 是 y 轴上一个点,f 则是使这两个点产生关系的一个桥梁.在泛函分析中,自变量变成了一个曲线(本例中),这似乎令人难以接受.但若从集合角度出发,二者的差

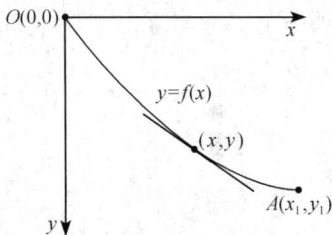

异似乎消失了,点和曲线都不过是某集合中的元素而已.类似问题在大学数学的学习过程中亦曾遇到,加深理解,应对现在问题的理解有所启发.

在解析几何中,对空间两个向量 x,y,定义其内积 $\langle x,y\rangle=|x|\cdot|y|\cdot\cos(x,y)$,故对任意向量 $u,u=\langle u\cdot i\rangle i+\langle u\cdot j\rangle j+\langle u\cdot k\rangle k$ 称为 u 在三个坐标轴上的直交分解.我们将这一原理应用于 $f(x)$ 的 Fourier 展开时,$1,\cos x,\sin x,\cos 2x,\sin 2x,\cdots,\cos nx,\sin nx,\cdots$ 类比于 i,j,k,$f(x)$ 类比于 u,给出了 $f(x)$ 的 Fourier 展开.

这里请同学们仔细想想类比的含义,包括内积的定义形式,直交系,标准正交基等一系列概念.还要注意我们将 $f(x)$ 类比于什么?是点,是向量,还是函数?在这里内积定义下两个函数的夹角是什么? $f(x)=\sin 2x+\cos 5x-2\sin 10x$ 的 Fourier 展开式是什么?

继续前边的讨论.首先确定 J 的具体表达形式.注意 $J[f(x)]$ 表示质点沿曲线 $y=f(x)$ 由 $O\rightarrow A$ 所用时间.设质点在时刻 t 位于曲线 (x,y) 处,该时刻 t 的瞬时切向速度为

$$v=\frac{\mathrm{d}s}{\mathrm{d}t}=\sqrt{1+y'^{2}}\frac{\mathrm{d}x}{\mathrm{d}t}.$$

另一方面,由力学理论知切向速度

$$v=\sqrt{2gy},$$

所以

$$\mathrm{d}t=\sqrt{\frac{1+y'^{2}}{2gy}}\mathrm{d}x,$$

所需总时间为

$$T=\int_{0}^{x_{1}}\sqrt{\frac{1+y'^{2}}{2gy}}\mathrm{d}x=J[f(x)].$$

去掉具体的背景,抽象给出此类问题的一般提示.

设函数族

$$F=\{y=f(x)\mid y\in C^{2}[a,b];y(a)=\alpha,y(b)=\beta\},$$

$$J[y(x)]=\int_{a}^{b}G(x,y,y')\mathrm{d}x,\qquad y\in F,$$

其中 G 为已知函数,$C^{2}[a,b]$ 表示具有连续二阶导函数的函数全体.要求在 F 中求 y_{0},使 $J[y_{0}]$ 最小.

在一元函数中求 $y=f(x)$,$x\in[a,b]$ 上的最小值.当 $f(x)$ 可导,x_{0} 是最小值点,且 $x_{0}\in(a,b)$ 时,$f'(x_{0})=0$.在泛函中亦有类似结果,中间推导过程忽略,建议同学们自己查看任何一本变分法教材,我们这里只给出最终结果,最后求出的最速下降线 C 的方程

$$\begin{cases} x = R(\theta - \sin\theta), \\ y = R(1 - \cos\theta), \end{cases}$$

它为一摆线方程.

在实变函数诸多问题的讨论中,最基本问题都涉及自变量点的邻域问题,而邻域的本质是如何规定距离.对实数而言,两点的距离是平凡的,一般不予以注意,但在泛函问题中,距离问题就变得很突出了.如何规定两函数 $y_1(x)$ 与 $y_2(x)$ 间的"距离",亦成为讨论具体问题的基础.随着对"距离"的不同理解,其极限形式也各不相同.一个合理的方法是在集合内给出元素间的一个抽象距离定义.

背景 约翰·伯努利,瑞士数学家,任巴塞尔大学数学教授达 43 年之久,并被选为彼得堡科学院的名誉院士.约翰·伯努利是一位多产的数学家,在诸多领域取得了很有价值的成果.特别是在 1696 年,他向欧洲数学家提出了一个具有挑战性的数学问题:"设在垂直平面内,有任意两点,一个质点受地心引力的作用,自较高点滑到较低点,不计摩擦,问沿什么曲线时间最短?"——这就是历史上有名的"最速降线问题".当时许多数学家都被这个问题所吸引,牛顿、莱布尼茨、洛必达、雅可比及伯努利自己都作出了正确解答.稍后,欧拉、拉格朗日进一步找出了这类问题的普遍解法,从而引出了数学的一个新分支——变分学.希尔伯特于 1900 年第二届国际数学家代表大会上的演说中,对这个问题给予了极高的评价.

12.2 距离空间简介

在平面 $\mathbf{R}^2$ 上,任两点 $x(x_1, x_2)$, $y(y_1, y_2)$ 间 的 距 离 $\rho(x, y) = \sqrt{(x_1 - y_1)^2 + (x_2 - y_2)^2}$. 我们将其所具有的本质特性抽象出来作为距离定义给出.

定义 12.1 设 X 是一个集合.若对任意 $x, y \in X$,都对应一个实数 $\rho(x, y)$ 满足:

(1) (非负性) $\rho(x, y) \geqslant 0, \rho(x, y) = 0 \Leftrightarrow x = y$;

(2) (对称性) $\rho(x, y) = \rho(y, x)$;

(3) (三角不等式) 对 $\forall x, y, z \in X, \rho(x, y) \leqslant \rho(x, z) + \rho(z, y)$,

则称 $\rho(x, y)$ 为 X 上的一个距离,而称 X 为以 $\rho(x, y)$ 为距离的距离空间或度量空间.

例 12.1 n 维欧氏空间 $\mathbf{R}^n$. 设 $\mathbf{R}^n = \{x = (x_1, x_2, \cdots, x_n) \,|\, x_i \in \mathbf{R}\}$,定义

$$\rho(x, y) = \left[\sum_{i=1}^{n} (x_i - y_i)^2 \right]^{\frac{1}{2}},$$

它是一个距离,其中定义 12.1 中的 (1),(2) 的满足是显然的,(3) 的验证要用到 Cauchy 不等式

$$\Big(\sum_{i=1}^{n}a_i b_i\Big)^2 \leqslant \sum_{i=1}^{n}a_i^2 \cdot \sum_{i=1}^{n}b_i^2.$$

由上述不等式可得到

$$\sum_{i=1}^{n}(a_i+b_i)^2 \leqslant \Big[\Big(\sum_{i=1}^{n}a_i^2\Big)^{\frac{1}{2}} + \Big(\sum_{i=1}^{n}b_i^2\Big)^{\frac{1}{2}}\Big]^2,$$

其后的证明是容易的. 故 $\mathbf{R}^n$ 在 $\rho(x,y)$ 下是一个度量空间, 称之为 n 维欧氏空间.

例 12.2　连续函数空间 $C[c,b]$.

$$C[a,b] = \{x(t) \mid x(t) \text{ 是}[a,b] \text{ 上的连续函数}\}.$$

定义 12.2

$$\rho(x,y) = \max_{t\in[a,b]} \mid x(t)-y(t) \mid.$$

不难验证, 这是一个距离, 故 $C[a,b]$ 按 $\rho(x,y)$ 是一个距离空间.

需要说明的是, 在同一个集合中可根据不同需要定义不同的距离而成为不同的距离空间. 如 $\mathbf{R}^n$ 中还可定义 $\rho_1(x,y) = \max_{1\leqslant i\leqslant n}|x_i-y_i|$, 这亦为一个距离, 其至可定义 $\rho(x,y)$ 如下:

$$\rho(x,y) = \begin{cases} 0, & x=y, \\ 1, & x\neq y. \end{cases}$$

而任何非空集合在上述距离下都构成一个距离空间.

定义 12.3　设 X 是一个距离空间, $x_n, x \in X (n=1,2,\cdots)$. 若当 $n\to\infty$ 时, $\rho(x_n,x)\to 0$, 则称点列 $\{x_n\}$ 按距离 ρ 收敛于 x, 而称 x 为点列 $\{x_n\}$ 当 $n\to\infty$ 时的极限, 记为

$$\lim_{n\to\infty}x_n = x \quad \text{或} \quad x_n \to x \ (n\to\infty).$$

有了距离, 可定义 x_0 的邻域(开球), 再利用邻域, 又可定义开集、闭集等一系列概念. 请读者试着自己给出定义.

定义 12.4　设 X,Y 是两个距离空间, 分别以 ρ,ρ_1 为距离, T 为 X 到 Y 的映射. 对 $x_0\in X$, 若对 $\forall \varepsilon>0$, $\exists \delta>0$, 当 $\rho(x,x_0)<\delta$ 时有 $\rho_1(Tx,Tx_0)<\varepsilon$, 则称映射 T 在 x_0 处连续. 若 T 在 X 中每一点连续, 则称 T 为 X 上的连续映射.

压缩映射是连续映射, 所谓一个映射 $T:X\to Y$ 是压缩的, 是指存在 $0\leqslant\alpha\leqslant 1$, 使对任何 $x,y\in X$ 有 $\rho_1(Tx,Ty)\leqslant\alpha\rho(x,y)$.

定义 12.5　设 X 为距离空间, 点列 $\{x_n\}\subset X$, 满足 $\lim_{n,m\to\infty}\rho(x_m,x_n)=0$, 则称 $\{x_n\}$ 为 Cauchy 列或基本列. 又若 X 中任给的基本列都收敛于 X 中的元素, 则称 X 是完备的距离空间.

12.3　应　　用

将方程的求解问题转化为求一映射的不动点, 并用迭代法近似求这一不动点.

这是计算数学中的一个重要方法. 如求解方程
$$F(x) = 0,$$
将其转化为求解的等价形式为
$$x = x - \alpha F(x) \qquad (\alpha \neq 0).$$
令 $f(x) = x - \alpha F(x)$,若能求得一个 $\tilde{x}$,使 $\tilde{x} = f(\tilde{x})$,则称 $\tilde{x}$ 是 f 的不动点. 结果求 $F(x) = 0$ 的问题转化为求 f 的不动点问题. 我们任取初值 x_0,令 $x_1 = f(x_0)$, $x_2 = f(x_1)$, $\cdots$, $x_n = f(x_{n-1})$, $\cdots$. 若有 $x_n \to \tilde{x}$,且 $f(x)$ 连续,则 $\lim\limits_{n\to\infty} f(x_{n-1}) = \lim\limits_{n\to\infty} x_n = \tilde{x}$,从而有 $f(\tilde{x}) = \tilde{x}$. 那么 f 在什么情形下存在不动点 $\tilde{x}$,且保证 $x_n \to \tilde{x}$? 我们给出如下定理.

定理 12.1 设 X 是完备的距离空间,$T: X \to X$ 是压缩映射,则 T 在 X 中存在唯一的不动点 $\tilde{x}$ 使 $\tilde{x} = T\tilde{x}$.

这个定理的证明并不复杂,关键在于证明对任意 x_0, $Tx_0 = x_1$, $Tx_1 = x_2$, $\cdots$, $Tx_{n-1} = x_n$, $\cdots$ 所形成的列是 Cauchy 列,再设法证明 $\tilde{x}$ 是唯一的.

问题 1 证明上述定理.

问题 2 设 X 是完备的距离空间,$T: X \to X$ 是闭球 $\bar{S}(x_0, r)$ 上的压缩映射,且 $\rho(Tx_0, x_0) \leqslant (1-\alpha)r$,则 T 在 $\bar{S}$ 上存在唯一不动点.

提示:只需证 $T(\bar{S}) \subset \bar{S}$,即 $\rho(Tx, x_0) \leqslant r$ 即可.

问题 3 设 $f(x)$ 在 **R** 上可导,且 $|f'(x)| \leqslant \alpha < 1$,则 f 在 **R** 上存在唯一的不动点 $\tilde{x}$.

提示:利用拉格朗日中值定理.

问题 4 微分方程初值问题
$$\begin{cases} \dfrac{\mathrm{d}y}{\mathrm{d}x} = f(x, y), \\ y \mid_{x=x_0} = y_0 \end{cases}$$
满足 $f(x, y)$ 在 **R**^{2} 上连续,且关于 y 满足 Lipschitz 条件,即 $|f(x, y_1) - f(x, y_2)| \leqslant k|y_1 - y_2|$,则初值问题有唯一解.

提示:原问题等价于对积分方程
$$y(x) = y_0 + \int_{x_0}^x f(t, y(t)) \mathrm{d}t$$
的求解. 取 $\delta > 0$,使 $k\delta < 1$,考虑连续函数空间 $C[x_0 - \delta, x_0 + \delta]$,在其上定义 T 为
$$(Ty)(x) = y_0 + \int_{x_0}^x f(t, y(t)) \mathrm{d}t.$$
若对任意 $y_1, y_2 \in C[x_0 - \delta, x_0 + \delta]$ 有
$$\rho(Ty_1, Ty_2) \leqslant k\delta\rho(y_1, y_2),$$
即知 T 是压缩的.

12.4　线性空间与 Hilbert 空间

前面介绍了距离空间,依距离引入极限,因而可把微积分中的研究推广至抽象空间.但仅有距离结构的空间,其几何性质很差,且一般来说,距离空间中可以没有元素之间的代数运算,如和、差、数乘等线性运算.然而在数学、物理的实际问题中,大多数空间是一个对线性运算封闭的空间,如 $\mathbf{R}^n$,$C[a,b]$,l^p 等等,它们在适当定义线性运算后,既是线性空间又是距离空间,而泛函分析许多重要结果都是在研究既有代数结构又有极限结构的空间中得到的.

这部分内容从线性空间出发,在线性空间中赋以"范数",之后在范数基础上诱导出距离,以定义赋范线性空间.完备的线性赋范空间称之为 Banach 空间.为了使线性赋范空间中包含更多的几何性质,如欧几里得空间中的角度、正交、投影等概念,进而引入内积.线性空间赋以内积构成内积空间,由内积可诱导范数,因而内积空间是一种特殊的但更有用的线性赋范空间.完备的内积空间称之为 Hilbert 空间,这是更接近欧几里得空间的一类抽象空间.

定义 12.6　设 X 为非空集合.若在 X 中规定了线性运算,即元素之间的加法与元素与数的乘法满足下列条件

(1) X 关于加法为 Abel 群;

(2) 对 $\forall x \in X$ 及数 λ,$\lambda x \in X$,且满足

(a) $1 \cdot x = x$,$0 \cdot x = \theta$,θ 为群中零元素,

(b) $\lambda(\mu x) = \lambda\mu x$,$\lambda$,$\mu$ 为数值,

(c) $(\lambda+\mu)x = \lambda x + \mu x$,

(d) $\lambda(x+y) = \lambda x + \lambda y$,

则称 X 为线性空间或向量空间,X 中的元素称为向量.

不难验证 $\mathbf{R}^n$ 与 $C[a,b]$ 在通常运算下都是向量空间.

定义 12.7　设 X 为线性空间,$A \subset X$.若对 $\forall x$,$y \in A$ 及数 $\alpha(0 \leqslant \alpha \leqslant 1)$,$\alpha x + (1-\alpha)y \in A$,则称 A 为 X 中的凸集,$\alpha x + (1-\alpha)y$ 称为 x 与 y 的凸组合.

下面,直接给出内积空间概念,且仅在实数域上讨论.

定义 12.8　设 H 为实数域 $\mathbf{R}$ 上的线性空间.若从 $H \times H \to \mathbf{R}$ 上定义一个函数 $\langle \cdot , \cdot \rangle$,使对任何 x,y,$z \in H$ 满足

(1) $\langle x , y \rangle = \langle y , x \rangle$;

(2) 对任意 α,$\beta \in \mathbf{R}$ 满足

$$\langle \alpha x + \beta y , z \rangle = \alpha \langle x , y \rangle + \beta \langle y , z \rangle;$$

(3) $\langle x , x \rangle \geqslant 0$,$\langle x , x \rangle = 0 \Leftrightarrow x = \theta$,

则称 $\langle \cdot , \cdot \rangle$ 为 H 中的内积.定义了内积的线性空间称之为内积空间.又若在内积

空间中定义范数 $\| \cdot \|$ 如下：

$$\| \boldsymbol{x} \| = \sqrt{\langle \boldsymbol{x}, \boldsymbol{x} \rangle},$$

而距离定义为

$$\rho(\boldsymbol{x}, \boldsymbol{y}) = \| \boldsymbol{x} - \boldsymbol{y} \| = \sqrt{\langle \boldsymbol{x} - \boldsymbol{y}, \boldsymbol{x} - \boldsymbol{y} \rangle},$$

则内积空间成为线性赋范空间,称完备的内积空间为 Hilbert 空间.

例 12.3 在 $\mathbf{R}^n$ 中定义内积为

$$\langle \boldsymbol{x}, \boldsymbol{y} \rangle = \sum_{k=1}^{n} x_k y_k,$$

则 $\mathbf{R}^n$ 是 Hilbert 空间. 此时 $\| \boldsymbol{x} \| = \sqrt{\sum_{k=1}^{n} x_k^2}$, 即为向量 $\boldsymbol{x}$ 的模长.

例 12.4 在 $L^2[a,b]$ 中定义内积为

$$\langle x, y \rangle = \int_a^b x(t) y(t) \mathrm{d}t,$$

则不难验证 $L^2[a,b]$ 是 Hilbert 空间,且

$$\| x \| = \left[\int_a^b x^2(t) \mathrm{d}t \right]^{\frac{1}{2}},$$

其中 $L^2[a,b]$ 表示区间 $[a,b]$ 上全体平方可积函数.

定义 12.9 内积空间 H 中两个元素 x, y 称之为正交的,是指

$$\langle \boldsymbol{x}, \boldsymbol{y} \rangle = 0,$$

并用 $x \perp y$ 表示.

设 $M \subset H$. 若对 $\forall y \in M, x \perp y$, 则称 x 与 M 正交,记为 $x \perp M$, H 中所有与 M 正交的元素的全体称为集合 M 的正交补,记为 $M^\perp$, 故

$$M^\perp = \{ \boldsymbol{x} \mid \boldsymbol{x} \perp \boldsymbol{y}, \boldsymbol{y} \in M \}.$$

定义 12.10 设 M 是内积空间 H 的线性子空间, $x \in H$. 若存在 $x_0 \in M, x_1 \in M^\perp$, 使

$$\boldsymbol{x} = \boldsymbol{x}_0 + \boldsymbol{x}_1,$$

则称 x_0 为 x 在 M 上的投影.

问题 1 在 $\mathbf{R}^3$ 空间中给出元素之间内积,范数,正交,正交补,投影的几何说明,以图示之.

下面给出的两个定理是为以后讨论服务的,它们是基本且相对重要的.

定理 12.2(变分引理) 设 M 为 Hilbert 空间 H 中的凸闭集, $x \in H$, 记 x 到 M 的距离 d 为

$$d = \rho(\boldsymbol{x}, M) = \inf_{y \in M} \| \boldsymbol{x} - \boldsymbol{y} \|,$$

那么,必存在唯一的 $y_0 \in M$(图 12.2),使

$$d = \| \boldsymbol{x} - \boldsymbol{y}_0 \|.$$

定理 12.3（投影定理） 设 M 为 Hilbert 空间 H 中的闭线性子空间,则对 $\forall\, \boldsymbol{x}\in H$, $\boldsymbol{x}$ 在 M 上的投影是唯一的,即存在唯一 $\boldsymbol{x}_0\in M$ 及 $\boldsymbol{x}_1\perp M^\perp$,使(图 12.3)

$$\boldsymbol{x} = \boldsymbol{x}_0 + \boldsymbol{x}_1.$$

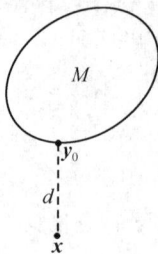

图 12.2

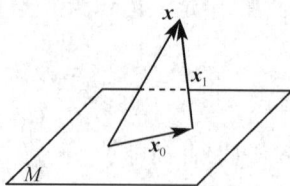

图 12.3

12.5 例 与 问 题

例 12.5 设有平面上 n 个点 $(x_1, y_1), (x_2, y_2), \cdots, (x_n, y_n)$,要找一条直线

$$y = ax + b$$

使

$$\min_{a,b}\sum_{i=1}^{n}\left[(ax_i + b) - y_i\right]^2$$

成立. 我们的问题是:这样的 a,b 是否存在,此即为最小二乘问题,参考图 12.4.

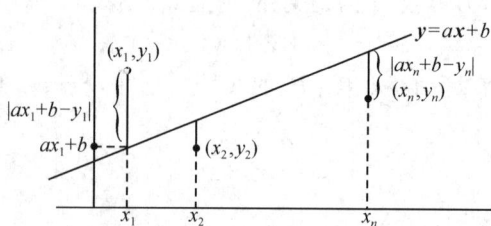

图 12.4

将 $\displaystyle\sum_{i=1}^{n}\left[(ax_i + b) - y_i\right]^2$ 改写为

$$\| a\boldsymbol{x} + b\boldsymbol{I} - \boldsymbol{y} \|^2,$$

其中 $\boldsymbol{x}=(x_1, x_2, \cdots, x_n)^{\mathrm{T}}$, $\boldsymbol{I}=(1, 1, \cdots, 1)^{\mathrm{T}}$, $\boldsymbol{y}=(y_1, y_2, \cdots, y_n)^{\mathrm{T}}$, $\|\cdot\|$ 为向量内积空间中的范数, $\| \boldsymbol{x} \| = \sqrt{x_1^2 + x_2^2 + \cdots + x_n^2}$. 对任给的两个无关向量 $\boldsymbol{x}, \boldsymbol{y}$,集合 $\{\lambda\boldsymbol{x} + \boldsymbol{y}\mu \,|\, \lambda, \mu\in \mathbf{R}\}$ 称为由 $\boldsymbol{x}, \boldsymbol{y}$ 所张的平面. 这是一个子空间,由原点 $O, \boldsymbol{x}, \boldsymbol{y}$ 所确

定,所以确定关于 a,b 的极小值问题就是在 x 与 I 所张的子空间中找一个向量 h,$h=ax+bI$,使 $h-y=d$ 及 $\|d\|$ 最小,见图 12.5.

这里 $\langle d,x\rangle=0$,$\langle d,I\rangle=0$,h 是 y 在 x 与 I 所张平面的投影,a,b 则是投影 h 在 x 与 I 方向上的分解系数.由投影定理,这样的 h 存在且唯一.

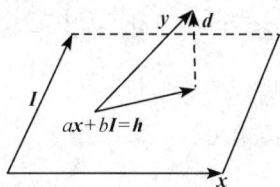

图 12.5

问题 1 在概率论学习中,我们曾接触了三个重要的特征数字,即数学期望 EX,方差 DX 及相关系数 ρ_{xy},EX 与 DX 的理解是直观的,但对

$$\rho_{xy}=\frac{E[(X-EX)(Y-EY)]}{\sqrt{DX}\sqrt{DY}}$$

的理解,却有一定难度.下面的工作是尝试给其一个直观的几何说明.

设 $L^2(\Omega,\mathscr{F},P)=\{X\mid DX<\infty\}$.

首先定义 $\langle X,Y\rangle=E(XY)$,要求:

(1) 给出 $\langle X,Y\rangle$ 是内积的证明.

(2) 由此内积 $\langle\cdot,\cdot\rangle$ 诱导 $\|\cdot\|=$?

(3) 类比向量空间中内积的几何意义说明 ρ_{XY} 的几何意义.

注 我们这里忽略了 $L^2(\Omega,\mathscr{F},P)$ 的说明,要进一步了解的读者,可参看其后的背景与阅读.

问题 2 对方程 $Ax=b$,一般地,可解得 $x=A^{-1}b$.但当 A 为巨大型病态矩阵时,是无法得到 A^{-1} 的.你能否利用压缩映射原理,对 A,当满足某些条件时,赋以适当的范数,利用迭代求得 x?

提示 将原方程转化为 $x=Bx+b'$,使之与 $Ax=b$ 同解,转化具体实例说明如下.

$$\begin{cases}x_1+2x_2=3\\2x_1+x_2=2\end{cases}\Rightarrow\begin{cases}x_1=-2x_2+3\\x_2=-2x_1+2\end{cases}\Rightarrow\begin{bmatrix}x_1\\x_2\end{bmatrix}=\begin{bmatrix}0,-2\\-2,0\end{bmatrix}\begin{bmatrix}x_1\\x_2\end{bmatrix}+\begin{bmatrix}3\\2\end{bmatrix}.$$

定义 12.12 $T:\mathbf{R}^n\to\mathbf{R}^n$,$Tx=Bx+b'$,当 T 是压缩映射时,有唯一不动点 x^* 使 $x^*=Bx^*+b'$.在 $\mathbf{R}^n$ 中定义 $\|x\|_\infty=\max_{1\leqslant i\leqslant n}|x_i|$,此时 $\|A\|_\infty=\max_i\sum_{j=1}^n|a_{ij}|$.

余下的工作请读者自行完成,要说明当 A 满足何种条件时可用迭代法求得 x^*,误差是多少?

问题 3 在时间 $[0,T]$ 段内收到未知信号 $x(t)$,假设信号能量有限,即 $\int_0^T x^2(t)\mathrm{d}t<\infty$,当在 $0<t_1<t_2<\cdots<t_N=T$ 的 N 个时间点上测到的信息为 $x(t_i)$,$i=1,2,\cdots,N$.如何在 $L^2[0,T]$ 中模拟信号 $x(t)$,这里假设 $x(t)$ 为正弦谐波构成.

　　提示　在 L^2 中定义范数

$$\| x \|_2 = \left[\int_0^T x^2(t)\,\mathrm{d}t \right]^{\frac{1}{2}},$$

内积为

$$\langle x,y \rangle = \int_0^T xy\,\mathrm{d}t.$$

　　若假设信号为正弦波,令

$$S = \{\sin t, \sin 2t, \cdots, \sin nt\},$$

取 $M=\mathrm{Span}S$,即由上述 n 个函数作为基底张成一个闭子空间,因而是凸的.你能否利用前边介绍的变分定理给出合理的拟合方法.

　　背景与阅读　数学中的"公理"是一类不加证明而承认的命题.这些命题规定了所讨论对象的一些基本关系和所满足的前提,然后,以此为基础,推演出所讨论的对象的进一步内容.

　　成功地将概率论实现公理化的是前俄国大数学家柯尔莫戈罗夫,时间是 1933 年.下面简单地介绍这一公理体制,其间忽略了一些细节,如集合的测度问题.

　　在概率论的开篇即提到事件是与实验相联系的.实验有许多可能的结果,每个结果称之为一个基本事件.与此相应,在柯尔莫戈罗夫公理体制中引进一个抽象集合 Ω,其元素为基本事件 ω,一个复杂事件可由基本事件构成,为此,在公理体系中考虑由 Ω 的子集(包括 Ω 及 $\varnothing$)构成的一个集类 $\mathscr{F}$(这里,$\mathscr{F}$ 包括那些满足某种我们在此不必仔细说明条件的集合的全体),$\mathscr{F}$ 中每个成员称其为"事件",在 $\mathscr{F}$ 上定义一个概率函数 P 满足:

　　(1) 对 $\forall A \in \mathscr{F}, 0 \leqslant P(A) \leqslant 1$;

　　(2) $P(\Omega)=1, P(\varnothing)=0$;

　　(3) 若 $A_n \in \mathscr{F}(n=1,2,\cdots), A_m \bigcap A_n = \varnothing (n \neq m)$,则

$$P\left(\bigcup_{n=1}^{\infty} A_n \right) = \sum_{n=1}^{\infty} P(A_n).$$

对这样一个系统称之为概率空间,记为 $(\Omega, \mathscr{F}, P)$.

　　下面举例说明柯尔莫戈罗夫公理的实现.掷骰子可能的基本事件全体 $\Omega = \{1, 2, 3, 4, 5, 6\}$,反映掷骰子的 6 个基本事件.作为 $\mathscr{F}$,本例中包含 Ω 的一切可能的子集,共有 $2^6 = 64$ 个成员,如 $\mathscr{F}$ 中有这样一个子集合 $A = \{2, 3, 5\}$,它反映的事件是"掷出素数点".若骰子是均匀的立方体,则概率 P 定义为

$$P(A) = A \text{ 中所含基本事件的个数} / \text{基本事件总数} = 3 \div 6.$$

若 $A = \{2, 3, 5\}$,则 $P(A) = \dfrac{1}{2}$ 或 $A = \{2\} \bigcup \{3\} \bigcup \{5\}$. $P(A) = \dfrac{1}{6} + \dfrac{1}{6} + \dfrac{1}{6} = \dfrac{1}{2}$. 当然,当骰子不均匀时,$P(2), P(3), P(5)$ 可能各不相同,此时 $P(A) = P\{2\} + P\{3\} + P\{5\} = p_1 + p_2 + p_3$,这里 p_1, p_2, p_3 是分别掷出 2,3,5 点的各自概率.

下面,我们在概率空间$(\Omega,\mathscr{F},P)$上定义随机变量 X.

若对任意实数 t,$X^{-1}((-\infty,t))\in\mathscr{F}$,则称函数 $X:\Omega\to R$ 为随机变量.

仍以前例说明,掷出点数 X 是一个随机变量,它可取 $1,2,\cdots,6$ 六个值,$X^{-1}((-\infty,0))=\varnothing\in\mathscr{F}$,$X^{-1}((-\infty,2.3))=\{1,2\}\in\mathscr{F}$,表示事件"掷出一点或二点".直观地看,随机变量就是随机会不同而取不同值的变量,即为一个依赖于机会的函数,一般以 $X(\omega)$ 记,$\omega\in\Omega$. 若定义 $X(\omega)=$ "ω 的点数",称 $1\times\frac{1}{6}+2\times\frac{1}{6}+\cdots+6\times\frac{1}{6}$ 为 X 的均值,用 EX 记,即 $EX=\sum\limits_{i=1}^{6}i\cdot p_i=\sum\limits_{i=1}^{6}\left(i\cdot\frac{1}{6}\right)$. 对一般的非离散随机变量,定义数学期望为

$$E(X)=\int_{\Omega}X(\omega)\mathrm{d}P(\omega)=\int_{-\infty}^{+\infty}x\mathrm{d}F(x)=\int_{-\infty}^{+\infty}xf(x)\mathrm{d}x.$$

说明 这里要求 $\int_{-\infty}^{+\infty}xf(x)\mathrm{d}x<\infty$,$F(x)$ 则为 X 的分布函数,$F'(x)=f(x)$ 是其概率密度函数. 又定义 X 的方差为

$$D(X)=\int_{\Omega}|X(\omega)-E(X)|^2\mathrm{d}P(\omega)$$
$$=\int_{-\infty}^{+\infty}(x-EX)^2f(x)\mathrm{d}x=E(X-EX)^2.$$

说明 使积分

$$\int_{-\infty}^{+\infty}(x-E(X))^2f(x)\mathrm{d}x<\infty$$

收敛的随机变量的全体所成空间记为 $L^2(\Omega,\mathscr{F},P)$,适当给定内积,则在通常线性运算下构成一个 Hilbert 空间.

第 13 章　阅读实验二　群与应用

13.1　背景与阅读

这一节的内容主要使同学们对"群"有一个入门认识,亦为群提供一些具体背景,并看到其广泛应用.

观察图 13.1 与图 13.2 中的图案,你想到些什么?

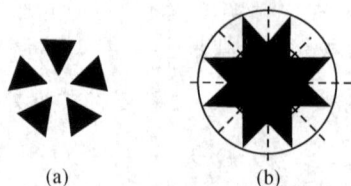

图 13.1 　　　　　　　　　　　　图 13.2

图 13.1 具有旋转性,图 13.2 既具有旋转对称性又具有反射对称性.图 13.1 与图 13.2 提出了一个有趣的问题,对称性的定义是什么? 对称性有多少种,是否有关于对称性的数学理论? 又有哪些重要应用呢?

首先给出几个定义,以说明一些基本映射.

定义 13.1　称 $T:\mathbf{R}^2 \to \mathbf{R}^2$ 是平面等距映射,是指对任意两点 p 和 q, $T(p)$ 到 $T(q)$ 的距离与 p 到 q 的距离相同.

由保距不变可以推出在 T 的作用下,几何图形的大小、形状亦保持不变,因此一个三角形的象是一个和原三角形全等的三角形.我们熟悉的平面等距离映射包括旋转、平移和反射.旋转是指在平面上一个称之为旋转中心的点旋转某个特定角度的变换,关于平移与反射,下面要给出更确切的定义,但不要忘了,它们都是等距映射.

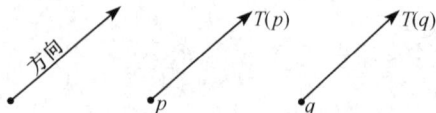

图 13.3

定义 13.2　平面平移映射是指平面内所有点在映射作用下沿同一方向上移动同样距离的映射,见图 13.3.

定义 13.3　关于直线 L 的反射是指一个映射 F,它使 L 上的每个点不动,将不在 L 上的点 p 变为 $F(p)$,使 L 是连接 p 与 $F(p)$ 线段的垂直平分线,见图 13.4.

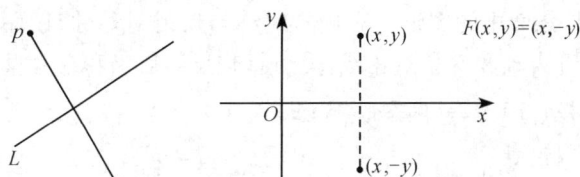

图 13.4

定义 13.4 滑动反射映射是指一个平移 T 和关于包含这个平移向量的直线 L 的反射 F 的复合.

用符号表示对 p 点的作用, 形式为 $(T \circ F)(p) = T(F(p))$ 和 $(F \circ T)(p) = F(T(p))$, 见图 13.5.

150 年前, 人们发现, 上面 4 种对称的任意复合还是这 4 种对称中的某一种, 旋转和平移保持方向, 即原顺时针的图形依然保持顺时针, 而反射与滑动反射改变方向, 见图 13.6.

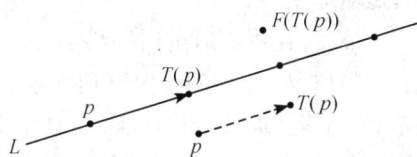

图 13.5

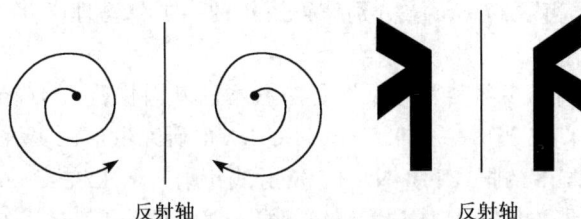

反射轴   反射轴

图 13.6

下面一个定义给出对称群的概念.

定义 13.5 T 是一个等距映射, S 是一个平面图形, 因 $T(S) = S$, 故称 T 是 S 的一个对称, 而 S 的所有对称映射的集合称为 S 的对称群.

注 $T(S) = S$ 是指 $T(S)$ 与 S 是全等图形, 但 S 与 $T(S)$ 的位置不同. 因此, 一个图形 S 的对称是一个保距映射, 它使 S 的象仍为 S 本身. 若 X 与 Y 是 S 的对称, 且对平面内任何点 P 有 $(X \circ Y)(P) = P$, 则称 X, Y 是互逆的, 此时 $X \circ Y = I$, I 称为恒同映射, 即有 $I(P) = P$, 如平移变换 V 的逆为 $-V$.

例 13.1 图 13.1 中的(b)具有 $0°, 90°, 180°$ 及 $270°$ 旋转对称($-90°$ 与 $270°$ 相同, $450°$ 与 $90°$ 相同). 它的对称群称为 4 阶循环群. 因为这个图形每次转 $90°$, 4 次后正好转一周, 化学家用 C_4 记这个群, 它和碳元素的化学结构有关. 图 13.1(a)的群为三阶循环群, 用 C_3 记.

　　例 13.2　图 13.2 中的图形具有旋转对称与反射对称性,以图 13.2(b)为例,可以关于水平及垂直轴和两条对角线作反射,且反射后仍和自身重合.

　　若对称群中任意两元素(两个映射)X, Y 有 $X \circ Y = Y \circ X$ 成立,称此对称群为交换群或 Abel 群.

　　现在的问题是在平面上,对称群是什么样的,有多少种类,对于空间呢? 这个问题一旦搞清楚,它有重要的实际意义. 现已证明,平面对称群有 17 种,空间对称群有 230 种. 这样,一个壁纸公司或花面印刷厂仅用 17 个计算机程序就可以生成所有可能的壁纸或花面图案,而矿物学家则能将千奇百怪的对称晶体归结为少量的几种类型.

　　最后,让我们通过回顾科学史的一些事件结束本小节.

　　1912 年,年轻的德国物理学家 Max von Laue 设想用较窄的 X 射线照射某晶体,在晶体后面放置照相胶卷,这个 X 射线将会被单位晶格转向,在胶卷上以点的形式出现. 随后不久,两位英国科学家 William Henry Bragg 和其 22 岁的儿子,一个大学生 William Lawrence Bragg 注意到 Laue 的转向已知的晶体空间群的知识可用来计算原子的固有排列形状. 这一发现,标志现代矿物学的产生. 从 Bragg 推出第一个晶体的结构至今,X 射线的衍射已成为确定晶体的固有结构的手段. 1914 年 von Laue,1915 年两位 Bragg 分别获得当年的诺贝尔物理学奖,小 Bragg 亦成为最年轻的获奖者.

　　20 世纪 50 年代,少数科学家试图了解基本的基因物质 DNA 的分子结构. 这一工作至今方兴未艾. 当时一位叫 Francis Crick 的研究生正在演示 X 射线晶体学家 Rosalind Franklin 的报告和 DNA 的 X 射线衍射. Crick 在 Franklin 的文章和数字中看出某些重要事实. 晶体学家将空间群分为 230 类,其中以面为中心的具有奇特的对称性的单斜晶格只有一个. Crick 的论文的主要试验对象是和 DNA 的空间群完全相同的蛋白质晶体的 X 射线衍射. 而在生物物质中,具有对称单斜晶格结构却相当普遍. 这样 Crick 马上看到了不是 Franklin 所理解的那种对称性. DNA 的分子转了半圈之后回到了与原来相同的位置. 它的结构具有二重性,一半匹配另一半(相反方向).

　　这是一个重要事件,随后不久,James Watson 与 Circk 建立了 DNA 的准确模型,1962 年获诺贝尔医学与生理学奖. 当初 Franklin 若准确辨认出 DNA 分子的对称性的话,那么她将是揭开这一秘密的人及获奖人.

13.2　抽　象　群

　　在前边,利用几何直观的方式给出了几个对称群以及群的几个应用例子和群在科学史上留下的光辉几笔,但毕竟对称群只是抽象群的众多具体实例之一. 本节将引入抽象群的概念并给出更多的实例.

1. 群的定义

定义 13.6 设 G 是一个集合, G 上的二元运算是一个函数,它使 G 中每一个有序的元素对都对应 G 中的一个元素.

若 G 是整数全体,通常的加、减、乘是 G 上的二元运算,但除法不是.

定义 13.7 设 G 是一个非空集合, G 上有一个二元运算,使 G 中每一个有序对 (a,b) 都对应 G 中一个元素,将这个元素记为 ab. 我们称 G 在这个运算下是一个群,如果满足下列三条性质:

(1) 结合律. 对 G 中任意三元素 a,b,c,有
$$(ab)c = a(bc).$$

(2) 单位元. 在 G 中存在 e(单位元),使 $\forall a \in G$ 有
$$ae = ea = a.$$

(3) 可逆性. 对 $\forall a \in G, \exists b \in G$,使得 $ab = ba = e$,亦称 b 为 a 的逆,记为
$$b = a^{-1}.$$

注 若对 $\forall a, b \in G$ 有 $ab = ba$,则称群 G 为交换群或 Abel 群.

下面看一个具体的例子以说明群的公理设定动机. 考虑方程 $2x = 4$ 的求解过程.

$$2x = 4$$
$$2^{-1}(2x) = 2^{-1}4 \qquad \text{(逆元存在性)}$$
$$(2^{-1} \cdot 2)x = 2 \qquad \text{(结合律)}$$
$$1 \cdot x = 2 \qquad \text{(逆的定义)}$$
$$x = 2 \qquad \text{(单位元的定义)}$$

例 13.3 加法群:整数集 **Z**、有理数集 **Q** 和实数集 **R** 在通常加法下都是群. 请自行验证,并说明单位元与逆元的形式.

例 13.4 正有理数集 $\mathbf{Q}^+$ 在通常乘法下是一个群.

例 13.5 负实数与 1 的集合 S 在乘法下满足群中定义的三条,但它不是群,想想为什么?

例 13.6 $S = \left\{ \begin{bmatrix} a,b \\ c,d \end{bmatrix} \middle| a,b,c,d \in \mathbf{R} \right\}$ 在通常矩阵的加法运算下是一个群,单位元与逆元分别为
$$\begin{bmatrix} 0,0 \\ 0,0 \end{bmatrix}, \qquad \begin{bmatrix} a,b \\ c,d \end{bmatrix}^{-1} = \begin{bmatrix} -a, -b \\ -c, -d \end{bmatrix}.$$

下面,我们要在集合 $\{0,1,2,\cdots,n-1\}$ 上引入两个重要的二元运算. 它们是人们经常用到的一种计数方法的抽象. 例如,现在是 9 月,那么 25 个月后是几月呢?

因为 $25＝12×2＋1$,所以是 $9＋1＝10$ 月. 这一简单计数方法在数学和计算机科学中有着广泛而重要的应用.

若 a,b 是整数,n 是正整数,当 n 能整除 $a－b$ 时,通常记为 $b＝a \bmod n$. 如

$$3 \bmod 2 = 1, \qquad 15 \bmod 3 = 0, \qquad -4 = 1 \bmod 5.$$

称上述运算为模运算,有如下两个易于验证的模运算公式:

$$(ab)\bmod n＝((a \bmod n)(b \bmod n))\bmod n,$$
$$(a＋b)\bmod n＝((a \bmod n+b \bmod n))\bmod n.$$

例 13.7　模 n 整数群

$$Z_n = \{0,1,2,\cdots,n-1\}$$

在 $\bmod n$ 加法下构成一个群,Z_n 中任意 j 的逆元为 $n-j$. 如在 Z_7 中,3 与 4 互为逆元. 因为 $(3＋4)\bmod 7＝0$,显然单位元是 0.

例 13.8　模 n 单位群 $U(n)$.

有一个数论中的结果是:整数 a 有一个模 n 乘法逆元的充要条件是 a 与 n 互素,写成数学表达式是 $aa^{-1}=1 \bmod n \Leftrightarrow (a,n)=1$.

所以定义 $U(n)$ 为所有小于 n 且与 n 互素的正整数集合.

例如,当 $n＝10$ 时,$U(10)=\{1,3,7,9\}$ 上的二元运算定义如表 13.1 所示.

表 13.1

mod10	1	3	7	9
1	1	3	7	9
3	3	9	1	7
7	7	1	9	3
9	9	7	3	1

但集合 $\{0,1,2,3\}$ 在 $\bmod 4$ 乘法下不是一个群,可试着列一下乘法表. 0,2 的逆元是什么? 若不存在,想想看为什么? 自己能否也构造一两个群的例子.

由前边的讨论可知,Z_n 的非零元素 $\{1,2,\cdots,n-1\}$ 在 $\bmod n$ 乘法下是一个群的充要条件是 n 为素数.

例 13.9　对固定的 n,用 Z_2^n 表示如 $a_1a_2\cdots a_n$ 的集合,其中每个 a_i 是 0 或 1. 对 $a_1a_2\cdots a_n$ 与 $b_1b_2\cdots b_n$ 定义二元运算为逐项模 2 相加,如

$$11\,000\,111 + 01\,110\,110 = 10\,110\,001.$$

单位元为 $00\cdots0$,每个元素的逆元是其自身.

我们已经看到了一些群的例子,希望能将它们所共有的性质提炼出来. 如群中有单位元,每个元素有逆元,但它们唯一吗? 还有一些其他问题. 下面罗列群的几个性质,其证明是简单的,任何一本近世代数书中都有,你不妨自己试试.

定理 13.1　G 是一个群,则单位元 e 是唯一的.

定理 13.2　在群 G 中,a 的逆元 a^{-1} 唯一.

定理 13.3 在群 G 中,左、右消去律成立,即 $ba=ca\Rightarrow b=c$;$ab=ac\Rightarrow b=c$. 但要注意,$ab=ca\nRightarrow b=c$.

13.3 应 用

在前边,我们只是选择地介绍了有关群的最基本内容. 尽管如此,其间已包含有巨大的商业与科研价值. 例如,在许多情况下,人们希望有安全措施来防止密码数据被非法破译,如银行、军队与外交中信息的传递,卫星有线电视不被未交费者盗用等,进而产生了对信息加密与解密的一门专业学科——密码学. 这里只介绍 20 世纪 70 年代中期由 Rivest,Shamir 和 Adleman 基于群的理论设计的一种被称之为 RSA 公钥加密方案的巧妙方法.

背景人物 Leonard Adleman

Leonard Adleman 在 San Francisco 长大,他自己并没有很大雄心. 事实上,他从来没有想成为一个数学家. 刚到 California 大学注册时,他首先宣布要做一个化学家. 后改变主意要做医生,最后他说,我已经历了许多事情,留下的只有一件事,就是数学,它能使我在恰当的时候摆脱烦恼. 在读计算机博士学位期间,终于领悟到数学的真正特点和无以伦比的美,他说:"当你成为一个数学家的那一刻,你在一定程度上看到了数学的美和力量."

Adleman 在 1976 年获博士学位后,立刻在 MIT 找到了工作,并遇见了 Rivest 和 Shamir. 他们正试图发明一个不能解的公开钥匙系统. 当后者告诉他这一令人激动的想法时,Adleman 心想这是无趣味的不切实际的想法,但还是很礼貌地用 "是的"回答,并试着去解后者所提供的密码. Rivest 与 Shamir 发明了 42 种加密系统,每一次 Adleman 都解开了这些密码. 在第 43 次尝试中,他们找到了现在所称的 RSA 方案.

当问起坐着思考 6 个月的滋味是什么时,Adleman 回答:"那是一个数学家经常做的事. 一个数学家可以一天 12 小时,连续 6 个月坐着紧张思考一个数学问题,也许只需一支铅笔和一张纸及静静地用心思考."

背景人物 David Huffman

群理论在编码、VCD 播放中的纠错码、条形码识别、货币防伪等诸多技术理论中都有令人激动人心的应用,而在大型计算机网络、高清晰电视、调制解调器及录像机等程序化的电子设备中用到的数据压缩方案则基于一位研究生 50 年前一篇论文中的一个结果,一个称之为 Huffman 加密的数据压缩方案.

1951 年,David Huffman 和同学在上一门有关信息论证的电子工程系研究生课程时,老师让他们选择,要么做一篇学期论文,要么参加期末考试. 关于学期论文,Huffman 的教授指定一个初看很简单的问题:要求学生找到用二进制码表示数字、字母或其他符号最有效的方法. Huffman 在这个问题上研究了数月,开发了一些方法,但不能证明是最有效的,最后放弃以准备复习考试. 正当他准备将稿纸扔掉时,一个方法出现在头脑中. Huffman 说:"那是我生活中最奇妙的时刻,灵感突然闪现. 而非常幸运的是,我的教授没有告诉我,其他基础更好的人已经在这个问题上努力了很久. 否则,我会气馁的."

Huffman 回忆,当教授看到他的文章时激动地说:"这就是这个问题的全部."

现在,Huffman 码早已成为计算机科学和数据通信领域中人们经常使用的基本思想方法之一. 有人借助 Huffman 码挣了成百上千万美元,但对 Huffman 的补偿只是不必参加期末考试. 他的朋友对他说:"David,我猜想你的名字最终会成为语言的."这就是现在以其名命名的 Huffman 码.

在与编码技术相关的解码技术中,更复杂的问题要涉及近世代数中"环"和"域"的概念,循环差集理论充当了相当分量的角色. 当高深的解码技术应用于 CD 盘上时,它们瞬间可纠正成千上万个接连而来的错误.

传统的密码通讯只能在事先约定的双方进行,双方必须掌握相同的密钥. 但在很多情形下,事先约定密钥是不可能的. 例如,某工程发出招标公告,大量公司参与网上投标,公司与公司之间的投标信一定要相互保密,而发包工程的单位对各公司发来的投标信息则应明确其含义. 公开密钥体制即为解决此类问题而提出. 其基本思想是:把密钥分为公开密钥(简记为公钥)与秘密钥(简记秘钥)两部分,二者互为逆变换. 但几乎不可能从公钥推出秘钥,每个使用者均有自己公钥与秘钥,公钥供别人向自己发送信息时加密使用,它可以像电话号码一样供人查询,而秘钥则严加保密,仅供自己解密使用.

RSA 公钥体制是一种当前正被广泛使用的公开密钥方法,其基本思想是:从两个超百位的大素数得到乘积相对简单,反之,给了这样一个乘积,将其分解为两个素因子相乘则极端困难.

为了说明这一公钥体制的具体实现方法,首先介绍与其相关的若干数学概念与结果,其证明将被略去.

定义 13.8　设 n 为一个正整数,将小于 n 且与 n 互素的正整数的个数记为 $\varphi(x)$,称之为欧拉(Euler)φ 函数.

容易看出,$\varphi(2)=1$,$\varphi(3)=2$,$\varphi(4)=2$. 又 $\varphi(5)=4$. 这因为 $1,2,3,4$ 与 5 互素. 不难证明,若 p 与 q 为两相异素数,$n=pq$,则

$$\varphi(n) = (p-1)(q-1).$$

以下结论是 RSA 体制得以实现的数学依据. 若 p,q 为相异素数,$n=pq$,整数 e 与 $\varphi(n)$ 互素,另一整数 d 与 e 满足

$$ed = 1(\bmod \varphi(n)),$$

则映射

$$Ee,n:x \rightarrow x^e \pmod n$$

是从 $Z_n = \{0,1,2,\cdots,n-1\}$ 到自身的一一映射,其逆映射为

$$Ed,n:x \rightarrow x^d \pmod n.$$

定义在 Z_n 上的映射 E_e,n 可扩张为 $Z_\infty = \{0,1,2,\cdots\}$ 到 Z_∞ 上的一一映射.事实上,对任意整数 N,写出以 n 为基的表达式

$$N = C_0 + C_1 n + C_2 n^2 + \cdots + C_k n^k + \cdots, \qquad C_j \in Z_n.$$

在 Z_∞ 上将 Ee,n 定义为

$$Ee,n:N \rightarrow Ee,nN = (Ee,nC_0) + (Ee,nC_1)n + \cdots + (Ee,nC_k)n^k + \cdots.$$

易于看出,只要在 Z_n 上的有关结论成立,扩张后的 Ee,n 在 Z_∞ 上依然是自身到自身的一一映射,且其逆映射为扩张后的 Ed,n.

在 RSA 体制下,第 i 个使用者选择一对相异素数 p_i,q_i,计算 $n_i = p_iq_i$,再选择一个与 $\varphi(n_i)$ 互素的 e_i,由此又决定了数 d_i,使

$$e_id_i \equiv 1(\mathrm{mod}(n_i)).$$

使用者 i 将 (e_i,n_i) 公开,作为公钥,而 (d_i,n_i) 则将严格保密,为秘钥.

考虑另一个使用者,他希望向 i 传输明文 N,为此利用 i 的公钥 (e_i,n_i),首先计算,然后加密成

$$N' = E_{e_i,n_i}N = (E_{e_i,n_i}C_0) + (E_{e_i,n_i}C_1)n_i + \cdots + (E_{e_i,n_i}C_k)n_i^k + \cdots,$$

并将 N' 传输给使用者 i,在收到 N' 后,i 利用其秘钥计算

$$\begin{aligned} E_{d_i,n_i}N' &= (E_{d_i,n_i}E_{e_i,n_i}C_0) + (E_{d_i,n_i}E_{e_i,n_i}C_1)n_i + \cdots + (E_{d_i,n_i}E_{e_i,n_i}C_k)n_i^k + \cdots \\ &= C_0 + C_1 n + \cdots + C_k n^k + \cdots \\ &= N, \end{aligned}$$

从而完成了两个使用者间的通讯.但对第三者,只知 (e_i,n_i),为破译密码,他必须求出 e_i 在模 $\varphi(n_i)$ 下的逆 d_i,为此他必须求出 $\varphi(n_i)$.由于 n_i 极大,直接从定义出发不现实,他必须利用 $\varphi(n_i) = (p_i-1)(q_i-1)$,这就必须将 n_i 分解为素因子 p_i,q_i 的乘积.对大的 n_i,这一分解的工作量极大,至今尚无好的办法.

RSA 体制的三位发明者曾以两个素数相乘,得到一个包含 129 位数字的 n_i,并按前述方法将一段文字加密,于 1977 年发表在“科学的美国人”杂志上,悬赏 100 美元请求破译,他们预计破译这一密码需时四亿亿年.然而,这一工作尽管不易但并非如此困难,在贝尔公司的一位科研工作人员协调之下,利用因特网,五大洲 600 多人使用 1600 多台计算机,历时 8 个月,于 1994 年破译,破译明文是:“这些魔文是容易受惊的鱼鹰.”这一难题的破解,并不意味 RSA 体制的失效,它只告诉我们应选取更大的 n_i.

为对 RSA 体制有更具体的了解,给出一个简化实例.设有使用者,取 $p=47$,$q=59$,由此得到 $n=pq=2773$,$\varphi(n) = (p-1)(q-1) = 2668$.取素数 $e=17$,与 $\varphi(n)$ 互素,因为 $\varphi(n)$ 已知,所以,易知 $d = (2668+1)\div 17 = 157$.将 $(e,n) = (17,$

2773)作为公钥发表,保密秘钥(157,2773).

　　现向使用者传送一段明文信息:"Its all greek to me"(我对此全然外行).将这一段文字转换成数字,不计大小写,每两个词之间为一个空格符,并对应数字 00,每个英文字母对应数字为其在字母表中的排序.如 $A{\rightarrow}01,B{\rightarrow}02,\cdots,Z{\rightarrow}26$,再从头到尾,将每四位数字划归一组,不足时补充空格,如此得到以下 10 组数字:

　　0920　1900　0112　1200　0718　0505　1100　2015　0013　0500.

每一组数字视为一个数,用公钥(17,2773)对其加以变换.仅以 0920 为例,因为 $n=2773$ 比任何可能出现的 4 位数字均大,故只需计算任何数在模 2773 下的 17 次幂,我们有

$$E_{e,n}0920=(920)^{17}(\mathrm{mod}\ 2773),$$
$$(920)^{17}=((((920)^2)^2)^2)^2 920,$$
$$E_{e,n}0920\equiv 948(\mathrm{mod}\ 2773).$$

需要指出,在如上计算过程中随时注意对 2773 取模是必要的.这样 0920 对应的密码为 0948,照此处理,得到的密文电码为

　　0948　2342　1084　1444　2663　2390　0778　0774　0219　1655.

解密过程与此类似,只不过用秘钥(157,2773),计算更为烦琐.

　　本例中将四位数字划分为一组是为了使每组数字不超过 $n=2773$,当使用一个大的 n 时,每次完全可以处理一个位数更多的数码组,只要被处理的整数属于 Z_n,以使计算相对容易.

　　请同学们考虑,在 RSA 体制中,哪里用到了群的知识.本章我们只布置一个作业:请读懂内容,并用 MATLAB 编写一个带界面的应用程序,完成 RSA 的加密与解密工作.

第14章 阅读实验三 积分教学中的几点注释

　　科学技术的飞速发展,各学科领域的相互渗透,思想方法的相互借鉴,愈发显现掌握数学思想与方法的特殊重要性.

　　积分的思想与方法无论在理论、在实际应用中均占有极其重要的地位.但令人遗憾的是,围绕积分的核心基本定理的表述的复杂程度令人望而生畏,更不用说借助其思想方法考虑其他学科问题.

　　为了使读者对积分本源有更深入的了解,我们编写的本实验遵循以下原则.

　　(1) 编写适当的阅读材料,增强学生对相关理论由具体到抽象过程的了解.

　　(2) 即使对工科学生,亦应强调对数学基本理论的思想与方法的理解与掌握.为达此目的,在引入抽象概念时,作了充分的铺垫,而此类铺垫尽可能贴近生活,易于理解.

　　(3) 对抽象原理的方法的描述,尽可能还其源于实际的最本质形式.积分本源于面积,即使某些动物亦有本能的领地概念,所以,对积分的理论与方法的本质,理应有简单直观的叙述.

　　(4) 为了使读者对问题的了解有一个清晰的脉络,按如下顺序展开内容.

　　① 在阅读材料中给出确界与上和及下和(或称大和与小和)的概念.

　　② 叙述一个简单的公理,并由此公理给出一个简单的命题,为证明达布定理作准备.

　　③ 给出积分定义与上、下积分概念,并利用简单命题证明达布定理,证明的简捷性会出乎同学们的意料.

　　④ 给出有界函数可积的一个简单判定定理.

　　⑤ 判定函数可积的例及习题.

14.1　阅读与理解

　　高明的教育家在说明 Riemann 积分与 Lebesgue 积分理论与方法的本质差异时作了如下生动比喻.

　　对混在一起的一堆一分、二分、五分、一角等的硬币,Riemann 积分计算其和的方式为从这一堆硬币中,不分种类,一个一个向外拿,并逐一累加而得其和,Lebesgue积分则先分类,分别得一分、二分等硬币各自叠成一打,之后对每一打用乘法,计算每打和,再将这些和相加而得积分值.

这段话对初学者理解 Lebesgue 积分所起的作用实在是非同小可.

下面,对几个问题试着给出一些类比.

由于这个世界构造完美无缺,并由最聪明的造物主所创立,以至于在这个世界上无论什么事情里都包含有极大或极小的道理.

——欧拉

如果你确定理解并感兴趣于你已经解决的一个问题,那么你就会得到一种宝贵的东西,一个模式或一个模型,以后可模仿它去解决类似的问题.如果你想这样做,如果你这样做时获得了成功,如果你考虑到成功的理由,考虑到从已解决的问题去类推,考虑到解决这类问题能够达到的有关条件等,那么你就可以提出一个模式,提出这样的模式后,你便真的有所发现.总之,你就有机会获得一些必要的层次和便于应用的知识.

14.2　理 论 阐 述

1. 确界问题

问题 1　数列 $1-\dfrac{1}{2}, 1-\dfrac{1}{3}, \cdots, 1-\dfrac{1}{n}, \cdots$ 最大的一项是几?

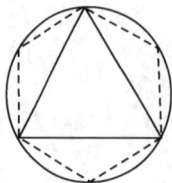

图 14.1

问题 2　用圆内接正三角形,正六边形,正十二边形,⋯的周长去逼近半径 $r=1$ 的圆的周长(图 14.1).若用 s_n 表示正 n 边形周长,则

$$s_3 < s_6 < \cdots < s_{3 \cdot 2^n} < L.$$

L 是圆的周长,理论上,对任何确定的 $n, s_{3 \cdot 2^n}$ 都是可计算的,但无论 n 多么大,还是无法得到 L 的真实值.

两个问题似乎都在叙述一件事,在实际问题中还存在着另一类"最大、最小值"问题,它们确实使我们感受到它们的存在,但与"100 人中一定存在一个人最高"又有一定的差别.

我们用下面的方法说明在问题 1 中那个能感觉到,但又在数的各项中找不到的"最大值"1.

先任取一个很小的正数 ε,观察在 $[1-\varepsilon, 1]$ 中,若不存在数列中的项 x_n,则说明 $x_n < 1-\varepsilon, n=1, 2, \cdots$,从而要寻找的"最大值"比 $1-\varepsilon$ 小.但我们发现,无论多么小的 ε,在 $[1-\varepsilon, 1]$ 中,始终有数列中的项(而且是无穷多项),所以,定义 1 为这个数列的"最大值".为了区别一般概念下的最大值,称 1 为数列集合的上确界.

公理 14.1(确界原理)　设数集 X 上有界 M,即对 $\forall x \in X, x \leqslant M$,总可以找到上界中的一个最小上界 μ,记其为 $\mu = \sup X$,满足:

(1) $\forall x \in X, x \leqslant \mu$;

(2) 对 $\forall \varepsilon > 0, \exists x \in X$, 使 $x > \mu - \varepsilon$.

命题 14.1 设数集 X 下有界 Γ, 即使 $\forall x \in X, x \geqslant \Gamma$, 那么总可以找到下界中的一个最大下界 γ, 记为 $\gamma = \inf X$, 满足:

(1) $\forall x \in X, x \geqslant \gamma$;

(2) 对 $\forall \varepsilon > 0, \exists x \in X$, 使 $x < \gamma + \varepsilon$.

例 14.1 用确界原理证明有界数列 $X = \{x_1, x_2, \cdots, x_n, \cdots\}$ 必存在收敛子列.

注 在其后问题的讨论中, 常用到同学们熟知的两个原理, "单调有界原理"与"两边夹原理".

证明 由已知, $\exists M, \forall x \in X, x < M$. 由确界原理, 令

$$y_1 = \sup\{x_1, x_2, \cdots, x_n, \cdots\},$$
$$y_2 = \sup\{x_2, x_3, \cdots, x_n, \cdots\},$$
$$\cdots\cdots\cdots\cdots\cdots$$
$$y_k = \sup\{x_k, x_{k+1}, \cdots, x_{n+k}, \cdots\},$$
$$\cdots\cdots\cdots\cdots$$

由确界性质, 知

$$对 \varepsilon = 1, \exists x_{n_1} \ni y_1 - 1 \leqslant x_{n_1} \leqslant y_1,$$
$$对 \varepsilon = \frac{1}{2}, \exists x_{n_2} \ni y_{n_1+1} - \frac{1}{2} \leqslant x_{n_2} \leqslant y_2,$$
$$\cdots\cdots\cdots\cdots\cdots$$
$$对 \varepsilon = \frac{1}{k}, \exists x_{n_k} \ni y_{n_k+1} - \frac{1}{k} \leqslant x_{n_k} \leqslant y_k,$$
$$\cdots\cdots\cdots\cdots$$

显然 $y_1 \geqslant y_{n_1+1} \geqslant y_{n_k+1} \geqslant \cdots$, 且 $\{y_{n_k+1}\}$ 有界. 所以 $\lim\limits_{k \to \infty} y_k = A$ 存在. 又 $\lim\limits_{k \to \infty}\left(y_k - \frac{1}{k}\right) = A$, 由两边夹定理有

$$\lim_{n_k \to \infty} x_{n_k} = A.$$

练习 1 区间套原理: 设有区间列 $[a_i, b_i], a_i < b_i, i = 1, 2, \cdots$ 满足

(1) $[a_i, b_i] \subset [a_{i-1}, b_{i-1}], i = 2, 3, 4, \cdots$;

(2) 第 i 个区间长度 $d_i = b_i - a_i, i = 1, 2, \cdots$ 有

$$\lim_{i \to \infty} d_i = 0,$$

则有唯一点

$$\xi \in [a_i, b_i], \qquad i = 1, 2, \cdots.$$

试用确界原理证明.

练习 2 已知 $f(x) \in c[a, b], f(a) \cdot f(b) < 0$, 由连续函数的介值定理知: $\exists x_0 \in (a, b)$, 使 $f(x_0) = 0$. 如何找 x_0 呢? 按如下方法考虑.

(1) 将 $[a,b]$ 作 2 等分,计算 $f\left(\dfrac{a+b}{2}\right)$. 若满足 $f(a)f\left(\dfrac{a+b}{2}\right)<0$,则在 $\left[a,\dfrac{a+b}{2}\right]$ 上重复第一步的工作.

(2) 若 $f(a)f\left(\dfrac{a+b}{2}\right)>0$,则在 $\left[\dfrac{a+b}{2},b\right]$ 上重复前述工作.

用区间套定理证明,理论上能找到 x_0 值,使 $f(x_0)=0$.

2. 大和与小和

问题 3　估计一片土地上小麦的产量问题,最粗略的方法是选一个单位面积上长的最好的小麦与一单位面积上长的最差的小麦分别作为整块农田的小麦生长状况的代表,估算出农田的最高产量 S_1(大和),与最低产量 s_1(小和),而真实产量 S 一定介于二者之间,即满足

$$s_1 \leqslant S \leqslant S_1.$$

为了使估算准确,将田地一分为二,在每一小块重复第一步工作,又得两个和 S_2 与 s_2,其中 $S_2=S_2^1+S_2^2$,S_2^1 与 S_2^2 分别表示两块小些田的小麦最高估产,$s_2=s_2^1+s_2^2$,s_2^1 与 s_2^2 则分别表示两小块田小麦的最低估产,估产面积均应为 $\dfrac{1}{2}$ 单位. 稍想一下,可明白

$$S_1 \geqslant S_2 \geqslant S \geqslant s_2 \geqslant s_1,$$

即在分割加细的情形下大和不增,小和不减. 这一加细估产的过程一直进行下去,会有什么结果,与区间套原理、两边夹定理、单调有界原理有什么关系?

练习 3　依据图 14.2 中所给分划,以上、下确界作为各小块田地中单位面积上长势最好与最差的代表,Δx_i 表示第 i 块田,又表示第 i 块田的面积,用数学表达式写出大和与小和,如在第一块田上,最大产量为 $\mu_1 \Delta x_1$,最小产量为 $\gamma_1 \Delta x_1$,其中 $\mu_1 = \sup\limits_{x \in \Delta x_1} f(x)$,$\gamma_1 = \inf\limits_{x \in \Delta x_1} f(x)$.

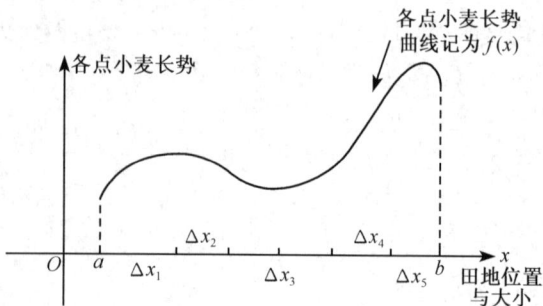

图 14.2

3. 公理与命题

公理 14.2 对一根木棍,不砍不断,一刀两断.

对区间$[a,b]$的二个分划为 Δ_1 与 Δ_2.

定义 14.1 若 Δ_1 的分点都是 Δ_2 的分点,称 Δ_2 是 Δ_1 的加细,记为 $\Delta_1 \subset \Delta_2$.

将 Δ_1 与 Δ_2 的细分点全部取出,得分划 $\Delta = \Delta_1 \bigcup \Delta_2$,则显然有 $\Delta_1 \subset \Delta, \Delta_2 \subset \Delta$.

设 Δ 和 Δ_0 都是$[a,b]$的分划,Δ_0 的分点个数为 n_0,则 Δ 中诸分段不是 $\Delta \bigcup \Delta_0$ 的分段者的个数至多为 n_0 段,$\Delta \bigcup \Delta_0$ 中诸分段不是 Δ 的分段者个数最多为 $2n_0$ 段.

证明:由公理 14.2 及图 14.3 所示结论显然.

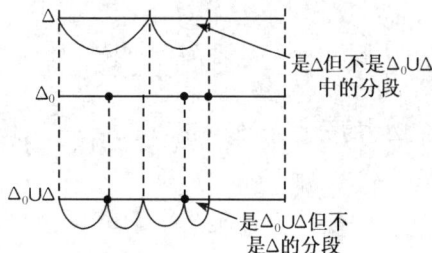

图 14.3

4. 上,下积分概念

$f:[a,b] \to \mathbf{R}$ 有界,即 $\exists M > 0$, $\sup\limits_{x \in [a,b]} |f(x)| \leqslant M$. Δ 是$[a,b]$的一个分划,令

$$M_i = \sup\limits_{x \in \Delta_i} f(x), \qquad m_i = \inf\limits_{x \in \Delta i} f(x),$$

$$S_\Delta = \sum_\Delta M_i \Delta x_i, \qquad s_\Delta = \sum_\Delta m_i \Delta x_i,$$

又若 $\Delta_1 \subset \Delta_2$,则

$$S_{\Delta_1} \geqslant S_{\Delta_2}, \qquad s_{\Delta_1} \leqslant s_{\Delta_2}.$$

即分划加细,大和不增,小和不减,且对无论怎样的两个分划 Δ 与 Δ',$s_\Delta \leqslant S_{\Delta'}$,这因为

$$s_\Delta \leqslant s_{\Delta \bigcup \Delta'} \leqslant S_{\Delta \bigcup \Delta'} \leqslant S_{\Delta'}.$$

定义 14.2 记

$$\inf\limits_\Delta S_\Delta = \overline{\int_a^b} f(x)\mathrm{d}x, \qquad \sup\limits_\Delta s_\Delta = \underline{\int_a^b} f(x)\mathrm{d}x.$$

称 $\overline{\int_a^b} f(x)\mathrm{d}x$ 为 $f(x)$ 在$[a,b]$上的上积分;$\underline{\int_a^b} f(x)\mathrm{d}x$ 为 $f(x)$ 在$[a,b]$上的下积分.

注 对$[a,b]$的一个任意分划,上和 S_Δ 满足

$$-M[b-a] \leqslant S_\Delta \leqslant M \cdot [b-a],$$

所以,集合$\{S_\Delta\}$为有界集. 同理$\{s_\Delta\}$亦为有界集. 但读者应想清楚为何上、下积分按如此方法定义.

定理 14.1(Darboux) 设 $f:[a,b] \to \mathbf{R}$,则

$$\overline{\int_a^b} f(x)\,\mathrm{d}x = \lim_{|\Delta|\to 0} S_\Delta, \qquad |\Delta| = \max_\Delta\{\Delta x_i\}.$$

i.e 对 $\forall \varepsilon > 0$, $\exists \delta > 0$, 当 $|\Delta| < \delta$ 时, 有

$$\left|\overline{\int_a^b} f(x)\,\mathrm{d}x - S_\Delta\right| = S_\Delta - \overline{\int_a^b} f(x)\,\mathrm{d}x < \varepsilon.$$

证 $\forall \varepsilon > 0$, 记 $M = \sup_{a\leqslant x\leqslant b}|f(x)| < +\infty$. $\exists \Delta_0$, $\exists\, 0 \leqslant S_{\Delta_0} - \overline{\int_a^b} f(x)\,\mathrm{d}x < \dfrac{\varepsilon}{2}$.

记 Δ_0 的分点个数为 n_0, 取 $\delta = \dfrac{\varepsilon}{6n_0 M} > 0$. 任取 Δ, 使 $|\Delta| < \delta$, 则有

$$0 \leqslant S_\Delta - \overline{\int_a^b} f(x)\,\mathrm{d}x = S_\Delta - S_{\Delta\cup\Delta_0} + S_{\Delta\cup\Delta_0} - \overline{\int_a^b} f(x)\,\mathrm{d}x$$

$$\leqslant S_\Delta - S_{\Delta\cup\Delta_0} + S_{\Delta_0} - \overline{\int_a^b} f(x)\,\mathrm{d}x$$

$$< n_0 M \frac{\varepsilon}{6n_0 M} + 2n_0 M \frac{\varepsilon}{6n_0 M} + \frac{\varepsilon}{2} = \varepsilon.$$

同理

$$\underline{\int_a^b} f(x)\,\mathrm{d}x = \lim_{|\Delta|\to 0} s_\Delta.$$

由积分定义容易证明如下定理.

定理 14.2(可积性定理) 有界函数 $f:[a,b] \to \mathbf{R}$ 在 $[a,b]$ 上可积 $\Leftrightarrow \overline{\int_a^b} f(x)\,\mathrm{d}x =$ $\underline{\int_a^b} f(x)\,\mathrm{d}x \Leftrightarrow \lim_{|\Delta|\to 0}(S_\Delta - s_\Delta) = 0 \Leftrightarrow \lim_{|\Delta|\to 0}\sum_\Delta w_i \Delta x_i = 0 \Leftrightarrow \forall \varepsilon > 0$, $\exists \delta > 0 \ni \sum_\Delta w_i \Delta x_i <$ ε, $\forall\, |\Delta| < \delta$, 其中

$$w_i = \sup_{x\in\Delta x_i} f(x) - \inf_{x\in\Delta x_i} f(x).$$

5. 可积性判定定理

定理 14.3 $f:[a,b] \to \mathbf{R}$, $\sup|f(x)| \leqslant M < +\infty$ 在 $[a,b]$ 上可积 $\Leftrightarrow$ 对 $\forall \varepsilon > 0$, 存在 $[a,b]$ 的一个分划 Δ 使

$$\sum_\Delta w_i \Delta x_i < \varepsilon.$$

证明 $\Rightarrow$. 可积性定理.

$\Leftarrow$. 对 $\varepsilon > 0$, $\exists \Delta_0 \ni \sum_{\Delta_0} w_i^{\Delta_0} \Delta x_i^{(\Delta_0)} < \dfrac{\varepsilon}{2}$. 记 Δ_0 的分点个数为 n_0, 取 $\delta = \dfrac{\varepsilon}{4n_0 M}$, 当 $|\Delta| < \delta$ 时,

$$\sum_{\Delta} w_i^{(\Delta)} \Delta x_i^{(\Delta)} = \sum_{\Delta} w_i^{(\Delta)} \Delta x_i^{(\Delta)} - \sum_{\Delta \cup \Delta_0} w_i^{(\Delta \cup \Delta_0)} \Delta x_i^{(\Delta \cup \Delta_0)} + \sum_{\Delta \cup \Delta_0} w_i^{(\Delta \cup \Delta_0)} \Delta x_i^{(\Delta \cup \Delta_0)}$$

$$\leqslant \sum_{\Delta} w_i^{(\Delta)} \Delta x_i^{(\Delta)} - \sum_{\Delta \cup \Delta_0} w_i^{(\Delta \cup \Delta_0)} \Delta x_i^{(\Delta \cup \Delta_0)} + \sum_{\Delta_0} w_i^{(\Delta_0)} \Delta x_i^{(\Delta_0)}$$

$$\leqslant n_0 2M \frac{\varepsilon}{4 n_0 M} + \frac{\varepsilon}{2} = \varepsilon.$$

6. 例与习题

例 14.2 证明 $f(x) = \begin{cases} \sin \dfrac{1}{x}, & 0 < x \leqslant 1, \\ 1, & x = 0 \end{cases}$ 在 $[0,1]$ 上可积.

关于闭区间上连续函数的可积性问题,我们将在适当说明之后作为练习题留给读者,在这里,先承认其正确性.

由判定定理,只需找到 $[0,1]$ 上的一个分划 Δ,证明有

$$\sum_{\Delta} w_i \Delta x_i < \varepsilon.$$

对 $\forall \varepsilon > 0, f(x) = \sin \dfrac{1}{x}$ 在闭区间 $[\varepsilon/4, 1]$ 上连续,因而可积,故存在 $[\varepsilon/4, 1]$ 的分划 Δ_0 使

$$\sum_{\Delta_0} \omega_i \Delta x_i < \frac{\varepsilon}{2},$$

Δ_0 的分点补上 $[0, \varepsilon/4]$ 段作为 $[0,1]$ 的分划 Δ,则

$$\sum_{\Delta} w_i \Delta x_i = 2 \cdot \varepsilon/4 + \sum_{\Delta_0} w_i \Delta x_i < \frac{\varepsilon}{2} + \frac{\varepsilon}{2} = \varepsilon.$$

为了解决闭区间上连续函数的可积问题,先引入一致连续概念.

定义 14.3 $f: x \to \mathbf{R}$. 若对 $\forall \varepsilon > 0, \exists \delta > 0$,对 $\forall x, y \in X$,当 $|x - y| < \delta$ 时,有

$$| f(x) - f(y) | < \varepsilon,$$

则称 f 在 x 上一致连续.

定理 14.4(Cantor 定理) 若 $f: [a,b] \to \mathbf{R}$ 连续,则 $f(x)$ 在 $[a,b]$ 上一致连续.

关于这一定理的证明,我们略去.

练习 4 若 $f: [a,b] \to \mathbf{R}$ 连续,证明 $f(x)$ 在 $[a,b]$ 上可积.

练习 5 Riemann 函数

$$f(x) = \begin{cases} \dfrac{1}{q}, & x = \dfrac{p}{q}, q, p \text{ 为互质的正整数}, \\ 0, & x \text{ 是无理数或 } x = 0, \end{cases} \qquad 0 \leqslant x \leqslant 1,$$

证明 $f(x)$ 在 $[0,1]$ 上可积.

练习 6 $f(x)$ 在 $[-2,2]$ 上有界，它的不连续点为 $\frac{1}{n}$，$n=1,2,3,\cdots$，证明 $f(x)$ 在 $[-2,2]$ 上可积.

下面给出练习 5 的参考答案，希望对练习 6 的完成有所帮助.

证   任给 $\varepsilon>0$，有正整数 k 使 $\frac{1}{k}<\frac{\varepsilon}{3}$. 设 $A=\left\{\frac{p}{q}:p,q\in\mathbf{N},p<q\leqslant k-1\right\}=\{r_1,r_2,\cdots,r_n\}$，其中 $r_1<r_2<\cdots<r_n$，记 $r_0=0$，$r_{n+1}=1$. 有 $0<\delta<\frac{\varepsilon}{3}$ 使 $\frac{n\delta}{2}<\frac{\varepsilon}{3}$，对每个 r_i 选 $a_i<r_i<b_i$ 适合 $0<b_i-a_i<\delta$，并且 $b_{i-1}<a_i<r_i<b_i<a_{i+1}$（图 14.4）.

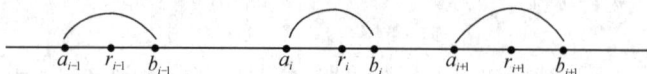

图 14.4

记 Δ 为：由分点 $O=r_0,a_1,b_1,a_2,b_2,\cdots,a_n,b_n,b,r_{n+1}$ 所构成的 $[0,1]$ 分划，其中 $b_n<b<1$，$1-b<\frac{\varepsilon}{3}$（图 14.5）.

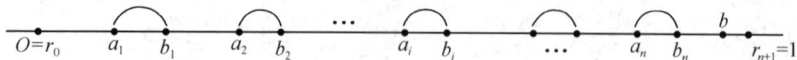

图 14.5

在 Δ 的分段 $[a_i,b_i]$ 上，$f(x)$ 的振幅不大于 $\frac{1}{2}$，在分段 $[b,1]$ 上，$f(x)$ 的振幅不大于 1，在其余各分段上，$f(x)$ 的振幅不大于 $\frac{1}{k}$，于是

$$\sum_{\Delta}w_i\Delta x_i<n\,\frac{1}{2}\delta+1\cdot\frac{\varepsilon}{3}+\frac{1}{k}\cdot 1$$

$$<\frac{\varepsilon}{3}+\frac{\varepsilon}{3}+\frac{\varepsilon}{3}=\varepsilon. \hspace{2cm} 证毕.$$

第 15 章　建模竞赛真题

数学实验课与建模竞赛的结合,可有效提高学与教的质量与学生的参与热情.下面给出哈尔滨工业大学 1998 ~ 2004 年的全部竞赛题目,详细内容可访问网站:http://math.hit.edu.cn/ 下的"网络服务"中的"数学建模".

1998： A.保持油田稳产的开发计划.
B.学生考试成绩的数据处理与分析.

1999： A.太阳能接收装置的朝向.
B.口令翻译问题.

2000： A.赛车驾驶中的弯道技术.
B.大煤堆的度量.

2001： A.图像的数据化处理.
B.松花江的汞污染.

2002： A.垃圾运输问题.
B.奥运会场馆的人员疏散问题.

2003： A.SARS 疫情分析与预测.
B.不同水厂的分界线.

2004： A.西大直街的交通联动信号控制问题.
B.股市全流通方案的设想.

针对上述题目,选取三篇近期的学生作品供参加数学建模竞赛的同学参考.选取的三篇作品分别形成下面的 15.1 节,15.2 节和 15.3 节.

15.1　非典数学模型的建立与分析 *

本节以 2003 年 6 月以前的有关数据为资料,在传统的 SEIR 传染病模型的基础上,对人群作了合理的分类,建立了控制前传播模型和控制后传播模型,通过合理估计、曲线拟合和概率平均的方法得到了各个参数.重点分析了控后模型,用龙格-库塔法求解了方程,并对北京、内蒙古、广东、香港四个 SARS 重点疫区的疫情作了具体的分析,最后评价了模型的合理性、实用性,提出了模型的改进方向和

---

　　* 此节内容为王议锋,田一,杨倩针对 2003 年哈尔滨工业大学数学建模竞赛 A 题所做的作品.《非典数学模型的建立与分析》一文刊登在 2003 年 12 月第 20 卷第 7 期的《工程数学学报》上.

思路.

15.1.1　数学模型的分析与建立

1. 分析与假设

SARS 爆发初期,政府和公众对其重视程度远远不够;当被感染者大幅度增加时,政府才开始采取多种措施以控制 SARS 的进一步蔓延.所以 SARS 的传播可以分为三个阶段:

(a) 控制前,接近于自然传播时的传播模式.

(b) 过渡期,在公众开始意识到 SARS 的严重性到政府采取得力措施前的一段时间内.

(c) 控制后,在介入人为因素之后的传播模式.

我们统一将所有地区的 SARS 传播规律用"控制前"和"控制后"两个时期来分析.

1) 总体假设

(1) 假设一个 SARS 康复者不会二度感染,他们已退出传染体系,因此将其归为"退出者".

(2) 不考虑这段时间内的自然出生率和死亡率,由 SARS 引起的死亡人数归为"退出者".

(3) 假设潜伏期为一常数 $\tau = 5$ 天(文献[1]).

(4) 根据国家卫生部资料可知处于潜伏期的 SARS 病人不具有传染性.

2) 控制前(包括控制力度不大的阶段)的传播模型的相关假设

(1) 直接接触.

(2) 在疾病传播期内所考察的地区的总人数 N 视为常数.

(3) 设每个病人单位时间有效接触的人数可视为常数.

(4) 流入和流出的人群中的带菌者处于潜伏期.

(5) 将人群分为四类:

健康者(易受感染者):用 S 表示健康者在人群中的比例.

处于潜伏期者:用 E 表示他们在人群中的比率.

病人(已受感染者):用 I 表示病人在人群中的比例.

退出者(包括"被治愈者"和"死亡者"):用 R 表示退出者在人群中的比例.

3) 控制后的传播模型的相关假设

(1) 由于对人口流动加以了限制,假设此阶段无病源的输入和输出.

(2) 设每个病人单位时间有效接触的人数 λ_2 可视为常数.

(3) 在控制后阶段,因与非典传染源或疑似非典传染源接触而被隔离的人群视作健康者,这部分人在隔离期限过去后又重新进行正常的社会活动,相当于又进入了传染链中,故可将他们作为健康者处理.

（4）考虑到采集到的数据,将人群分为五类:

健康者（易受感染者）:用 S 表示健康者在人群中的比例.

病人（已受感染者）:用 I 表示病人在人群中的比例.

退出者（包括"被治愈者"和"死亡者"）:用 R 表示退出者在人群中的比例.

自由带菌者:不可控的病毒携带者.用 M 来表示这部分人在人群中的比例.

疑似者:所有被疑似为非典病的非健康者.包括已出现有关症状但未确诊的被隔离者,未出现症状但已疑似带菌的被隔离者.用 Y 表示疑似者在人群中所占比例.

2. 模型的建立

1) 控前模型的建立

（1）参数设定.

① λ_1 —— 每个病人平均每天有效接触（足以使被解除者感染）的人数.

② q —— 退出率,为 SARS 患者的日死亡率和日治愈率之和.

③ l —— （流入）流出人口占本地总人口的比率.

④ ε_1 —— 处于潜伏期的病人的日发病率.

⑤ p —— 流入人口中带菌者所占的比例.

（2）控前方程的建立.

根据变量的分析文献[2,3],结合实际疫情的传播规律,可以建立如下的方程组（Ⅰ）:

方程组（Ⅰ）
$$
\begin{cases}
\dfrac{\mathrm{d}S}{\mathrm{d}t} = -\lambda_1 IS, & (15.1) \\[2mm]
\dfrac{\mathrm{d}E}{\mathrm{d}t} = \lambda_1 IE - \varepsilon_1 E + lp - lE, & (15.2) \\[2mm]
\dfrac{\mathrm{d}I}{\mathrm{d}t} = \varepsilon_1 E - qI, & (15.3) \\[2mm]
\dfrac{\mathrm{d}R}{\mathrm{d}t} = qI, & (15.4) \\[2mm]
S_0 > 0, E_0 > 0, I_0 > 0, R_0 > 0. & （初值）
\end{cases}
$$

（3）参数的确定.

① λ_1 —— 根据医学资料和有关数据推导而得.

② q —— 由该城市的医疗水平和已知的统计数据分析,求其统计平均值.

③ l —— 由经济发达程度和交通状况决定.

④ ϵ_1 —— 根据医学研究和调查的有关结果和该城市的疫情发展状况可得.

⑤ p —— 由流入该城市人群的地区分布情况和各其他地区的疫情决定.

2）控后模型的建立

（1）补充参数设定.

① y_1 —— 疑似者中每日被排除人数占疑似人数的比例；

② y_2 —— 疑似者中每日确诊的人数占疑似人数的比例；

③ ϵ —— 每个自由带菌者转化为病人的日转化率；

④ λ_2 —— 每个自由带菌者发病后被收治前平均每天感染的有效人数；

⑤ α —— 被自由带菌者有效感染的人中可以控制的比率；

⑥ β —— 接触病源的人的发病率.

（2）控后方程的建立.

经分析得到如下的方程组（Ⅱ）：

$$\text{方程组（Ⅱ）}\begin{cases} \dfrac{\mathrm{d}S}{\mathrm{d}t} = Yy_1 - \lambda_2 MS, & (15.5) \\[2mm] \dfrac{\mathrm{d}I}{\mathrm{d}t} = \epsilon M - qI + y_2 Y, & (15.6) \\[2mm] \dfrac{\mathrm{d}R}{\mathrm{d}t} = qI, & (15.7) \\[2mm] \dfrac{\mathrm{d}Y}{\mathrm{d}t} = -y_1 Y - y_2 Y + \lambda_2 MS\alpha, & (15.8) \\[2mm] \dfrac{\mathrm{d}M}{\mathrm{d}t} = \lambda_2 MS(1-\alpha) - \epsilon M, & (15.9) \\[2mm] S_0, I_0, R_0, Y_0, M_0. & \text{（初值）} \end{cases}$$

此模型的优点：① 明确了疑似者所指的范围；② 可从现有数据中分析出所需的参数和变量初值；③ 将 λ_2 定义为"有效接触人数"既有利于数据的分析也可减少未知参数的数量.

（3）参数的确定.

以北京为例来说明参数分析方法.

（a）y_1 —— 疑似者的日排除比例.

$$\text{计算公式：} y_1 = \frac{\text{每天新增的疑似排除人数}}{\text{当天疑似病例累计人数}}.$$

首先根据卫生部"每日疫情公布"所公布的数据求出相应的 y_1，用 MATLAB 画图，如图 15.1 所示.

初步用曲线拟合处理一下原始数据，如图 15.2 所示（光滑的线为 cubic 拟合曲线）.

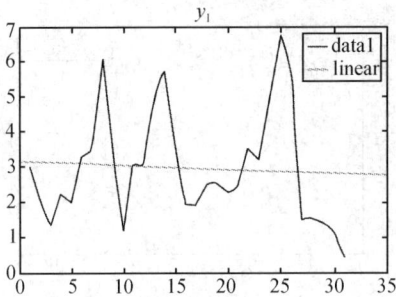

图 15.1　北京地区 SARS 疑似者的
日排除比率 y_1 分布

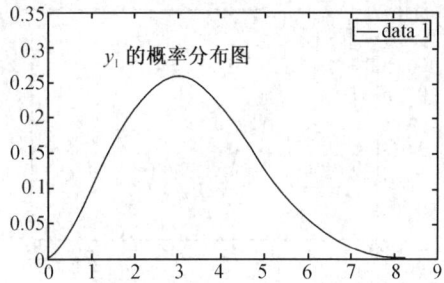

图 15.2　用 cubic 拟合 y_1

可以看出 y_1 有两个峰值, 第一个峰值是由于政府措施很得力, 加之强化控制初期市民的恐慌心理, 导致疑似病例中非感染者所占比例升高; 第二个峰值则是由于大部分带病的疑似者转化为确诊后, 实际未带菌的疑似者相对比例增大造成的.

三阶拟合一定程度上反映了 y_1 的变化规律, 但经分析发现: 如果用原始图来分析误差就会特别大, 不妨去除几个偏离太大的点, 得到图 15.3, 其中, 平直的线为 linear 拟合直线.

现用威布尔分布(文献[4])观察一下处理后的 y_1 的值的分布情况, 如图 15.4 所示. 可见 y_1 主要分布在 $2\% \sim 4.5\%$ 之间, 其中概率最大的取值为 3.51%, 故取 3.51% 为 y_1 的概率平均值.

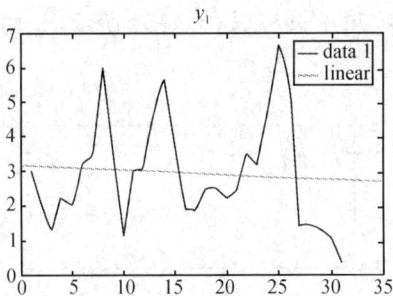

图 15.3　经处理后的 y_1 的图像
以及 linear 拟合曲线

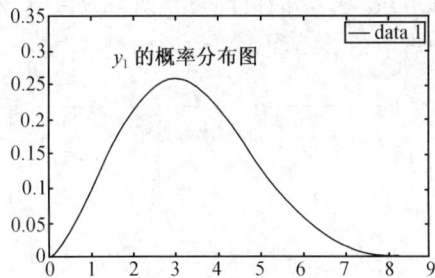

图 15.4　y_1 的威布尔分布图

(b) y_2——疑似者转化为病例的日转化比例.

$$\text{计算公式:} y_2 = \frac{\text{每天新增的疑似转化为确诊的人数}}{\text{当天疑似累计人数}}.$$

由已知数据求得的每天 y_2 的变化趋势如图 15.5 所示. 去除一些偏离太大的点得到图 15.6.

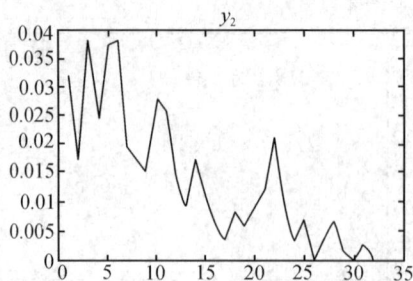

图 15.5   北京地区 SARS 疑似者转化
为病例的日转化比例 y_2 分布

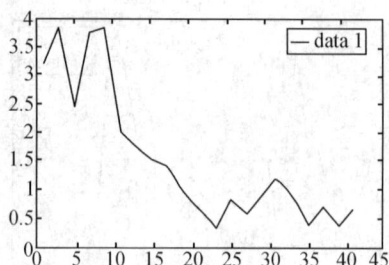

图 15.6   经处理后的 y_2

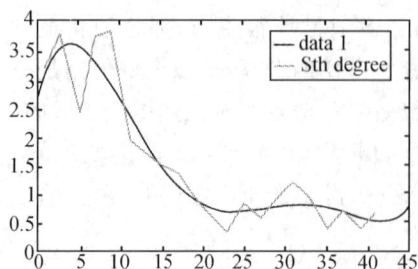

图 15.7 y_2 的五阶拟合曲线

从原始数据看到 y_2 总的趋势是下降的. 先用曲线拟合处理得到如图 15.7 所示的图形(光滑的线是 y_2 的五阶拟合线).

因初期自由带菌者较多,y_2 会有一较大的峰值,疫情得到重视后 y_2 总趋势是下降的.

最后用威布尔分布来观察一下 y_2 值的分布情况,如图 15.8 所示. 可以看出 y_2 的值主要分布在 $0.05\% \sim 2\%$ 之间,但 y_2 不同于 y_1 分布得那么均匀,所以我们不能简单地用一个有效值来取代 y_2 的值. 经过仔细分析,把 y_2 的值等效为两个阶段值:2.229% 和 0.59%,如图 15.9 所示,y_2 的两个有效值分布在中直线的两侧.

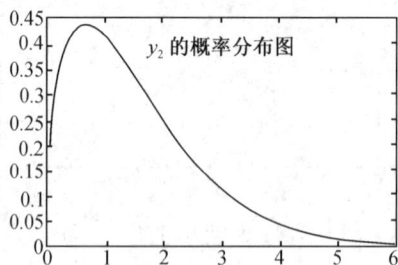

图 15.8 y_2 的威布尔分布

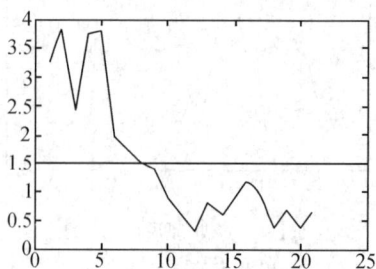

图 15.9 y_2 等效为两个有效值

从对 y_1 与 y_2 的分析来看,可以将强化控制后的这段时间分为两个阶段:过渡期和平稳期. 这两个阶段的产生与非典自身的特性有关,同时由于强化控制初期,非典控制力度不够,造成很多自由带菌者与健康者自由接触. 加之各项措施从颁布到实行有一段缓冲期等诸多因素造成了过渡期的形成,其中过渡期特征为:y_2 较大,q(退出率) 较小.

(c) q 的计算公式 $= \dfrac{每天新增的治愈和死亡的人数}{当天病人累计人数}$.

从 q 的原始数据可看出, q 的值也存在阶段性. 5 月 16 日以前, q 的值大概在 1%左右摆动, 不存在较大的波动; 而 5 月 16 日以后, q 的值基本都在 1% 以上. q 的定义中包括了治愈率与死亡率两部分, 在过渡期, 由于发病人数较多, 治愈率相对较低; 当进入平稳期后, 发病人数减少, 治愈率必然增高. 故这与我们上面对于过渡期和平稳期的假设是吻合的.

(d) ε—— 从数据可推算出其值在 12% ~ 30% 之间, 经过分析取 $\varepsilon = 20\%$.

(e) α—— 与城市的人口密度、生活习惯等因素有关, 由于在强化控制阶段对人员流动控制得相当严格, 还采取了诸如封校、小区隔离、公共场合的关闭、减少聚集活动等有效措施, 故我们可估计 $\alpha = 70\% \sim 90\%$.

3) 模型的求解

从建立的模型是无法得到 S, I, R, Y, M 的解析解的. 为了解决这个问题, 我们求助于 MATLAB 中的龙格-库塔方法来求出方程的数值解.

先通过采集到的实际数据算出每一天的 S, I, R, Y, M, 做出它们与时间的函数图像, 然后画出通过模型解出的数值解的图像. 对比两组图, 可以发现实际和理论存在着一定的差异. 这必然是因为参数估计不合理造成的, 必须不断调整那些非计算得到的参数 $(\lambda_2, \varepsilon, \alpha)$ 来使实际图像和理论图像趋于一致.

若经过多次调试, 发现求解北京模型时, 取 $\lambda_2 = 0.71$ 人, $\varepsilon = 0.2, \alpha = 0.8$ 时, 实际图像和理论图像有最好的符合, 而这三个值均在估计的范围内, 即认为这三个值合理.

15.1.2　各地疫情分析

1. 北京地区

首先看一下实际的北京地区病人比率图 (图 15.10). 可见, 北京的发病人数在 4 月 29 日到 5 月 15 日这段时间内有最大的增长率. 由于政府措施得力, 公众防非典意识增强, 疫情从 5 月 16 日后趋于缓和. 在参数分析中, 北京各参数取值如下: $y_1 = 0.0351$, $y_{21} = 0.0299, y_{22} = 0.00555; q_1 = 0.0087$, $q_2 = 0.025, \lambda_2 = 0.71, \alpha = 0.8, \varepsilon = 0.2$. 每个自由病人平均每天感染 0.71 人, 这说明北京地区政府采取的隔离措施较为得力, 及时阻断了大部分病源与健康人群的接触, 有效地

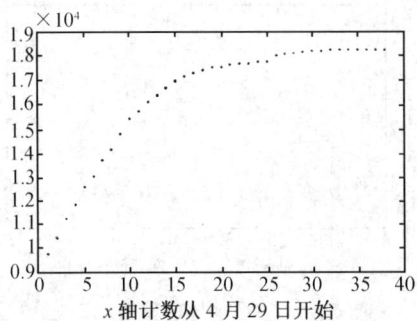

图 15.10　北京地区原始 I-T 图

阻止了疫情的进一步扩大; $q_2 = 3q_1$, 这说明控制后北京的治疗水平有较大提高.

2. 内蒙古地区

图 15.11 为根据原始数据画出的内蒙古累计病人比率的统计图. 由于内蒙古

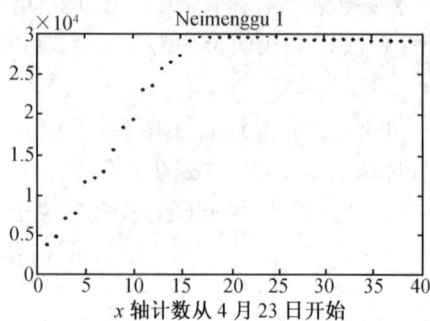

图 15.11　内蒙古地区原始 I-T 图

疫情始期较晚, 当时全国对非典已较为重视, 因而疫情的控制比北京难度要小. 数据取定如下: $y_{11} = 0.0271$, $y_{12} = 0.06$, $y_{21} = 0.0456$, $y_{22} = 0.0078$; $q_1 = 0.014$, $q_2 = 0.030$, $\lambda_2 = 0.75$, $\alpha = 0.78$, $\varepsilon = 0.2$. λ_2 取的是 0.75, 比北京的稍高, 这是由于内蒙古人口比较分散、自由带菌者不易控制; $q_2 = 3q_1$, 说明内蒙古卫生部门控后的医疗水平有较大提高.

3. 广东地区

广东地区的病人累计比率统计图见图 15.12. 参数取定: $y_{11} = 0.0694$, $y_{12} = 0.01$, $y_{21} = 0.25$, $y_{22} = 0.001$; $q_1 = 0.006$, $q_2 = 0.0065$, $\lambda_2 = 0.8$, $\alpha_1 = 0.8$, $\alpha_2 = 0.85$, $\varepsilon = 0.2$. $q_2 \approx q_1$, 可见广东的卫生部门采取的措施开始不是很得力, 疫情初期没有得到政府的充分重视, 从而导致了疫情的持续、快速增长. 一直到国家下达严防命令后才采取有效的措施, 故广东的疫情缓解也是从 5 月 10 日左右才开始的.

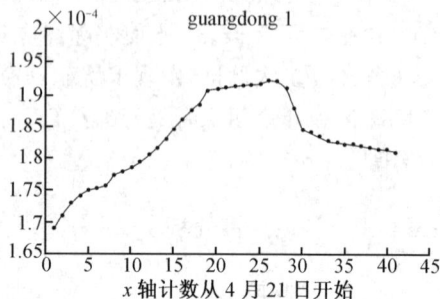

图 15.12　广东地区原始 I-T 图

4. 香港

图 15.13 是根据香港原始数据画出的病人累计统计图. 可以看出: 香港采取的措施比较早, 效果较好. 但是由于人口流动很快, 导致不可控的病毒传播者比较多, 因此, 疫情一直呈现出上升趋势, 在近期内病人比率还不会有较大幅度的下降, 因此香港的非典工作需加大力度.

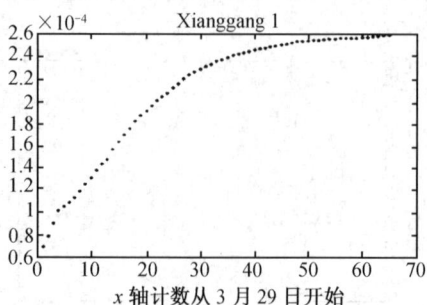

图 15.13　香港地区原始 I-T 图

15.1.3   各地疫情预测

总体的分析与假设:

(1) 根据现有的控制程度进行预测. 如果随着疫情的缓解人们的警惕心理下降,政府的措施不再得力,将会导致疫情的传播死灰复燃,引起病人的比率又出现小的升高.

(2) 根据现在的医疗水平进行预测. 随着医学研究的深入和 SARS 治疗方案的完善,治愈率可能会有较大的提高,同时,预防措施也会更加有效(据有关资料,在不久的将来可能会研制出非典预防针),因此实际疫情很可能会比我们预测的提前结束.

1. 北京地区的疫情预测

利用控后模型对北京地区的 SARS 发病人数进行预测,得到图 15.14(病人比率图,其中离散的点是实际住院病人数占的比率).可以看出:

(1) 病人数目在 4 月 24 日到 5 月 3 日左右增长最快,即疫情达到"高峰期".5 月 3 日以后虽然病人很多,但增长趋势已趋于平缓. 此时疫情进入"高平台期",虽然表面看来病人数目高居不下,实际上疫情已经得到了控制.

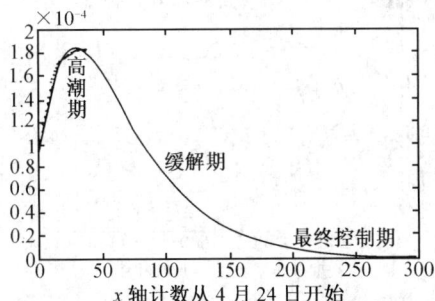

图 15.14   北京地区疫情预测图

(2) 疫情大约在 5 月 30 日之后趋向缓解.从 5 月末到 7 月末病人下降速率最快.说明在这段时间内将有大量的病人出院,这段时期可称为"缓解期".

(3) 发病者的比率将在 11 月以后逐渐趋向于 0,即进入疫情的"最终控制期".需要指出的是,预测是依据现在的医疗水平进行的,实际的 SARS 最终控制期可能会有所提前.

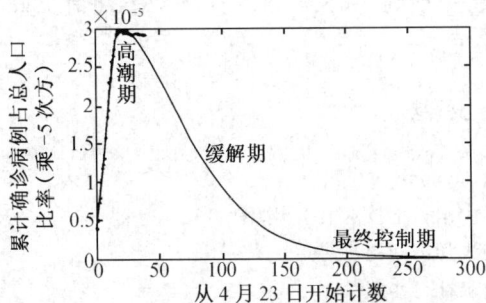

图 15.15   内蒙古地区疫情预测图

2. 内蒙古地区的疫情预测

利用已知数据求解控后模型,得到内蒙古的疫情预测图(图 15.15,注意图中 y 轴值的数量级为 10^{-5}),其中离散的点是实际住院病人比率.可以看出:

(1) 4 月 23 日到 5 月 8 日左右是疫情的"高潮期";

（2）发病人的比率在 $x = 22$ 即 5 月 14 ～ 15 日左右出现最大值,达到"高平台区".

（3）疫情大约在 5 月 30 日逐渐趋向缓解. 从 5 月末到 7 月末是疫情的"缓解期";

（4）发病者的比率将在 10 月以后逐渐趋向于 0,即进入疫情的"最终控制期".易见内蒙古进入"最终控制期"的时间比北京要早,这是因为内蒙古的初始病人数目比北京少,人口分散.

3. 广东地区的疫情预测

求解方程得到广东的疫情预测图（图 15.16）,其中离散的点是实际住院病人比率,可以看出:

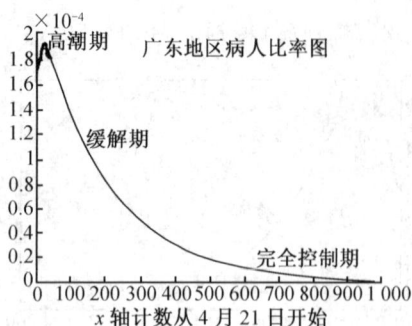

图 15.16　　广东地区疫情预测图

（1）广东省病人数目的初值较大,且在 5 月初以前一直以一个较快的速率上升.

（2）病情在 5 月 10 日左右达到"高平台期".

（3）5 月中旬到明年 2 月为疫情的"缓解期". 随后病人比率趋近于 0,疫情进入"完全控制期".

比较三地疫情预测,广东地区疫情的"最终控制期"偏晚. 这是因为从数据来看,这段时期广东地区的病人治愈人数一直比较少,按现在的治愈率来预测疫情维持时间必然比实际的长. 还需要指出的是,采集到的数据是从 4 月 21 日才开始的,而广东的疫情是从 2002 年 11 月开始的,因此数据的不完备可能会给预测带来较大的误差.

本节的模型因查到的统计数据不完善、对非典的传播规律了解不够,预测结果有较大偏差. 相信随着人们对 SARS 的进一步认识,随着社会各界的深入研究,从数学角度看,模型将更加完善,预测结果将更准确,从医学角度看,SARS 将有更好的治疗方案和防控措施,疫期将进一步缩短.

参 考 文 献

[1] 中华人民共和国卫生部网站,http://www.moh.gov.cn/

[2] 王树禾.常微分方程模型与混沌[M].合肥:中国科学技术大学出版社,1999

[3] 朱道元.数学建模精品案例[M].南京:东南大学出版社,1999

[4] 茆诗松.贝叶斯统计[M].北京:中国统计出版社,1999

15.2　西大直街交通最优联动控制 *

随着城市的不断发展,城市道路交通的优化问题已经成为一个急需解决的问题.车辆一次接一次地遇到红灯是一件十分令人头疼的事情,而解决这一顽疾的最有力措施就是实现信号灯系统的联动控制.

实地调查分析表明,西大直街从护军街到通达街一线的交通信号灯设计缺乏这种联动控制的思想,导致不少的车辆通过这一段仅几百米长的街道时竟要遇到好几次红灯.应用信号灯联动控制理论可以很好地解决这一问题.

通过对实际情况的规范性做出合理的假设,结合现有的交通信号控制理论,我们建立了一个对信号联动控制系统的绿波带搜索寻优的模型,并创立了一套符合实际和理论要求的评价标准,采用了计算机和人工分析的双重寻优方式,得出了几种可行的相对相位差设计方案;并通过方案间的综合评价,提出了最优的可行方案.从最优方案与现行方案的比较可以看出,优化的结果可以使车辆一路绿灯的几率比现行方案提高 200% 以上.最后,验证了最优可行方案在车辆行驶速度变化不大时是有效稳定的.

15.2.1　问题综述

城市的交通优化是众所周知的难题.在现代化的大都市,由于车辆过多、道路狭窄及十字路口接连分布等问题,给交通带来了诸多不便.常常有机动车司机和乘车人抱怨十字路口的红绿灯设计不合理,导致刚通过了一个十字路口就被不远处另一十字路口的红灯止住的情况.

为了解决上述接连遇到红灯的问题,我们通过优化交通信号的联动控制方案使得在主干线上最大可能实现少停车.

首先,我们对西大直街从护军街到通达街一线 17 ~ 18 时的交通现状进行了实地考察,采集了建模所需的数据;然后,对现行交通信号系统的合理性进行了分析;最后,用数学建模的方法给出了一个最优联动红绿灯控制方案.

15.2.2　调查结果

通过对西大直街从护军街到通达街一线 17 ~ 18 时的交通现状的现场调查,我们采集到了每个交叉路口各方向车流量的情况,各交叉路口每个行车方向的红绿灯时间及信号灯一个周期的时间.具体的数据见附注.同时我们发现在 17 ~ 18 时的交通状况不是很乐观的,尤其在汉阳街到通达街一段,总是有大量车辆在这一

---

* 此节内容为曲汝鹏,王曦,朱宁针对 2004 年哈尔滨工业大学数学建模竞赛 A 题所做的作品.

段堆积,导致汉阳街的通过西大直街的车流不能顺利通过. 在其他路口的情况稍好一些,但是通过一个红灯后再遇红灯的车辆是比较多的,很少有一次通过四个路口的车辆. 其主要原因是各交叉路口信号灯之间的"配合"不理想,缺乏或者没有运用信号灯联动控制的思想.

在到现场调查的同时,我们还通过地图近似地测得了各交叉口之间的距离,并把西大直街从护军街到通达街一线用图 15.17 来表示.

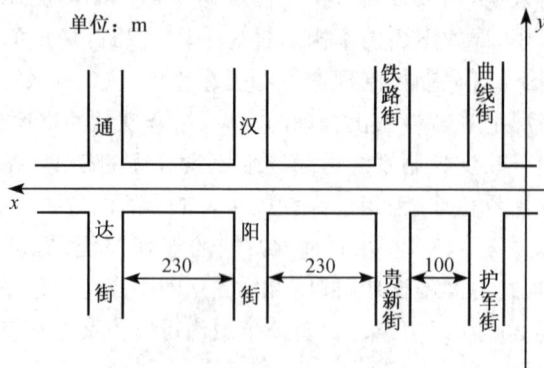

图 15.17　西大直街从护军街到通达街一线十字路口分布坐标图

15.2.3　基本假设

基于我们的实地考察和分析,以及可查到的有关交通控制,特别是信号灯系统联动控制等方面的著作,我们为了分析问题方便和简化处理,同时也为了更好地把问题说明清楚,做出了如下必要的、合乎情理的假设:

• 车辆和行人均遵守交通规则,红灯停,绿灯行,黄灯亮时已越过停止线的车辆和已进入人行横道的行人可以继续通行,其他的不能通行.

• 通往路口的车辆可以简化为相同的车型及具有相同的间距,而分析实际问题时,只考虑车数就可以得到车辆排队的长度.

• 每个十字路口均不出现交通事故,使交通严重阻塞. 否则,任何一个优化方案都将不能保证交通完全畅通.

• 在交通畅通的前提下,各车的车速基本相同. 因为交通达到一定饱和程度时,不会出现超速行驶的情况,且车辆的启动和停止时间忽略不计.

• 由于主干道上的机动车辆是问题研究的重点,而实际的调查表明在交通的高峰期,交通问题主要是机动车流过大造成的,红绿灯控制的主要问题还是针对机动车本身的问题,所以非机动车流及人流不在我们的讨论范围内,并且在我们建模的过程中其影响不大的地方可以忽略不计.

• 到达联动控制的首路口的车流量是服从泊松分布的;而经过首路口的红绿

灯的控制调整,车流到达下一个路口不再是服从泊松分布,而是在有车辆到达的那个时段内服从均匀分布.

15.2.4 变量符号

为了简化对问题的分析和对数字的处理,我们在以后的文字中将使用表 15.1 中的符号代表变量.

表 15.1 文中的变量符号说明

符 号	描 述	单 位
v	机动车正常行驶的速度(这段路的设定行驶速度为 30km/h)	米 / 秒(m/s)
C	信号周期	秒(s)
G_i	i 相位的有效绿灯时间	秒(s)
g_i	i 相位的绿信比,有效绿灯时间 G_i 与信号周期 C 的比值	—
L	采用信号灯控制后的损失时间	秒(s)
λ	某交叉口的饱和度	—
n	某交叉口信号灯的相位数	—
B	联动控制时绿波带的宽度(简称带宽)	秒(s)
T	以系统速度往复两交叉口间的路段所需时间	秒(s)
d_i	第 i 个交叉口与第 $i+1$ 个交叉口的相对相位差	秒(s)
y	搜索寻优的目标函数值	—

15.2.5 基础理论

自从交通信号于 1868 年诞生以来,现代化的交通越来越离不开交通的信号控制了,而交通信号控制也在实用中不断地得到改善.

• 交通信号控制的作用:从时间上将相互冲突的交通流予以分流,保证行车安全;同时对交通流的流向、流量、流速等方面均有重要的作用.

• 信号相位:交叉口各进口道不同方向所显示的不同灯色的组合称为一个信号相位.

• 信号周期:信号周期 C 是红、黄、绿信号显示一个循环所用的时间.

• 绿信比:在一个周期时间内,有效绿灯时间 g 与周期时间 C 之比.

• 相位差:系统联动控制的一个参数,可分为相对相位差和绝对相位差.

• 信号周期,绿信比和相位差是信号灯控制最主要的三个变量.

• 点控制:交叉口的单点信号控制,根据交叉口的流量和流向确定最佳配时方案,保证最大通行能力或最小延误.

• 线控制:也就是所谓的联动控制,是指在点控制的基础上,对主干道上相邻的交通信号灯联动起来,进行协调控制,以提高整个主干道的通行能力.

● 主干道:连续和多条道路相交,其交通量远远大于与之相交的其他道路的那条干线.

15.2.6　模型建立及结果分析

基于以上的调查分析及对交通优化的基础知识的了解,我们建立了数学模型对交通信号灯的联动控制问题,并加以分析.

1. 基本模型的建立

根据现有的资料分析可知,要实现信号灯系统的联动线控制,必须先在对逐个交叉口单点分析的基础上:首先要确定单点控制的最优信号周期、相位和每个相位的绿信比,然后再根据每个单点的相位和各相位的绿信比选择一个最优的共同周期(系统周期).在此基础上,再求取合理的各路口的时间差(也叫相位差),实现信号系统的联动控制,最大可能的解决连续遇到红灯的问题.

1) 单点信号灯的控制

根据文献[1]的介绍,最佳信号周期长 C_{opt} 由英国道路交通所的 Webster 的研究的结果,可按下式求得

$$C_{opt} = \frac{1.5L + 5}{1 - \lambda}, \tag{15.10}$$

式中 L 为损失时间,一般等于黄灯时间的总和,即(n 为该点的相位数)

$$L = 3 \times n. \tag{15.11}$$

λ 为交叉口的饱和度,一般控制在 $0.8 \sim 0.9$ 之间,否则交通堵塞无法避免绿信比 g_i 的计算式为

$$g_i = G_i/C = \frac{(C - L)(\lambda/\lambda_i)}{C}, \tag{15.12}$$

式中 G_i 为 i 相位的有效绿灯时间,λ_i 为 i 相位的饱和度,C 为信号灯的周期长.

从上述的关系中,可以推出下式成立:

$$\sum g_i + L/C = 1. \tag{15.13}$$

2) 多交叉点信号灯的联动控制

如果要采用多交叉点信号灯的联动线控制,必须满足主干道上的车流远大于其他次干道,这样才能使次干道的延误时间较小,同时主干道上的联动控制达到比较满意的效果.

联动控制主要是要确定两个参数:共同周期和相对相位差.

(1) 共同周期的设定.构成一个系统联动控制的信号集群应当具有共同的周期,这个共同周期按照文献[1]及文献[2]的选取,一般是该系统内饱和最高的交叉口,一般为所有周期中最长的周期作为系统周期.但是,这样的选取有可能不是

最佳解.

（2）相对相位差的设定.相位差的设定是系统联动控制是否成功的最重要的因素,对最终联动控制的效果具有很大的影响.在时间 — 距离图上全部交叉口都以绿灯通行的时间段称为连续通过带(through band)(图 15.18).此通过带越大,则越容易通过,从个体上来说车辆就越容易在一次不遇到红灯的情况下通过,所以常常把这个连续通过带(或称为绿波带)的宽度作为评价系统效果的标准.文献〔3〕也提到,连续通过带的宽度越宽越能处理更多的交通流,控制效率越高.所以,绿波带带宽是评价一个信号联动控制系统优劣的标准.

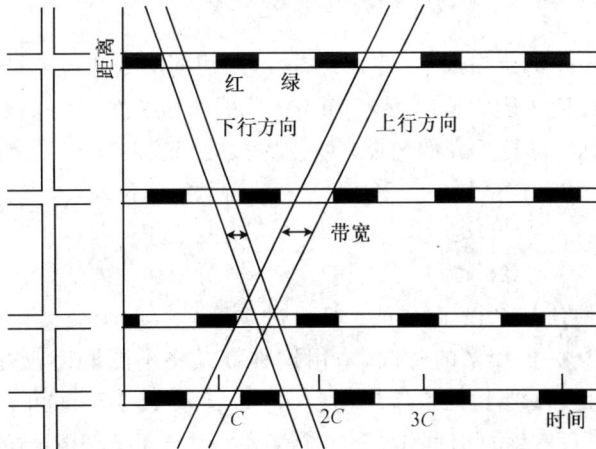

图 15.18　　连续通过带

黑色方块为红灯时间;白块为绿灯时间,可以通过;

绿波带是以设定的斜率(速度)能穿过所有白块的直线的组合

设计相位差,首先考虑交叉口无饱和现象,且车流为均匀到达的直行车流时,使路段上延误最小的相对相位差.一般由路段长、系统速度和周期长决定.

在一般的情况下,要求设计的两个通行方向应该具有基本相同的系统效果,这种设计方法称为平等相位差方式;而两个通行方向要求有差别时对一个方向优先考虑,这种方法称为优先相位差方式.由于优先相位差方式比较简单,我们仅讨论平等相位差方式的设计.

以两个交叉口为例进行说明.如图 15.19 所示,在平等相位差方式的情况下,可以有两种基本的设置相位差的方式:同时式相位差和交互式相位差.

在实际应用中,某个路段的相位差是采用同时式还是交互式,要根据路段长、系统速度及信号的周期长来决定.按照对理想情况的推理可知,当往返旅行时间 T 为信号周期 C 的整数倍,即

$$T = nC \qquad\qquad (15.14)$$

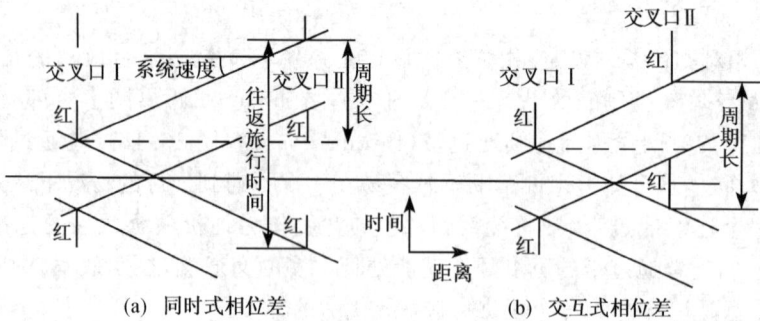

图 15.19　同时式相位差和交互式相位差(两个路口为例)

时,可以使该路段上的延误最小:若 n 为偶数,采用同时式相位差;若 n 为奇数,采用交互式相位差.而一般的情况下,(15.14) 式是不成立的,可以根据往返旅行时间 T 和信号周期 C 进行折衷的选择来决定路段的相位差:

$$0 \leqslant T \leqslant 1/2C, \qquad 同时式相位差,$$
$$1/2C \leqslant T \leqslant 3/2C, \qquad 交互式相位差,$$
$$3/2C \leqslant T \leqslant 5/2C, \qquad 同时式相位差.$$

　　然而,这样的信号灯设置方案一般只适用于只有两个交叉口的联动控制系统的设计,而在交叉口较多的时候,采用这种方式将不能取得较好的结果.因为在多个交叉路口且每两个交叉口之间(15.14) 式不成立时,每两个交叉口的绿波带就比每个路口的绿灯时间短,在多个交叉路口之间相互影响的时候,往往是找不到一个贯穿整个路段的绿波带,我们在后面编程计算西大直街的信号灯优化方案时,也试着对上述方案进行了模拟,结果表明将不能找到一个贯穿始终的绿波带.所以对西大直街路段的优化将不能采用这种方法,对于相对相位差的设定我们将用搜索寻优的方法,运用程序将各个相对相位差的可能值逐个带入找出最佳的设定.

　　同时,我们还发现,西大直街从护军街到通达街一线各交叉口之间的距离都比较短,即 $0 \leqslant T \leqslant 1/2C$,适合采用同时式相位差;但是连续的采用同时式相位差方式,将会使各交叉口的绿灯同时亮起,而在交通量较少的时候,机动车为了走得更远,容易出现超速行驶的现象.所以,为了避免这个问题的发生,不宜完全采用同时式相位差方式,应使各交叉口的相对相位差均不为零.

　　美国 HMC 手册证实:对主干道多个交叉口信号实行联动的"绿波化"优化控制将会减少时间延误高达 $200\% \sim 400\%$ 的改善效果,其结果将远远超过任何对单个交叉口信号改善的努力(最高达 30% 左右).因此在主干道对多个交叉口实现"绿波化"优化控制是解决主干道交通延误的最有效方法.

2. 对现状的进一步分析

基于以上理论,我们对西大直街从护军街到通达街一线进行了进一步的分析,得出的结论是:现行方案有合理的地方,也有不合理的地方.

其合理性是仅对于单点控制而言的. 单点控制的信号周期的设置、相位的设置及对各相位的绿信比的设置都是比较合理的. 我们可以通过公式(15.10)来验证. 在同一主干道上的各交叉口之间的饱和度应该是接近的,并且设计在 $0.8 \sim 0.9$ 之间是可行的、可控. 经过实地的调查分析,我们发现通达街通行的饱和度最高,而汉阳街是最低的,其他两个交叉口介于前两个交叉口之间. 按照相关资料的介绍,我们得出各交叉路口的饱和度 λ 依次分别取 $0.84, 0.84, 0.82, 0.85$,按照公式(15.10)我们计算的最优周期如下:($C_{opt1}, C_{opt2}, C_{opt3}, C_{opt4}$ 分别表示护军街,贵新街,汉阳街、通达街的最佳信号周期)

$$C_{opt1} = \frac{1.5 \times 3 \times 3 + 5}{1 - 0.84} = 115.625(s), \tag{15.15}$$

$$C_{opt2} = \frac{1.5 \times 3 \times 3 + 5}{1 - 0.84} = 115.625(s), \tag{15.16}$$

$$C_{opt3} = \frac{1.5 \times 3 \times 2 + 5}{1 - 0.82} = 77.78(s), \tag{15.17}$$

$$C_{opt4} = \frac{1.5 \times 3 \times 4 + 5}{1 - 0.85} = 153.3(s). \tag{15.18}$$

而我们实际测得 $C_1 = C_2 = 113\,s, C_3 = 75\,s, C_4 = 153\,s$. 可见,现行方案的周期值和理论值相差不大,所以我们认为现行方案对周期的设置是比较科学的. 但值得注意的是,$C_4 = 153\,s$ 有一点偏长,信号周期一般不应超过 $150\,s$,否则会导致某一相位的等待时间过长,超出司机及乘客的心理承受能力的范围.

同时,我们还对相位的设置以及各相位的绿信比进行了分析,通过对附注中图 15.29,图 15.30,图 15.31,图 15.32 及表 15.6 中的数据进行分析,并通过公式(15.12)验证现行方案的合理性. 我们先根据各交叉口的各方向的交通量计算出各交叉路口的饱和度,再根据饱和度和信号周期与(15.12)式就可以计算绿信比和有效绿灯时间. 所得的结果与实测的结果在大体上是一致的. 但是事实上,由于彼此相邻交叉路口的交通流通常受到主干道相邻的其他信号灯的影响,所以实际的 λ 常会超过设计值,出现信号灯对交通流的疏导能力不够的情况.

对现行方案比较合理的部分,我们将不加修改或加以微小修改的借用,并且为了简化我们在设计主干道各信号灯相对相位差时的数据处理,我们把有效绿灯时间近似地处理成绿灯时间,即

$$G_i = t_{绿灯}. \tag{15.19}$$

这样的假设的合理性如下:因为有

$$G_i = G_i^f + ff' - ee', \tag{15.20}$$

式中 G_i^f 为实际绿灯显示时间，ff' 为绿灯后补偿时间，略小于黄灯时间，ee' 为绿灯开始时的损失时间，而 ff' 与 ee' 相差不大（最大不超过 $1 \sim 2$ s），相对绿灯的时间来说是一个很短的时间. 所以，某一个相位的损失时间是很小的，可以忽略不计；有效绿灯时间与实际的绿灯显示时间相差很小，可视为相等.

将各交叉口的绿灯时间、信号周期、绿信比按照(15.19) 式及(15.12) 式的前半部分处理，得到表 15.2.

表 15.2　各交叉口的绿灯时间、信号周期、绿信比

	护 军 街	贵 新 街	汉 阳 街	通 达 街
绿灯时间 $t_{绿灯}$(s)	60	60	39	47
信号周期 C(s)	113	113	75	153
绿信比 g_i	0.53	0.53	0.52	0.307

表 15.2 的数据将作为我们后续分析的依据，因为现行的方案也是前人通过长期的观察、累积、综合数据的结果，因而对绿信比的优化我们只可能在此基础上做出微小的调整，不可能做出重大的改变，否则其他流向的车流将不能起到有效的疏导，因而对整个交通的疏导将是有害无益的.

在分析表15.2 的时候，我们还发现前三个交叉口的绿信比惊人的相近，而第4个交叉口与前三个相比却相差不少，其中主要的原因是通达街本身是一个交通量较大的交通要道，其交通量远远大于其他支干道（护军街、贵新街和汉阳街），仅比西大直街的交通量小一些，且从西大直街到通达街往返的交通量也是比较大的. 因此，在这个点，西大直街并不是一个主干道，我们把它作为一个奇异点考虑.

我们在后面提出优化方案的时候也考虑到这个问题，提出了几种不同的方案，既可以把通达街这个交叉口与其他几个交叉口分开来研究，也可以把它和其他几个交叉口合在一起研究，得出了不同的效果.

3. 设计方案的一般思想

我们的思路是：希望使车辆在通过第一个交叉口后，按一定的车速行驶，到达其后的交叉路口时就不再遇上红灯. 但实际上，由于各车在路上行驶时的车速不一，且随时有变化，交叉口又有左、右转弯的车辆进入等因素的干扰，所以很难有一路都是绿灯的巧遇. 但是在忽略这些次要因素的情况下，使沿路的车辆少遇几次红灯，减少大量车辆的停车次数与停车延误时间，则是能够做到的.

基本的做法是，把主干道各交叉路口依次根据其主、次干道交通情况和信号之间的关联设计合理的相位方式和相位顺序，然后根据交通量的需要设计绿信比，再根据各个交叉口交通情况分别设计满足交通通行需求的最小周期；在此基础上，再分析出一个最优的共同周期作为系统周期,并根据道路长度设计相位差,最后应用优化理论和计算机程序求解得到一个最优策略,就可以得到一个更加优化的信号控制系统.

在一条主干道上的交叉路口过多的情况下,由于各交叉口的相互影响,我们无法把绿波带的带宽做得很宽,以满足不遇红灯的需求.但可以根据实际的交通疏导需求,采用分段的思想进行设计.

4. 改进方案的提出

按照前面的分析,我们分别把通达街排除在联动控制系统之外和把通达街考虑在联动控制系统之内都做出相应的分析,再将结果做出比较分析,推荐一种最佳的方案实施.

(1) 为了方便各种方案比较,我们首先定出一个方案间评价标准.

这个评价标准是:上行和下行的绿波带宽度之和占整个所讨论时间(程序模拟给出)的比率,即绿波带率.

对于各交叉口的信号周期相同的情况,按下式计算:

$$\bar{B} = \frac{B_1 + B_2}{C}. \tag{15.21}$$

式中 B_1 为上行绿波带带宽;B_2 为下行绿波带带宽;C 为系统周期.

对于各交叉口的信号周期不同的情况,如果可以找到一个整数 m 使经过 m 倍最大的信号周期 C_{max} 后,整个系统呈现一个循环,那我们就选取 m 倍最大的信号周期作为讨论时间;否则,就选取一个大的 m,同样用 m 倍最大的信号周期作为讨论时间. 最后所得的绿波带率按下式计算:

$$\bar{B} = \frac{\sum\limits_{i=1}^{m} B_{1i} + \sum\limits_{i=1}^{m} B_{2i}}{mC_{max}}. \tag{15.22}$$

式中 B_{1i} 为第 i 个上行带宽;B_{2i} 为第 i 个下行带宽;C_{max} 为最大信号周期.

这个标准是选取平均绿波带宽最大的方案,根据前面的介绍,大的带宽可以使车辆最大可能的少遇红灯. 所以这个评价标准是切实可行的.

(2) 下面给出方案内的程序寻优目标函数.

我们在寻找最宽的绿波带的时候,按照前面的分析,编出了一个搜索寻优的程序(程序说明见下),只要确定了各交叉口的信号周期或系统周期及各交叉口主干道上的绿信比,我们就可以应用程序直接进行寻优,给出这个方案的最优解. 最优解主要体现在寻找最佳的相对相位差上. 对程序寻优的标准目标函数是

$$y = B_1^2 + B_2^2 - (B_1 + B_2)^2 = 2B_1 B_2, \tag{15.23}$$

式中 B_1 为上行带宽,B_2 为下行带宽.

单周期优化流程

```
开始
  ↓
读入数据
  ↓
对相位差
进行穷举
  ↓
车的运行轨迹
初始位置穷举
  ↓
向上行车线           N
是否和红灯      ───────→  求车行线和
时间相交                  红灯时间不
  │ Y                    相交时间点
  ↓
向上行车线           N
是否和红灯      ───────→  求车行线和
时间相交                  红灯时间不
  │ Y                    相交时间点
  ↓
求带宽
  ↓
判断带宽是      Y
否为最大    ───────→  把最大值付给 y_max, 把相位
  │ N                 差分别付给 d1_max, d2_max, d3_max
  ↓
输出 y_max, d1_max,
d2_max, d3_max
  ↓
结束
```

多周期优化流程

```
开始
  ↓
读入数据
  ↓
对相位差
进行穷举
  ↓
对初始
周期穷举
  ↓
车的运行轨迹
初始位置穷举
  ↓
向上行车线           N
是否和红灯      ───────→  求车行线和
时间相交                  红灯时间不
  │ Y                    相交时间点
  ↓
向上行车线           N
是否和红灯      ───────→  求车行线和
时间相交                  红灯时间不
  │ Y                    相交时间点
  ↓
求带宽
  ↓
判断带宽是      Y
否为最大    ───────→  把最大值付给 y_max, 把相位
  │ N                 差分别付给 d1_max, d2_max, d3_max
  ↓
输出 y_max, d1_max,
d2_max, d3_max
  ↓
结束
```

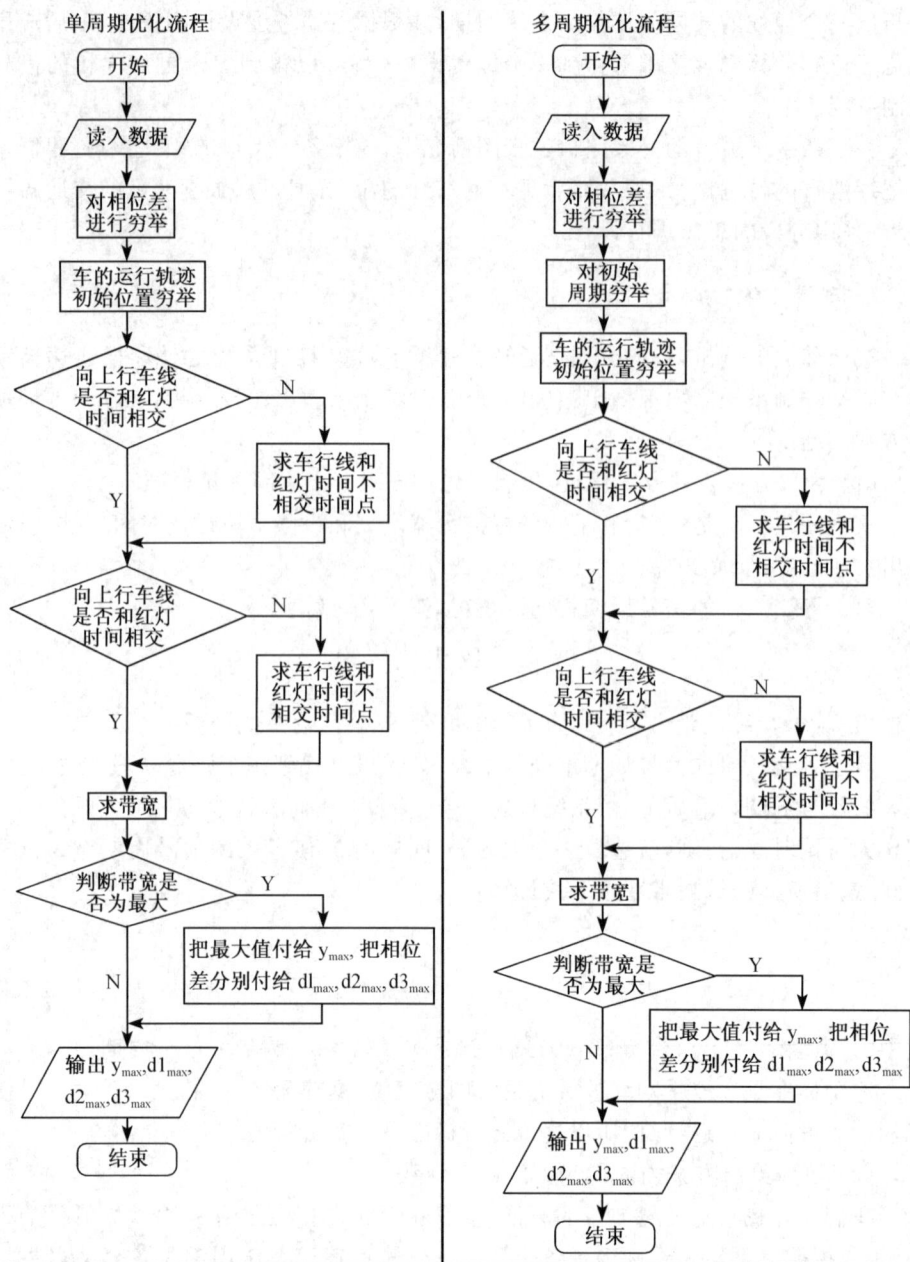

图 15.20　计算机寻优流程图

　　这个目标函数既能使上行带宽和下行带宽都取到一个比较大的值,同时又考虑到了上、下带宽的平衡问题,所以我们认为这种评价方式也是切实可行的.

(3) 寻优程序说明.

我们采用了穷举寻优的方案,对各十字路口的相位差进行寻优.考虑到信号的周期性运用了 MATLAB 中的求余函数对时间求余,分析出在不同的相位情况下系统的绿波带宽,寻找到使评价标准取最大值的相位差组合.

程序流程图如图 15.20 所示.

5. 各种方案的讨论

现在问题的关键是确定最优信号周期或系统周期,以及主干道绿信比的值.我们将分以下几种情况进行讨论,分别提出几种方案.

(1) 把通达街排除在联动控制系统之外的情况.

按前面的讨论,通达街为一奇异点.故把前三个交叉路口作为一个联动控制系统来考虑.首先确定一个系统周期,根据 15.2.6 节的结论,我们选择前三个交叉路口中周期最长的信号周期作为系统周期.但是对整个系统的考虑,如果取最大的信号周期作为系统周期时,对于信号周期较小的交叉口有可能会产生空闲时间较多的情况,所以我们推荐选择比最大信号周期稍小一点的值作为系统周期.在这里,我们选取的是 $C = 110\,\mathrm{s}$.

对于绿信比,我们选取的是与现行方案相同绿信比,即 $g_1 = g_2 = 0.53, g_3 = 0.52$.设定速度:$v = 30\mathrm{km/h} = (30/3.6)\mathrm{m/s}$.我们把系统周期和绿信比代入程序中,寻优画图得出的结果如图 15.21 所示.

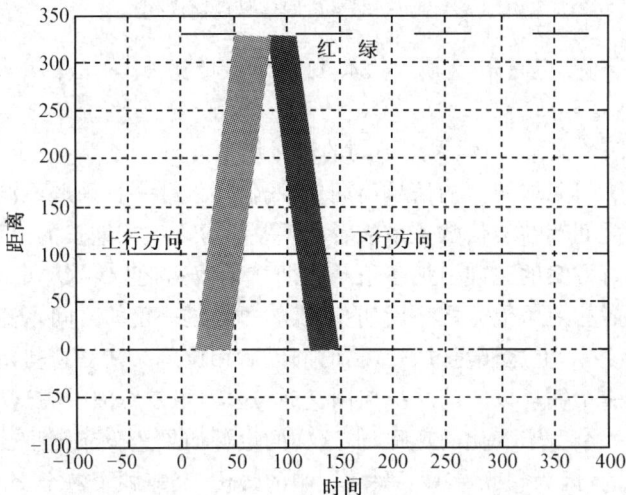

图 15.21   前三个交叉口优化结果 $\left(v = \dfrac{30}{3.6}\,\mathrm{m/s}\right)$

水平线表示红灯时间,无线为绿灯;倾斜的带状为绿波带.下同输出的结果为:上行带宽 $B_1 = 33.72$ s,下行带宽 $B_2 = 26.64$ s,相位差 $d_1 = 0$ s,$d_2 = 52$ s.

(2) 包含通达街在内的联动控制系统.

同理,我们选取比最大信号周期稍短的值作为系统周期,取 $C = 150$ s.绿信比仍然与现行方案相同,即 $g_1 = g_2 = 0.53, g_3 = 0.52, g_4 = 0.307$.取 $v = 30$ km/h $= \dfrac{30}{3.6}$ m/s.寻优画图得出的结果如图 15.22 所示.

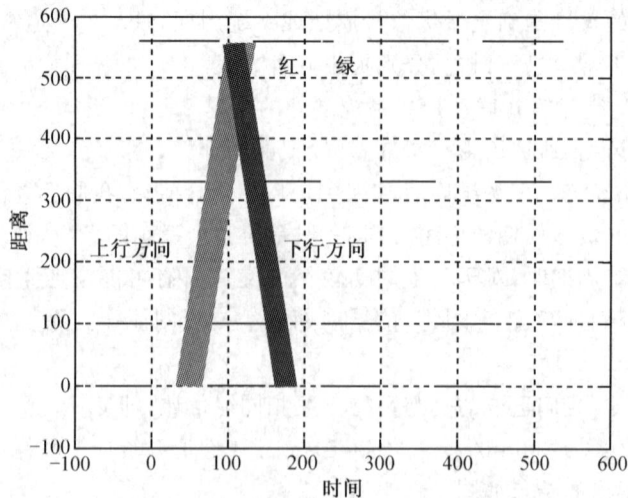

图 15.22　四个交叉口同信号周期优化结果

输出的结果为:上行带宽 $B_1 = 34.92$ s,下行带宽 $B_2 = 27.48$ s,相位差 $d_1 = 0$ s,$d_2 = 72$ s,$d_3 = 17$ s.

(3) 优化四个交叉口,但采用不同的信号周期.

除了各交叉口采取统一的信号周期外,我们还设计一种采取不同信号周期,但是各信号周期之间存在着倍数关系或者相差整数分之一周期长的设计方案.

我们在现行方案的基础上把各信号周期作了微调,使 C_1, C_2, C_3, C_4 之间存在着倍数关系或者相差整数分之一周期长.虽然每经过一定的时间,各交叉口信号相位差都会发生变化,但这样经过整数倍时间以后相位差又恢复到初始状态,信号灯又按照这样的一个循环以前的情况控制交通.这样,虽然绿波带在这样的一个循环过程中经历了一个宽窄变化的过程,但这样的设计如果经验证比原设计的方案好,也是非常可行的,因为它既考虑了联动控制的最优,又兼顾了每个交叉路口单点控制时对疏导交通的实际需求.

我们优化时采用的参数是 $C_1 = C_2 = 114$ s,$C_3 = 76$ s,$C_4 = 152$ s,其中 $C_1 = 3/2C_3$,$C_4 = 2C_3$.对于绿信比我们还是采用现行系统的方案,即 $g_1 = g_2 = 0.53$,

$g_3 = 0.52, g_4 = 0.307.$ 设计的车速为 $v = 30 \text{ km/h} = \dfrac{30}{3.6} \text{ m/s}.$ 寻优画图得出的结果如图 15.23 所示.

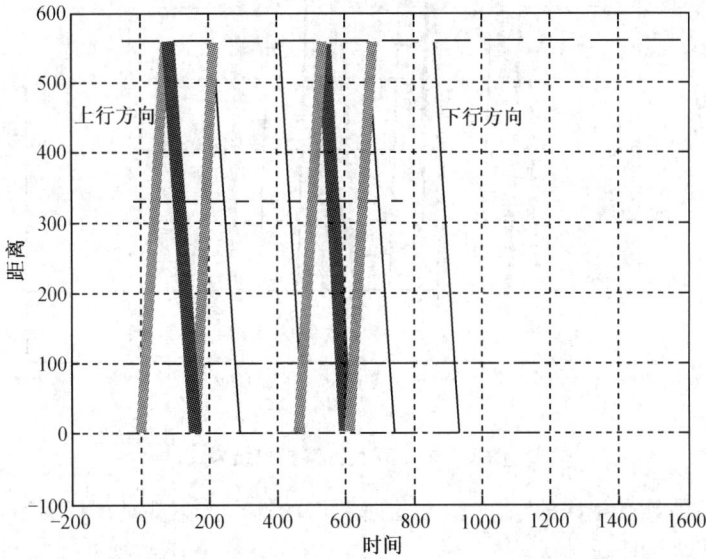

图 15.23　四个交叉口不同信号周期优化结果

输出的结果为: 上行带宽 $B_1 = [20.52 \text{ s}, 26.52 \text{ s}, 0, 0, 20.52 \text{ s}, 26.52 \text{ s}]$, 下行带宽 $B_2 = [38.04 \text{ s}, 0.72 \text{ s}, 0.72 \text{ s}, 38.04 \text{ s}, 0.72 \text{ s}, 0.72 \text{ s}]$, 相位差 $d_1 = 9 \text{ s}, d_2 = 11 \text{ s}, d_3 = 40 \text{ s}.$

为了说明这种情况确实比现行方案有效, 我们对现行方案也作了模拟. 现行方案的参数见表 15.6, 其中各信号周期为 $C_1 = C_2 = 114 \text{ s}, C_3 = 76 \text{ s}, C_4 = 152 \text{ s};$ 绿信比为 $g_1 = g_2 = 0.53, g_3 = 0.52, g_4 = 0.307.$

由于各信号周期变化没有规律, 属于一个随机系统, 无所谓最佳的相位差, 于是我们结合实际设定了初始相位差的值: $d_1 = -1 \text{ s}, d_2 = 16 \text{ s}, d_3 = 20 \text{ s}.$

同样取车速 $v = 30 \text{ km/h} = \dfrac{30}{3.6} \text{ m/s}$, 画图得出的结果如图 15.24 所示.

输出结果为: 上行带宽 $B_1 = [14.64, 34.32, 0, 0, 12.96, 31.92, 0, 0, 10.92, 24.96] \text{s}$, 下行带宽 $B_2 = [19.44, 6.12, 0, 28.44, 0.16, 0, 37.44, 10.20, 1.20, 38.28] \text{s}.$

(4) 把通过通达街路口的西大直街也考虑成主干道的情况.

这种情况在现在实际情况下是不可行的, 但是如果改进通达街道路情况, 如架设立交桥, 改进周边的路线, 都可以使这个交叉口同前几个交叉口一样对西大直街

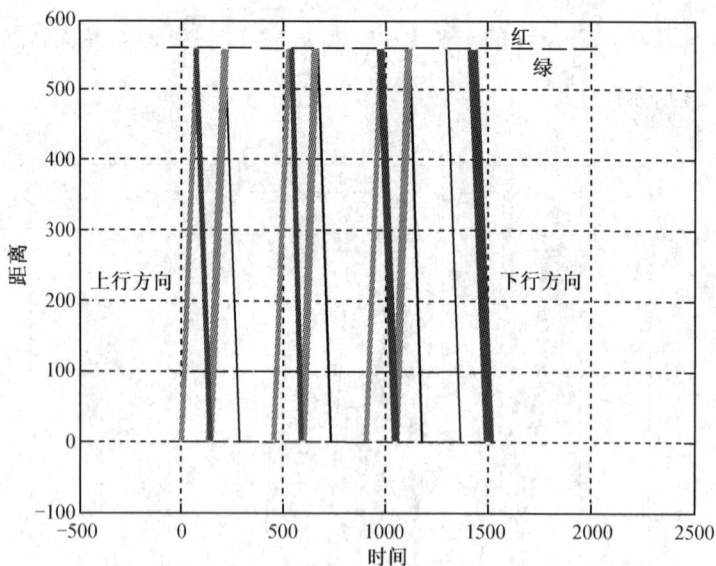

图 15.24　现行方案模拟结果

直行的交通量具有相同的绿信比,在这时我们的这个方案就是可行的了.

我们把绿信比取为 $g_1 = g_2 = g_3 = g_4 = 0.53$,设计车速为 $v = 30 \text{ km/h} = \dfrac{30}{3.6} \text{ m/s}$.

分两种情况讨论:① 系统周期取一个较大的值 $C = 150 \text{ s}$;② 系统周期取一个优化值 $C = 120 \text{ s}$.分别得出的结果如图 15.25 和图 15.26 所示.

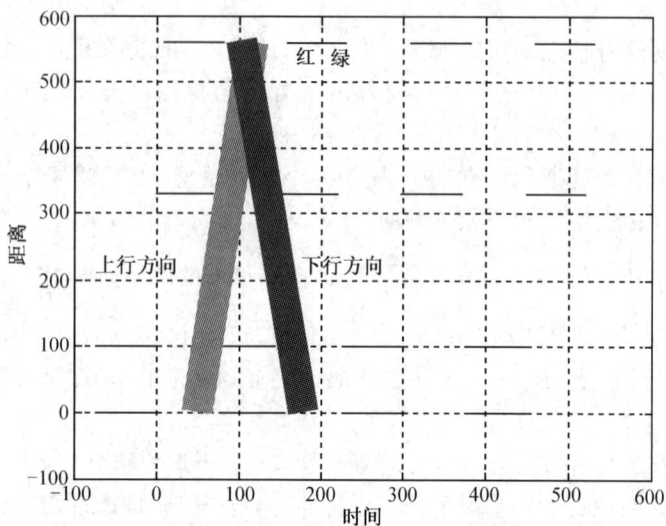

图 15.25　假设四个交叉口同为主干道优化结果($C = 150 \text{ s}$)

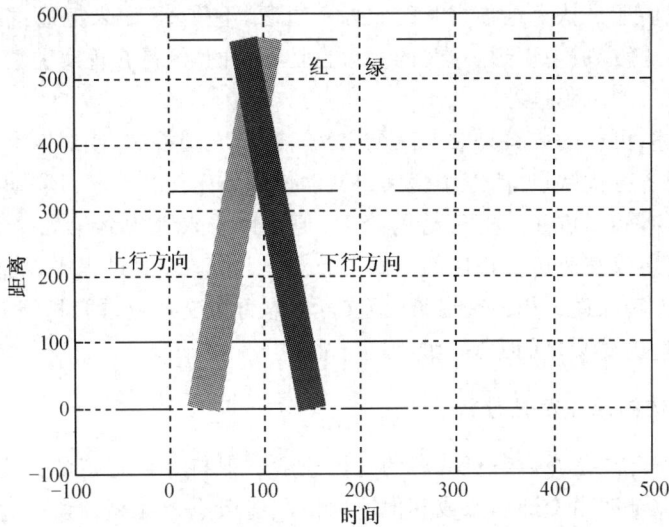

图 15.26　假设四个交叉口同为主干道优化结果($C = 120$ s)

输出的结果为:上行带宽 $B_1 = 36.96$ s,下行带宽: $B_2 = 27.00$ s,相位差 $d_1 = 0$ s,$d_2 = 70$ s,$d_3 = 10$ s.

输出的结果为:上行带宽 $B_1 = 35.16$ s,下行带宽: $B_2 = 27.00$ s,相位差: $d_1 = 0$ s,$d_2 = 56$ s,$d_3 = 0$ s.

6. 最优方案的选择

在上面我们给出了四种选择方案,除了第四种方案在实施上有困难外,对前三种方案都是可行的.但是最终选取哪个方案,我们将根据前面提出的评价标准来进行选择.

我们把四种方案的最优解以及现行方案的参数都带入到由(15.21)式及(15.22)式给出的评价中,得出的结果见表 15.3.

表 15.3　各种方案的绿波带率比较

方　案	现行方案	前三个路口 联动控制	四个路口 联动控制	四个路口 不同周期	主干道 $C = 150$s	主干道 $C = 120$s
绿波带率	0.182	0.549	0.416	0.189	0.462	0.518

从表 15.3 中可以看出,优化后的方案均比现行方案要好得多,尤其是只对前三个交叉路口作联动控制的方案,绿波带率已经超过了 0.5,比现行方案的绿波带率提高了 200%.同样,对四个交叉口按现行的绿信比采用联动控制时的效果也是很令人满意的,绿波带率是现行方案的两倍以上.而对四个交叉口采取不同的信号周期时,效果不是特别的好,但是由于和现行方案相比改动最多不超过 2 s,而且有

所改进,但我们还是认为这种方案的效果不显著,不推荐.如果把通过通达街路口的西大直街也考虑成主干道,这时的效果也是不错的,但是在现实的情况下是不能实现的,所以我们也不推荐.

　　综上所述,可行的方案是对前三个交叉口进行联动控制,或对四个交叉口进行联动控制,但各有优缺点.前三个交叉口联动控制要比四个交叉口联动控制的系统周期短,可以减轻司机和乘客等待的痛苦;但是由于未考虑到第四个交叉口的情况,有可能要造成在通达街路口的一次等待.但是在建模的过程中,我们没有考虑到从西大直街转向通达街的交通流,但实际上这部分交通流占有相当大的部分,所以不考虑通达街交叉口的方案也是很可行的.

15.2.7　最优结果稳定性分析

　　虽然模型建立是在以各机动车的行驶速度 v 保持在设定值的前提下进行的,但是我们可以证明由交通堵塞或其他原因使车速微小地偏离预设的速度时,我们设计的信号灯联动控制方案将仍然是比较理想的.然而在车速偏离很大的情况下,任何信号灯的联动控制设计方案都将不能有效地解决,只能是扩修公路或在交叉口处架设立交桥.

　　下面我们来证明当车行速度在偏离预设速度不大的情况下,我们的模型是稳定有效的.

　　首先,我们对前三个路口的联动控制方案进行稳定性分析.在模型建立的时候设定的速度为 $v = \dfrac{30}{3.6}$ m/s,现在对偏离不大时的速度 $v = \dfrac{20}{3.6}$ m/s 和 $v = \dfrac{40}{3.6}$ m/s 进行讨论.用 $v = \dfrac{30}{3.6}$ m/s 时的输出结果,在只改变速度 v 的情况下绘图得图 15.27.

表 15.4 为前三个交叉口联控改变车速时输出的带宽的数值对比.

表 15.4　前三个交叉口联控改变车速时的带宽数值比较

车速 v(m/s)	上行带宽(s)	下行带宽(s)
20/3.6	39.96	40.14
30/3.6	33.72	26.64
40/3.6	26.91	19.80

　　从表 15.4 中的数据可以看出,速度 v 变化不太大的时候,上、下行带宽并没有太明显的变化,而且当车速较小的时候绿波带反而变宽了.这说明当司机把车速降低时更容易遇到绿灯,从而也可以避免交通事故的发生.

　　对四个交叉口的联动控制,我们也作了稳定性的分析.同样采用对前三个交叉口分析的方法,得出的结果如图 15.28 所示.

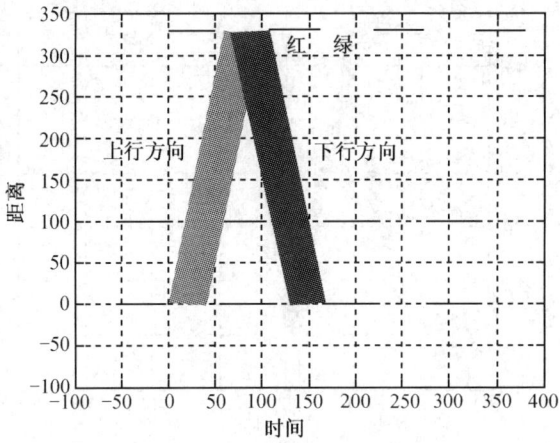

(a) $v=(20/3.6)\text{m/s}$

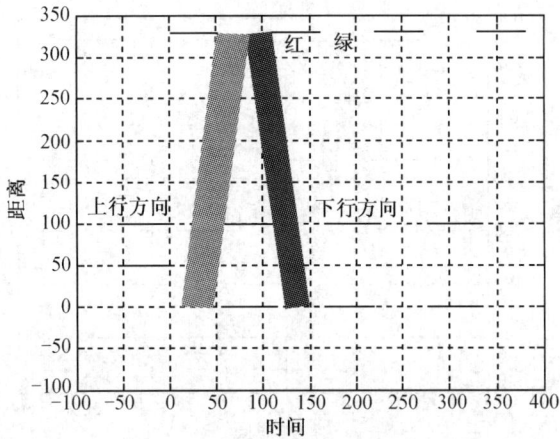

(b) $v=(30/3.6)\text{m/s}$

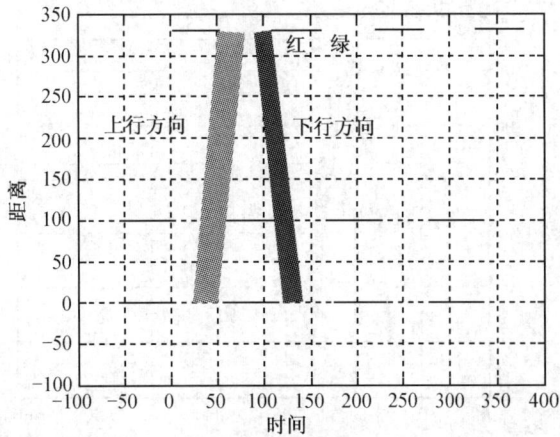

(c) $v=(40/3.6)\text{m/s}$

图 15.27　前三个交叉口联控改变车速时的结果比较

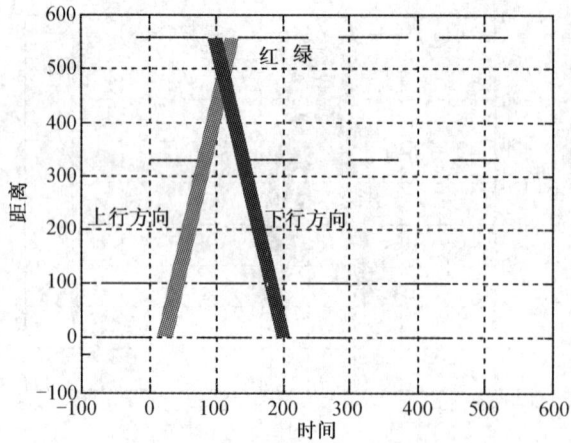

(a) $v=(20/3.6)$m/s

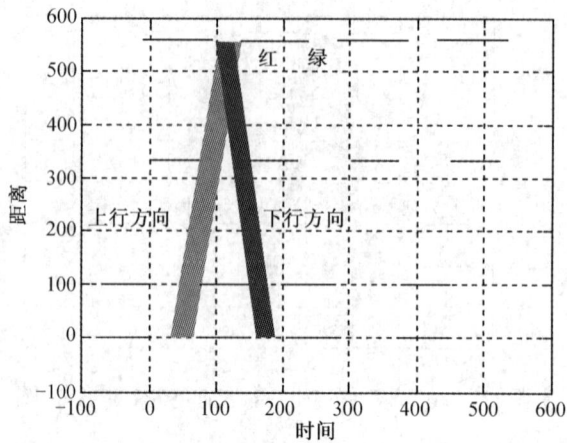

(b) $v=(30/3.6)$m/s

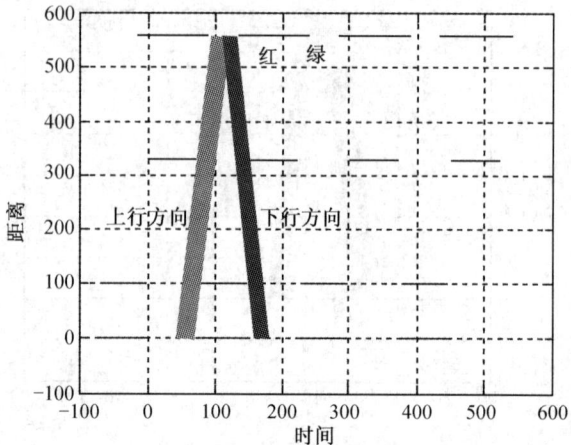

(c) $v=(40/3.6)$m/s

图 15.28　四个交叉口联控改变车速时的结果比较

表 15.5 为四个交叉口联控改变车速时输出的带宽的数值对比.

表 15.5　四个交叉口联控改变车速时的带宽数值比较

车速 v(m/s)	上行带宽(s)	下行带宽(s)
20/3.6	21.42	19.26
30/3.6	34.92	27.48
40/3.6	28.08	20.61

同样,我们可以看出虽然改变速度 v 时,上、下行的绿波带宽有所减小,但是在一定的范围内是稳定的,也是可行的.

15.2.8　需要进一步讨论的问题

由于我们在分析问题、建立模型的时候忽略了一些次要的因素,在这里我们将就这些问题进一步展开讨论.

1. 对控制目的讨论

采用红绿灯控制的交通方式,目的在于使主干道与岔道的车流分时通过,以保证交通安全.在未采用红绿灯控制交通时,岔道的车流总是在主干道的车流较稀疏的时候择机通过,但是在主干道车流过大的情况下,往往使岔道的车流得不到及时地分散,造成交通堵塞,也带来安全隐患.而采用红绿灯控制,旨在解决这种堵塞和安全隐患,但是以牺牲主干道的通行时间为代价的.所以,主干道上不可避免地有遇到红灯的时候.但是要尽量少遇红灯,或者说遇到一次红灯后就不再遇到红灯,只有采用联动控制才能办到.

2. 流入交通等因素引起的车辆等待车队的考虑

从交叉口道进入的车辆或路段中有入口时,路段下游交叉口将会产生等待车队,有时会延伸到上游.这时就需要确定一种相位差,使等待车队的末尾刚刚在此绿信号时间内处理之后,上游的车头就到达下游的交叉口.而由于时间的限制和模型复杂度的关系,并且在我们讨论的实际问题中这种现象对整个联动控制系统的影响不大,所以我们在模型中未考虑这个问题,我们将在模型的改进方向中提出对该问题的讨论.

3. 对静态模型和动态模型的讨论

我们建立的是静态的交通信号控制模型,所以为了使交通流得到更有效的控制,需要对交通流进行分时段的控制.在静态交通控制的基础上还可以提出动态 - 自适应的交通控制,但是这样需要对交通流进行实时检测,这不在我们能力范围内,所以我们不考虑动态的交通流控制.然而实践已经证明,优化完善的静态控制已经达到对系统改善的 80% 以上的效果. 而完善的自适应控制相对完善的静态控制仅可能再提高不大于 15% 的结果. 因此,城市交通信号控制更重要的是解决静态优化控制,而不一定需要全面的"自适应"控制.

4. 对智能交通系统(ITS)的展望

随着我国社会生产力的发展和人民生活水平的提高,交通拥挤的状况会越来越突出. 而 ITS 在国内的研究刚刚起步,但作为其基础的城市交通控制系统的开发研制已经开始. 所以在不久的将来,我们将可能在智能交通系统 ITS 的帮助下开始城市交通无阻塞的新生活.

15.2.9　优缺点及改进方向

1. 模型优点

(1) 通过对西大直街的实地考察,我们得到了最原始的数据,建立的模型与实际情况符合得比较好. 同时在模型求解的过程中,我们更多地考虑了实际情况,并根据实际情况构造了有效的目标函数,建立了一个优化模型.

(2) 通过编程,在一定的范围内对相对相位差进行等步长搜索寻优,求解方便;通过程序我们给出了多种可行的方案,并通过比较我们推荐了最优的可行方案.

(3) 通过对车速变化的模拟,我们可以发现该模型在一定的范围内是稳定的,可见对扰动的敏感性是较好的.

2. 模型缺点

(1) 由于采用搜索寻优的办法,所以计算机运行程序的时间是比较长的. 如果较复杂的联动控制系统采用这种方式寻优会使用更长的时间.

(2) 对系统周期未提出更好的建议,只是根据经验做出的选择.

3. 改进方向

(1) 程序搜索寻优时,现在新兴的优化算法不少,可以采用遗传算法、模拟退火等方法求出目标函数的极值.

(2) 对系统周期的讨论可以基于对街道实际情况的模拟上.

(3) 对交叉路口右转进入的车辆或中途进入的车辆应加以考虑.

(4) 限于题目的要求及时间的限制,我们的模型和分析只是基于在一个特定的时间段、特定的路段解决较简单的一个交通信号灯控制问题,而一个完善的模型应基于每天的不同时段、每星期的工作日或节假日以及每年的不同季节分别加以研究,从而得到一个完善的可行方案,还可以运用智能运输系统(ITS)在我们研究的基础上配以实时控制系统,完成动态-自适应的交通信号控制.

参 考 文 献

[1] 陆化普.城市交通现代化管理[M].北京:人民交通出版社,1999

[2] 李江等.交通工程学[M].北京:人民交通出版社,2002

[3] [日]饭田恭敬.交通工程学[M].北京:人民交通出版社,1994

附注　现场调查数据

(1) 各交叉口车流量情况(横向为西大直街方向).

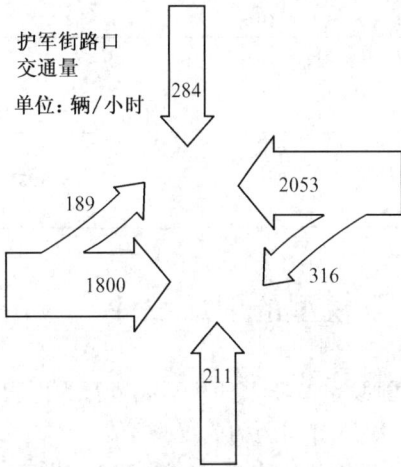

护军街路口
交通量

单位:辆/小时

284

189

2053

1800

316

211

图 15.29　护军街交通流量图

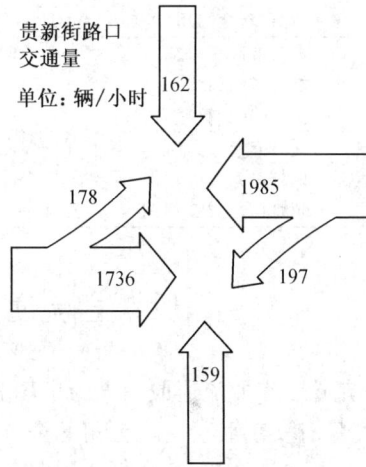

贵新街路口
交通量

单位:辆/小时

162

178

1985

1736

197

159

图 15.30　贵新街交通流量图

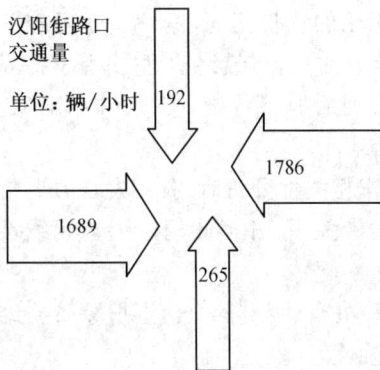

汉阳街路口
交通量

单位:辆/小时

192

1786

1689

265

图 15.31　汉阳街交通流量图

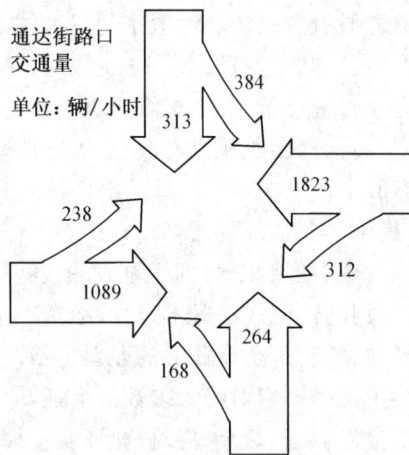

通达街路口
交通量

单位:辆/小时

384

313

1823

238

1089

312

264

168

图 15.32　通达街交通流量图

（2）各交叉口相位分配及绿灯时间（表 15.6 中的 x, y 方向基于图 15.17 的假设）.

表 15.6　各交叉口相位分配表

交叉口		相位一	相位二	相位三	相位四	周期(s)
护军街	通行方向	$x \to y$ 左转	x 方向	y 方向		
	绿灯时间(s)	17	60	26		113
	黄灯(含全红) 时间(s)	3	3	4		
贯新街	通行方向	$x \to y$ 左转	x 方向	y 方向		
	绿灯时间(s)	17	60	26		113
	黄灯(含全红) 时间(s)	3	3	4		
汉阳街	通行方向	x 方向	y 方向			
	绿灯时间(s)	39	30			75
	黄灯(含全红) 时间(s)	3	3			
通达街	通行方向	$x \to y$ 左转	x 方向	y 正向	y 负向	
	绿灯时间(s)	35	47	24	31	153
	黄灯(含全红) 时间(s)	4	4	4	4	

15.3　股票全流通方案数学模型的创新设计*

流通股和非流通股的人为市场分裂是中国股票市场上种种不规范行为的根源所在. 只有实现股份上市公司的全流通才是解决所有问题的前提.

本节就是基于此, 从参与方案各方主体的利益角度出发, 本着"公开、公平、公正"的原则设计全流通方案. 考虑到市场竞价是最公平最合理的价格决定机制, 我们在该模型中设计了一部分非流通股要通过公开竞价进入市场, 采用"公开竞价＋非流通股股东向流通股股东送股＋非流通股股东向流通股股东配售＋非流通股股东自己继续持有"的方法, 建立了多目标非线性规划模型, 引入了权系数, 将其化为单目标求解, 并力求解出更科学、更合理优化的竞价区间, 竞、配、送及控股比例. 从而构造出兼顾流通股东、国家股东及竞价方的利益, 最终达到"共赢"格局的国有股全流通方案. 我们以竞售价格预测全流通后股票价格, 借助 MATLAB 求解, 得到了非常好的结果.

其中, 在用 SPSS 对上证 50 的各财务指标作相关性分析时, 我们发现股票价格与每股收益、流通股股本、每股净资产呈一定线性关系, 并据此构造了多元线性回归模型, 预测了全流通后的股票价格.

用两个模型对绝大多数的上证 50 股票进行处理, 得到的全流通股票价格结果非常接近, 从而两个模型彼此证明了模型的正确性.

---

* 此节内容为金炜枫, 郭莹, 李明宇针对 2004 年哈尔滨工业大学数学建模竞赛 B 题所做的作品.

15.3.1　问题重述

全国人大常委会副委员长成思危日前在"第八届(2004)资本市场论坛"上指出,股权的流动性分裂给资本市场的发展带来了很多弊病,因此股市要在规范的同时,重视发展,在发展中实现全流通.股市的全流通问题应该考虑到有利于资本市场的改革开放和稳定发展,有利于保护中小投资者的合法权益.推进全流通,要注意可行性,同时一定要有周密的策划.张卫星提出了中国股市的全流通改造三条原则"公平、公正、公开".

对股市的全流通真正关心的问题只有两个:一个是非流通股的定价问题,另一个是在改革中各方利益均衡.

全流通意味着全体股东将有一个统一的价值参照体系,这将最大限度地调动大股东维护公司利益的积极性,因为维护公司利益就是维护其自身的利益,大股东的利益得到维护的同时中小股东的利益也将得到相应的保护.

依据以上原则对股市全流通方案通过数学建模提出设想,要求:

(1) 对上证 50(1.浦发银行、2.白云机场、⋯⋯、50.长江电力)的最近 20 日均价与总股本、流通股(A、B 股)占总股本的比例、03 年每股收益、净资产、概念(国企大盘、民企、全流通、其他类) 做出相关性分析.

(2) 分析哪些因素对股市全流通方案是至关重要的,提出你的全流通方案设想.要求兼顾国家、企业、中小投资者的利益,为稳定市场,设定一个方案实施后的股价最大振幅(如 3%).

(3) 按照你的方案给出以下股票的具体实施办法:

01 浦发银行、08 民生银行、10 宝钢股份、18 中国联通、20 清华同方、25 安阳钢铁、32 申能股份、36 哈药集团、37 上海石化、43 东方集团、46 四川长虹、49 张江高科(按上证 50 顺序排列).

(4) 给当地报纸写一篇短文(不超过两页),阐述你的设想.

15.3.2　模型假设

为了更好地了解流通性定价法的实质,我们作如下假设:

(1) 不考虑交易成本;

(2) 不考虑公司控制权的价格;

(3) 国有股是唯一的非流通股.

15.3.3　变量说明与符号约定

为了方便下面的研究,我们引入了股市分析中常用到的市盈率与市净率的概念,其中市盈率 = 股价 / 每股收益,市净率 = 股价 / 每股净资产.

pr : 每股收益;

Pg : 国有股从不流通到流通, 即进入流通的合理价格, 称为国有股流通价格;

Kz : Pg 对应的市盈率;

P_0 : 国有股减持过程中向流通股股东配售的价格;

K_0 : P_0 对应的市盈率;

P_1 : 每股净资产;

P_3 : 在全流通的预期下, 通过面向社会公众竞售或存量增发形成的股票价格, 称为国有股全流通一级市场价;

K_3 : P_3 对应的市盈率;

P_4 : 国有股流通后全部股票流通交易的股票价格, 称为国有股全流通二级市场价格;

K_4 : P_4 对应的市盈率;

P : 国有股流通前部分股票流通时的流通股市场价格, 称为部分流通股票价格;

K : P 所对应的市盈率;

K_x : 参与竞价发售的新入场投资者认为全流通后存在收益的全流通价对应的市盈率, 可称为必要市盈率.

在正常情况下, 上述几类股票价格中 P, P_4, P_3, Pg 满足下面关系:
$$P \geqslant P_4 \geqslant P_3 \geqslant Pg.$$

v_1, v_2 : v_1, v_2 确定竞价区间的系数, 定义为 $v_2 \leqslant \dfrac{P_3}{P_0} \leqslant v_1$.

vr : 全流通后股价的最大振幅;

G : 总股本;

G_1 : 非流通股股本;

G_2 : 流通股股本;

B_0 : $B_0 = \dfrac{G_2}{G_1}$;

λ_1 : 非流通股股东向流通股股东配售比例, 即 $\lambda_1 = \dfrac{用于配售的股本}{G_1}$;

λ_2 : 非流通股股东向流通股股东送股比例, 即 $\lambda_2 = \dfrac{用于送股的股本}{G_1}$;

λ_3 : 非流通股竞价发售比例, 即 $\lambda_2 = \dfrac{用于竞售的股本}{G_1}$;

λ_4 : 非流通股股东继续持有比例, 即 $\lambda_2 = \dfrac{非流通股股东继续持有的股本}{G_1}$;

λ_{40} : 非流通股股东继续持有股票比例的下限;

F_1 : 流通股股东在全流通方案实施前后的资本收益率, 即

$$F_1 = \frac{全流通后原流通股股东总资产}{全流通前流通股股东总资产} - 1;$$

F_2:非流通股股东在全流通方案实施前后的资本收益率,即

$$F_2 = \frac{全流通后原非流通股股东总资产}{全流通前非流通股股东总资产} - 1;$$

F_3:新入场投资者(参与竞价方)在全流通方案实施前后的资本收益率,即

$$F_3 = \frac{全流通后新入场投资者总资产}{参与竞价发售投入总资产} - 1;$$

L:净资产的盈利能力,$L = \dfrac{每股收益}{每股净资产}$,这个变量与"净资产收益率"不同,但也可以反映净资产的盈利能力,下面出现的"盈利能力"均指此变量.

15.3.4　问题的分析与求解

对于问题一:用 SPSS 对上证 50 的最近 20 日均价与总股本、流通股股本、流通股占总股本的比例、03 年每股收益、净资产做出相关性分析和聚类分析,得出各个量之间的相关系数.因为全流通价格的计算对于全流通方案至关重要,所以我们重点研究股票价格与其他量之间的关系,找出与其关系比较密切的量,并以此为依据做多元线性回归分析,得到估算全流通价格的线性回归方程.

对于问题二:在方案实际操作过程中,首先,是确定合理的竞价询价区间,以此得到股票全流通价格的预期值;其次,给出优化的各种配、竞、送比例与配售价格.构建模型及进一步选择各种竞、配、送及控股比例来构造出一种能均衡参与市场各方利益的优化国有股全流通方案.

让各方利益均衡,一是要让流通性折价冲抵流通性溢价,二是各方资产增值均衡.

流通性溢价是指国有股流通前,部分流通股票价格高于国有股流通后全部流通股票价格的价差$(P - P_4)$.流通性折价是指国有股流通价格低于全部流通股票价格的价差$(P_4 - Pg)$.

资产增值情况可以用全流通方案实施前后的收益率函数 F_1, F_2, F_3 表示,让非流通股股东与流通股股东资产增值均衡,即让 $|F_1 - F_2|$,$|F_2 - F_3|$,$|F_3 - F_1|$ 达到最小,F_1 取最大值,并且以 $F_1 \geqslant 0$,$F_2 \geqslant 0$,$F_3 \geqslant 0$ 为约束条件.

15.3.5　模型的建立

1. 对于问题一

我们用 SPSS 对上证 50 的各财务指标进行分析,然后找出对股票价格影响较大的因素,以及对全流通方案实施前后市场状态变动影响较大的因素.然后做线性

回归分析,得出一个基于统计分析的模型,通过这个模型可以估算出改革后的股票市场的股票价格和市盈率. 但是由于市场中的价格是一个不稳定的值,随市场中供求关系等各种因素随时改变,本身波动较大,而这里由线性回归模型计算得到的价格是一个相对稳定的值,这个相对稳定的值可以认为是一个较长时间段内价格平均值的合理的估算值,而不是某一小段时间内的精确值.

这些财务指标包括:近 20 日均价、总股本、流通股占总股本的比例、03 年每股收益、净资产.

另外,根据文献资料,股价或市盈率与流通股的股本有一定关系,这里设变量 $A = (1/$ 流通 A 股的股本$) \times 10000$,等于以"亿股"作单位的流通 A 股股本的倒数.

1) 分析各财务指标的线性相关程度

在问题分析的过程中,我们发现全流通后股票价格 P_4 是一个很重要的量,而 P_4 可以由市盈率、市净率直接求出. 为了能够通过统计分析的方法建立模型来估算 P_4,我们需要找出 P_4 或市盈率、市净率与其他量之间的关系. 我们对各财务指标进行相关性分析,其 Pearson 相关系数矩阵如表 15.10 所示. 从表中可以看出与股票的价格线性相关的量有流通股股本,每股收益,每股净资产.

因为在不采用缩股方案的情况下,对每只股票来说,全流通方案实施前后相比,每股收益与每股净资产均为不变量,所以我们主要关注的是流通股股本与股票价格之间的关系.

另外,虽然表中显示股价与市盈率、市净率也有一定线性关系,但是考虑到"市盈率"和"市净率"是由"近 20 日均价"、"每股收益"、"每股净资产"直接计算得出,所以认为影响股价的主要因素有流通 A 股的股本、每股收益、每股净资产,而不包括市盈率与市净率.

2) 样本的分类与部分样本的剔除

(1) 我们对样本数作散点图,发现某些市盈率很高或为负的股票,也是净资产盈利能力很差的股票,在图中的分布与其他点的距离很远,这说明他们很可能具有与其他股票不同的性质,如图 15.33 ~ 图 15.35 所示.

为了防止它们对我们研究其他股票具有的共性时产生负面影响,所以在下面的分析中将其剔除,其中包括爱建股份、金杯汽车、海南航空、清华同方.

(2) 我们发现两支全流通股票(方正科技、爱使股份)的市盈率比较高,我们认为这并不能说明全流通方案实施后股票的市盈率将比较高. 因为目前市场中的全流通股票很少,全流通股票的活力相对比较高,造成了局部热点,个别事例并不能说明全流通方案实施以后的情况. 在这里对样本进行处理时,我们也剔除了这两个局部热点.

(3) 以 A 变量(流通股股本的倒数)对剩下 44 个样本数据进行聚类分析,得到如表 15.11 所示的凝聚状态表. 我们发现第 2 号记录白云机场与第 4 号记录首创股

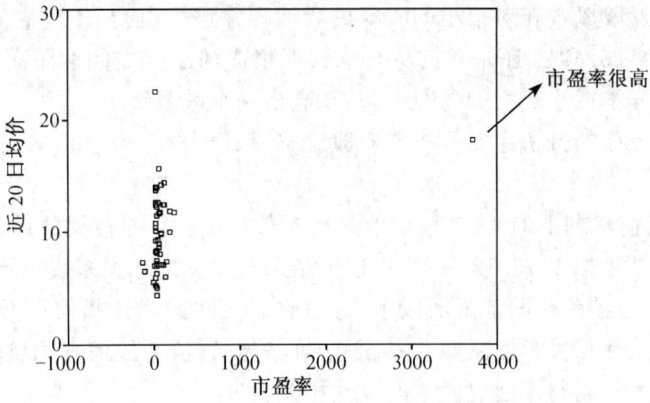

图 15.33

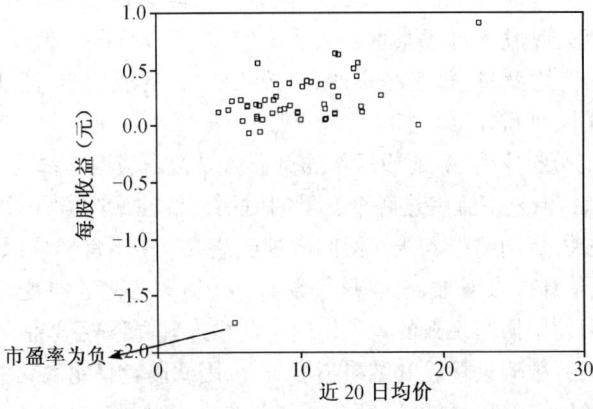

图 15.34

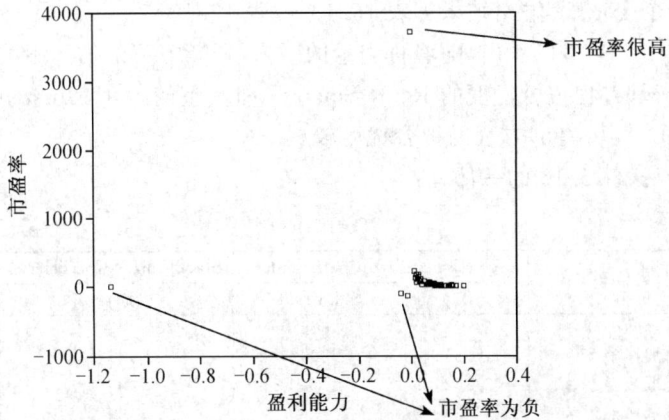

图 15.35

份两支流通股股本相对很小的股票最后被合并进去,而且不论它们两者之间的欧几里得距离(0.694)还是它们与其他数据聚成的小类之间的距离(7.288)都明显大于其他样本或小类之间的距离,甚至高出一个数量级.

由于下面的分析主要分析流通股股本或其倒数与股票价格的关系,所以也将其剔除.

3) 我们对剩下的 42 支股票的某些参数再次计算线性相关系数

得到结果如表 15.12 所示.将这个结果与前面的相关系数矩阵相比,剔除部分数据以后,股票价格与流通股股本、每股收益之间的线性相关程度增强,与每股净资产间的线性相关程度减弱,并且股票价格与 A(流通股股本的倒数)之间的线性相关程度大于它与流通股股本的线性相关程度.

4) 用线性回归分析的方法研究流通 A 股的股本对股票价格的影响

在不采用缩股方案的情况下,由于以上三个因素中后两者在改革前后不变,所以我们研究的重点在流通股股本对股票价格的影响上.

我们将股票价格作为因变量,每股净资产、每股收益、流通股股本、流通股股本的倒数作为自变量做线性回归分析.

首先,尽管从上面的分析来看,流通股股本的倒数 A 及流通股股本都与"近 20 日均价"存在线性相关关系,但是不宜将这两个变量同时引入线性回归方程,因为它们两者之间存在线性相关关系,同时引入线性回归方程会造成很多不良影响.如会给各个自变量的偏回归系数估计带来困难,偏回归系数估计的方差会随着自变量相关性的增大而不断增大,从而使偏回归系数的置信区间不断增大,偏回归系数估计值的不稳定性不断增强,偏回归系数假设检验的结果不显著等.因此两者只能取其一.

我们将这两个变量与每股收益、每股净资产作为自变量共同输入计算机,让计算机通过逐步筛选法得到最终结果,计算机筛选掉了"流通股股本的倒数",而保留了另外三个变量.其输出结果见表 15.13 ~ 表 15.16.

从表 15.14 可以看出,随着自变量的引入,回归方程的估计标准误差在不断减小,最终衡量方程拟合优度的 R^2(R Square) 和调整的 R^2(Adjusted R Square) 分别为 0.800 与 0.785,方程的拟合优度较好.

下面是表 15.16 的一部分:

Coefficients[a]

Model		Unstandardized Coefficients		Standardized Coefficients	t	Sig.
		B	Std. Error	Beta		
3	(Constant)	2.126	.668		4.628	.000
	每股净资产	1.261	.226	.452	5.471	.000
	每股收益	6.842	1.173	.458	5.783	.000
	流通股股本的倒数(1/ 亿股)	7.063	1.213	.289	3.743	.001

a　Dependent Variable:近 20 日均价

从上表可以看出,各回归系数显著性检验的相伴概率值都小于显著水平0.05,说明这些自变量对因变量的解释的有效性都是显著的.

最后得到的多元线性回归模型为

$$股票价格 = 2.126 + 1.261 \times 每股净资产 + 6.842 \times 每股收益 + 7.063 \times A.$$

从该方程的中间两项可以看出每股净资产对股票价格的影响相对较小,而每股收益对股票价格的影响较大. 这与有关文献中提到的规律一致,从一个侧面说明了该模型的可靠性.

5) 对于此多元线性回归模型的进一步说明

(1) 该线性回归模型的适用条件.

根据前面剔除的数据的特征,我们确定该模型的适用条件如下:

该股票的市盈率在范围 10 ~ 300 之间;

该股票在市场中没有局部过热现象;

该股票的流通股本在 0.1 亿股 ~ 1 亿股之间.

(2) 模型的检验.

我们将依据此模型计算得出的价格与股票的实际价格进行比较,发现绝大部分相对误差在 30% 以下. 我们认为这在误差允许范围之内,因为市场中的价格是一个不稳定的值,随市场中供求关系、大盘走势等各种因素随时改变,本身波动较大. 而这里由线性回归模型计算得到的价格是一个相对稳定的值,所以这里计算得到的价格可以认为是对一段较长时间平均价格的合理的估算值,而不是某一时段股价的精确值,所以我们认为相对误差 30% 在其误差允许范围之内,模型是有效的.

同时,这也说明了仅用一些财务指标衡量股价有局限性.

(3) 模型的改进.

由于上证 50 是由具有各种不同特征的股票组合而成,进行统计分析的 42 支样本所属的行业、概念等特征均有不同,它们的股价与相关量之间的关系也会有不同. 为了得到更精确的模型,可以对各板块分别处理,得到各自的回归模型.

(4) 用线性回归模型计算全流通后的市场价.

根据上面得到的线性回归模型,我们可以看出,股票价格与流通股股本的倒数存在线性关系,可以用来计算全流通后股票的价格. 将总股本的倒数代入上述模型,求得的股票价格即为全流通时的初步估算价格.

由于在讨论市价与流通股股本关系时所参考股票样本本身还含有一定比例的非流通股,计算出来的全流通价格要比真正的价格高(这是因为这里存在一个多次迭代的关系,这种关系到底如何,还需要进行进一步统计检验). 据此推算出的国有股流通价格 P_g 也会偏高一些,需要再适当向下调整一定的幅度作为真正的减持价格.

在后面构造的非线性规划的模型中,通过其他方法计算得到的值恰恰符合这个结论,将此模型得到的价格向下调整一定幅度得到的全流通价格与通过非线性规划得到的结果基本吻合.

2. 对于问题二

- 全流通前,流通股股东原有资产:G_2P;

减持配售要新投入资产:$G_1P_0\lambda_1$;

共投入资金:$G_2P+G_1P_0\lambda_1$;

由于国有股的全流通,将导致流通股股东流通性溢价损失:$G_2(P-P_4)$;

全流通后流通股资产:$G_2P_4+G_1P_4\lambda_1+G_2P_4\lambda_2$;

流通股股东,尽管部分流通股的流通性溢价损失,但由于获得了部分国有股低价配售和部分国有股的无偿送股补偿而实现了资产增值收益:

$$G_2P_4+G_1P_4\lambda_1+G_1P_4\lambda_2-(G_2P+G_1P_0\lambda_1).$$

- 非流通股股东原有资产:G_1Pg;

全流通后,国有股股东按 Pg 出售套现资金:$G_1Pg\lambda_1$;

按竞价又套现资金:$G_1P_3\lambda_3$;

继续持有资产:$G_1P_4\lambda_4$;

从而实现了资产增值:$G_1Pg\lambda_1+G_1P_4\lambda_4+G_1P_3\lambda_3-G_1Pg$.

- 参与竞价发售的新入场投资者(包括承销国有股减持余额的机构、券商及投资基金) 投入资金:$G_1P_3\lambda_3$;

全流通后其资产:$G_1P_4\lambda_3$;

资产增值为:$G_1P_4\lambda_3-G_1P_3\lambda_3$;

新入场投资者参加全流通的必要条件是:新入场投资者预期全流通后价格应降到合理水平能够吸引足够资金进场,即国有股全流通后其市盈率 K_4 应调整到足够低的水平可以吸引至少 $G_1P_4\lambda_3$ 的资金进场. 假设新入场投资者认为全流通后存在收益的全流通价的市盈率水平为 K_x,可以称为必要市盈率,那么

$$K_3 \leqslant K_4 \leqslant K_x.$$

根据全流通股票价格是部分流通股票价格 P 与非流通股流通价格 Pg 的加权平均的原理,可得全流通价格

$$P_4 = P\frac{G_2}{G} + Pg\frac{G_1}{G}.$$

配售价格 P_0 可以根据部分流通股票价格 P、每股净资产 P_1 以及该公司的流通股比例来确定,我们设定具体计算公式是

配售价格 = 部分流通股票价格 × 流通股比例 + 每股净资产 × 非流通股比例.
用符号可以表示为

$$P_0 = P \times A\% + P_1(1-A\%).$$

参考有关文献,知全流通后,股市中各方资产之和等于股市中总资产,即

$$G_1 P_0 \lambda_1 + G_1 Pg\lambda_2 + G_1 Pg\lambda_4 + G_1 P_3 \lambda_4 + G_1 P_3 \lambda_3 + G_2 P = GP_4.$$

可导出

$$\frac{\lambda_1}{\lambda_1 + \lambda_3} P_0 + \frac{\lambda_3}{\lambda_1 + \lambda_3} P_3 = Pg.$$

下面引入参与国有股全流通方案的各方主体的资本收益率函数:

原流通股股东收益率:$F_1 = \dfrac{(G_2 + \lambda_1 G_1 + \lambda_2 G_1) P_4}{P G_2 + \lambda_1 P_0 G_1} - 1$;

原非流通股股东收益率:$F_2 = \dfrac{\lambda_1 G_1 P_0 + \lambda_3 G_1 P_3 + \lambda_4 G_1 P_4}{Pg G_1} - 1$;

新入场投资者收益率:$F_3 = \dfrac{\lambda_3 G_1 P_4}{\lambda_3 G_1 P_3} - 1$;

以上三式变换为

$$F_1 = \frac{K_4 (B_0 + \lambda_1 + \lambda_2)}{K B_0 + \lambda_1 K_0} - 1;$$

$$F_2 = \frac{\lambda_1 K_0 + \lambda_3 K_3 + \lambda_4 K_4}{K_z} - 1;$$

$$F_3 = \frac{K_4}{K_3} - 1,$$

其中 $F_1 \geqslant 0, F_2 \geqslant 0, F_3 \geqslant 0$.

为保证全流通方案实施,必须让原流通股股东和原非流通股股东的收益率差值绝对值尽量小,原流通股股东收益率尽量大,用符号表示为 $\min | F_1 - F_2 |$,$\min | F_2 - F_3 |$,$\min | F_2 - F_3 |$,$\max | F_1 |$.

初步得到如下非线性规划模型:

目标函数:$\begin{cases} \min | F_1 - F_2 |, \\ \min | F_2 - F_3 |, \\ \min | F_2 - F_3 |, \\ \max F_1, \end{cases}$

s.t.:$\begin{cases} F_1 \geqslant 0, \\ F_2 \geqslant 0, \\ F_3 \geqslant 0, \\ K_3 \geqslant K_0, \\ K_3 \leqslant K_4, \\ \lambda_1, \lambda_2, \lambda_3, \lambda_4 \geqslant 0, \\ \lambda_1 + \lambda_2 + \lambda_3 + \lambda_4 = 1. \end{cases}$

多目标规划求解很困难,因此引入权系数,将多目标问题化为单目标问题.设目标

函数为

$$\min(\,|\,F_1 - F_2\,| + a_1\,|\,F_2 - F_3\,| + a_2 \times |\,F_2 - F_3\,| - a_3 \times F_1\,),$$

其中 a_1, a_2, a_3 为权系数.

参数的确定:

需要确定的参数为 $B_0, K, K_0, K_z, K_3, K_4$.

$B_0 : B_0 = \dfrac{G_2}{G_1}$,从已知数据可以得到;

$K : K = \dfrac{P}{pr}$,从已知数据可以得到;

$K_0 : K_0 = \dfrac{P_0}{pr}$,配售价格 P_0 可通过公式: $P_0 = P \times \dfrac{G_2}{G} + P_1 \times \dfrac{G_1}{G}$ 得到,每股收益 pr 从已知数据可得.

K_4 与 K_z 的关系:

由已经得到的公式:

$$\frac{\lambda_1}{\lambda_1 + \lambda_3} P_0 + \frac{\lambda_3}{\lambda_1 + \lambda_3} P_3 = Pg, \qquad \frac{B_0}{1 + B_0} P_0 + \frac{1}{1 + B_0} Pg = P_4,$$

可得

$$\frac{\lambda_1}{\lambda_1 + \lambda_3} K_0 + \frac{\lambda_3}{\lambda_1 + \lambda_3} K_3 = K_z, \qquad \frac{B_0}{1 + B_0} K_0 + \frac{1}{1 + B_0} K_z = K_4,$$

因此需将 K_z, K_4 用 $\lambda_1, \lambda_2, \lambda_3, \lambda_4$ 表示,再代入目标函数和约束条件.

对于 K_3 范围的确定我们采取如下方法.

每股竞售价格 P_3 的底限为 P_0,又已知 $P_4 \geqslant P_3$,可得

$$K_0 \leqslant K_3 \leqslant K_4.$$

因此可将 K_3 的范围设定为 $v_2 \times K_0 \leqslant K_3 \leqslant v_1 \times K_0$,其中

$$v_2 \geqslant 1, \qquad v_1 \geqslant v_2, \qquad v_2 \leqslant K_4/K_0.$$

完整的非线性规划模型如下.

引入约束条件:

(1) P_4 的最大振幅.

当 $K_3 = v_1 \times K_0$ 时,可得 $K_{4v1} = (K \times K_0 + K_{zv1})/(1 + B_0)$,其中 $K_{zv1} = (\lambda_2 \times K_0 + \lambda_3 \times v_1 \times K_0)/(\lambda_2 + \lambda_3)$;当 $K_3 = v_2 \times K_0$ 时,可得 $K_{4v2} = (K \times K_0 + K_{zv2})/(1 + B_0)$,其中 $K_{zv2} = (\lambda_2 \times K_0 + \lambda_3 \times v_2 \times K_0)/(\lambda_2 + \lambda_3)$.

设 P_4 的极值为 $P_{4\max}, P_{4\min}$,则 P_4 的振幅为

$$\left| \frac{P_{4\max} - P_{4\min}}{P_{4\max} + P_{4\min}} \right| = \left| \frac{K_{4v1} - K_{4v2}}{K_{4v1} + P_{4v2}} \right|.$$

设最大振幅为 vr,则有约束条件

$$\left| \frac{K_{4v1} - K_{4v2}}{K_{4v1} + P_{4v2}} \right| \leqslant vr.$$

（2）非流通股股东的 $\lambda_4 \geqslant \lambda_{40}$，$\lambda_{40}$ 是非流通股东继续持有股票的下限.

由以上的讨论可得如下完整的非线性规划模型（变量为 $\lambda_1, \lambda_2, \lambda_3, \lambda_4, v_1, v_2$）.

目标函数：

$$\min(\mid F_1 - F_2 \mid + a_1 \mid F_2 - F_3 \mid + a_2 \times \mid F_2 - F_3 \mid - a_3 \times F_1),$$

其中 a_1, a_2, a_3 为权系数.

$$\text{s. t. :} \begin{cases} \dfrac{K_4(B_0 + \lambda_1 + \lambda_2)}{KB_0 + \lambda_1 K_0} - 1 \geqslant 0, \\[2mm] \dfrac{\lambda_1 K_0 + \lambda_3 K_3 + \lambda_4 K_4}{K_z} - 1 \geqslant 0, \\[2mm] \dfrac{K_4}{K_3} - 1 \geqslant 0, \\[2mm] \lambda_4 \geqslant \lambda_{40}, \\[2mm] \left| \dfrac{K_{4v1} - K_{4v2}}{K_{4v1} + P_{4v2}} \right| \leqslant vr, \\[2mm] K_3 \leqslant K_0 \times v_1, \\[2mm] K_0 \times v_2 \leqslant K_3, \\[2mm] v_2 \geqslant 1, \\[2mm] v_1 \geqslant v_2, \\[2mm] v_2 - K_4/K_0 \leqslant 0, \\[2mm] \lambda_1, \lambda_2, \lambda_3, \lambda_4 \geqslant 0, \\[2mm] \lambda_1 + \lambda_2 + \lambda_3 + \lambda_4 = 1, \end{cases}$$

其中

$$K_z = \frac{\lambda_1}{\lambda_1 + \lambda_3} K_0 + \frac{\lambda_3}{\lambda_1 + \lambda_3} K_3,$$

$$K_4 = \frac{B_0}{1 + B_0} K_0 + \frac{1}{1 + B_0} K_z,$$

$$K_{4vi} = (K \times K_0 + K_{zvi})/(1 + B_0), \qquad i = 1, 2,$$

$$K_{zvi} = (\lambda_1 \times K_0 + \lambda_3 \times v_i \times K_0)/(\lambda_1 + \lambda_3), \qquad i = 1, 2.$$

15.3.6 模型求解

1. 不考虑 P_4 振幅的限制

让竞价 P_3 在配售价格 P_0 及全流通后每股股价 P_4 之间取值，即当 $K_0 \leqslant K_3 \leqslant K_4$ 时，让 $K_3 = K_4, K_3 = K_0$ 分别求解，权系数 a_1, a_2, a_3 均取 1，用 MATLAB 的

fmincon 求得 50 支股票 K_4 ($K_4 = P_4$ / 每股收益) 的极值 $K_{4\max}$ 和 $K_{4\min}$，以及相应的 $\lambda_1, \lambda_2, \lambda_3, \lambda_4, F_1, F_2, F_3$.

求解过程中将股票按盈利能力 L 从小到大排序，发现海南航空的 λ_2，金杯汽车的 λ_1 和 λ_4，爱建股份的 F_1, F_2, F_3 均小于 0，而方正科技，爱使股份则无法求得结果.

经分析，海南航空，金杯汽车，爱建股份的市盈率为负，这说明此模型对于市盈率为负的股票不适用，因为在约束条件中已规定三方收益率大于 0. 因此对于收益率为负的股票，在模型中应取消 $F_1, F_2, F_3 \geqslant 0$ 的限制. 而方正科技和爱使股份是已经全流通的股票.

对数据进行分析发现各股票的振幅均大于 20%，因此为稳定市场，有必要限定各股票的竞价区间. 从而控制方案实施后股票的最大振幅.

非线性规划得到的 K_4 与线性回归得到 K_4 的比较：

以盈利能力 L 为横坐标，相应的 K_4 为纵坐标，除去海南航空、金杯汽车、爱建股份、清华同方、方正科技、爱使股份（清华同方的市盈率太高，画在同一张图上无法表现其他股票的市盈率随盈利能力的变化），画出的图形如图 15.36 所示.

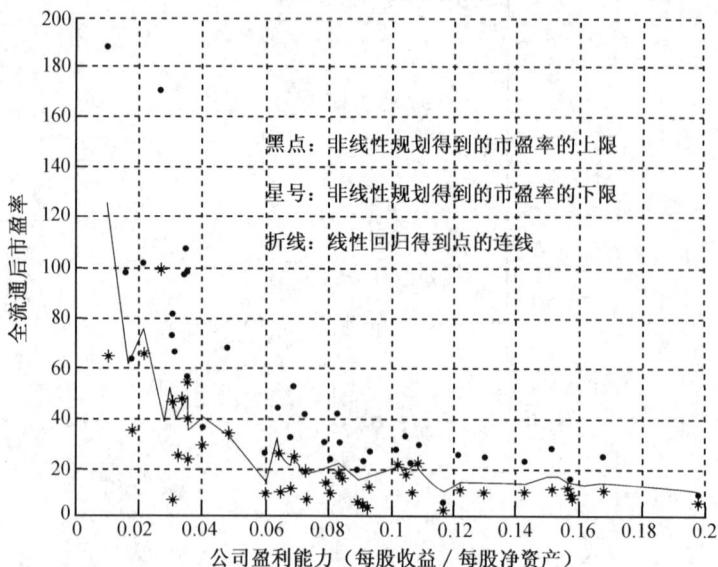

图 15.36

可以看到，由线性回归得到的 K_4 落在 $K_{4\max}$（用点表示）和 $K_{4\min}$（用星号表示）之间. 这是从两个不同的模型，得到对全流通后股票市盈率相近的估计.

2. 考虑 P_4 振幅限制

设定 P_4 的最大振幅为 3%，通过程序得到 50 支股票的 $\lambda_1, \lambda_2, \lambda_3, \lambda_4, F_1, F_2, F_3$

及其他值,观察后有海南航空的 λ_2, λ_3,金杯汽车的 F_1, F_2,爱建股份的 $\lambda_2, \lambda_3, \lambda_4$ 均小于 0(以上三者的市盈率为负),方正科技和爱使股份则无法求得结果(这两者是已经全流通的股票).

表 15.7 及表 15.8(1) 和表 15.8(2) 列出了其中的 12 支股票的实施方案及实施后的结果.

表 15.7

	配售比例 λ_1	送股比例 λ_2	竞价比例 λ_3	继续持有比例 λ_4	流通股东收益率 F_1	非流通股东收益率 F_2	新入场者收益率 F_3
浦发银行	0.90621	0.086044	0.0010363	0.0067073	0	0	0
民生银行	0.85842	0.048096	0.086756	0.0067284	0	0	0
宝钢股份	0.4398	0	0.5602	0	0	0	0
中国联通	0.814	0.15814	0.015552	0.012304	0	0	0
清华同方	0.34974	0.64267	0	0.0075939	0	0	0
安阳钢铁	0.77301	0.045416	0.16948	0.012101	0	0	0
申能股份	0.86492	0.12778	0	0.0072972	0	0	0
哈药集团	0.86994	0.12277	0	0.007296	0	0	0
上海石化	0.97053	0.011164	0.018005	0.00030176	0	0	0
东方集团	0.70327	0.2707	0	0.026027	0	0	0
四川长虹	0.59513	0.35526	0	0.049613	0	0	0
张江高科	0.62341	0.33734	0.00081617	0.038426	0	0	0

	全流通后的市盈率 K_4	全流通后的股价 P_4(元)	全流通后股价最小值 P_{4min}(元)	全流通后股价最大值 P_{4max}(元)	保证股价振幅小于 3% 而确定的竞价底限(元)	保证股价振幅小于 3% 而确定的竞价上限(元)
浦发银行	6.3296	2.5319	2.5313	2.5319	1.9568	2.5319
民生银行	7.3357	2.7876	2.7206	2.7876	1.7795	2.7876
宝钢股份	3.5389	1.9818	1.9554	1.9818	1.9265	1.9818
中国联通	9.0616	1.0874	1.0765	1.0874	0.32004	1.0874
清华同方	1779.7	8.7204	8.7204	8.7204	0.05819	3.1048
安阳钢铁	7.7392	2.0277	1.9264	2.0277	1.3199	2.0277
申能股份	18.844	3.2524	3.2524	3.2524	1.2487	3.2524
哈药集团	19.321	6.7004	6.7004	6.7004	2.7966	6.7004
上海石化	3.6649	0.7037	0.70082	0.70367	0.53021	0.70367
东方集团	27.734	5.0892	5.0892	5.0892	1.2177	5.0892
四川长虹	33.758	3.7809	3.7809	3.7809	0.81497	3.7809
张江高科	23.179	3.2451	3.2429	3.2451	0.63651	3.2451

表 15.8(1)

	配售比例 λ_1	送股比例 λ_2	竞价比例 λ_3	继续持有比例 λ_4	流通股东收益率 F_1	非流通股东收益率 F_2	新入场者收益率 F_3
浦发银行	0.3	0.33258	-3.5999 $e-014$	0.36742	0	0	0.37148
民生银行	0.3	0.35088	-2.2536 $e-013$	0.34912	0	0	0.3995
宝钢股份	0.3	0.19861	0	0.38974	0	0	0
中国联通	0.3	0.46245	-1.8513 $e-015$	0.23755	0	0	0.89347
清华同方	0.29481	0.69465	0	0.01054 1	0	0	0
安阳钢铁	0.3	0.34104	-3.5237 $e-014$	0.35896	0	0	0.38402
申能股份	0.3	0.43117	0	0.26883	0	0	0
哈药集团	0.3	0.38893	1.3526 $e-014$	0.31107	0	0	0.032716
上海石化	0.3	0.35727	-4.4534 $e-013$	0.34273	0	0	0.13986
东方集团	0.29565	0.46904	0	0.23531	0	0	0
四川长虹	0.15109	0.44489	0	0.40402	0	0	0
张江高科	0.26954	0.50872	4.1392 $e-010$	0.22173	2.2204 $e-016$	-2.2204 $e-016$	-2.2204 $e-016$

表 15.8(2)

	全流通后的市盈率 K_4	全流通后的股价 P_4(元)	全流通后股价最小值 P_{4min}(元)	全流通后股价最大值 P_{4max}(元)	保证股价振幅小于 3% 而确定的竞价底限(元)	保证股价振幅小于 3% 而确定的竞价上限(元)
浦发银行	10.032	4.0130	4.013	4.013	1.995	2.9261
民生银行	10.459	3.9744	3.9744	3.9744	1.7795	2.8399
宝钢股份	4.2426	2.3759	2.2945	2.3759	2.0227	2.3759
中国联通	11.538	1.3845	1.3845	1.3845	0.32004	0.73122
清华同方	1782.7	8.7355	8.7355	8.7355	8.7354	8.7355
安阳钢铁	10.885	2.8518	2.8518	2.8518	1.3507	2.0605
申能股份	25.785	4.4504	4.4504	4.4504	1.2487	4.4504
哈药集团	22.405	7.7700	7.77	7.77	2.7966	7.5238
上海石化	6.397	1.2282	1.2282	1.2282	0.58118	1.0775
东方集团	30.013	5.5074	5.5074	5.5074	1.2177	5.5074
四川长虹	42.875	4.8020	4.802	4.802	0.81497	4.802

从表 15.7 可看到,为了达到利益均衡,非流通股东必须配售大量股票,失去对公司的控股权,而新入场者则以相当于全流通后股票市价 P_4 的价格买入股票,其收益率 F_3 为 0.

实际操作中,让每一支股票的非流通股东失去控股权是难以实现的. 为此,我们加入对非流通股东继续持有股票的限制,例如,让 $\lambda_4 \geqslant 30\%$,但在求解时却遇到困难. 因此,我们转而加入对配售比例的限制,间接调节 λ_4 的范围,从而避免非流通股东失去过多的股票.

我们让配售比例在 30% 以内,得到的结果如表 15.8(1) 和表 15.8(2) 所示.

从表 15.8(1) 和表 15.8(2) 中可以看到,由于对配售比例有限制,提高了原非流通股东在方案实施后握有股票的比例,但由于竞价区间的上限低于全流通后股票市价,使新入场者的收益率大于 0. 但 F_3 大于 0 只是一种理想情况. 由于竞价比例几乎接近于 0,实际是取消了竞价发行的方式. 实际操作时,可通过各方协商来确定配售比例的上限.

F_1, F_2 均等于 0,是由于建立模型时,F_1, F_1 让流通性折价等于溢价,流通股东与原非流通股东收益率为 0.

非线性规划得到的 K_4 与线性回归得到 K_4 的比较.

盈利能力为横坐标,相应的 K_4 为纵坐标,去除海南航空、金杯汽车、爱建股份、清华同方、方正科技、爱使股份,画出的图形如图 15.37 所示.

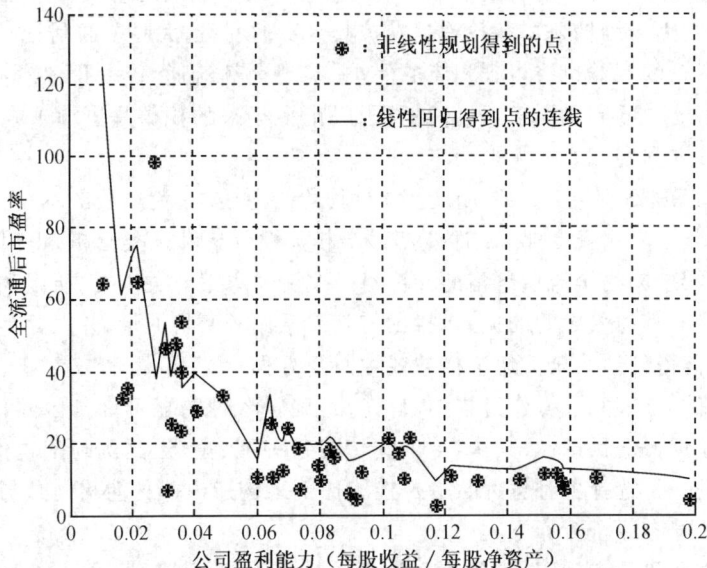

图 15.37

同样可以看到线性回归与非线性规划模型得到的 K_4 符合较好.

经计算,由非线性规划得到的 K_4 均值为 22.1351,线性回归得到的 K_4 均值为 29.1581.

由于在建立线性回归模型时所参考股票样本本身还含有一定比例的非流通股,计算出来的市盈率要比全流通后真正的市盈率高(这是因为这里存在一个多次迭代的关系,这种关系到底如何,还需要进行进一步统计检验).

15.3.7　股市全流通方案的设想

邓小平同志曾讲过一段精辟的话:"没有好的制度,好人也会做坏事;有了好的制度,坏人也难做坏事".面对中国股票市场如此众多的造假现象,违法违纪普遍,超强的市场操控机性,大股东只圈钱不回报,以及只赚不赔的一级市场、历史遗留问题 —— 国有股不流通,等等如此之多的令人百思不得其解问题都交织在一起,不得不让我们想起邓公的这句名言,是不是我们的市场制度出了大问题,才出现了当今的混乱局面.

流通股和非流通股的人为市场分裂是中国股票市场上种种不规范行为的根源所在.分别持有两类股票的股东拥有不同的价值评判标准,上市公司股票价格不能成为全体股东统一的价值参照,股价变动对股东的影响不具有同质性.只有在中国股票市场上实现股份上市公司的全流通才是解决所有问题的前提,全流通意味着全体股东将有一个统一的价值参照体系,这将最大限度地调动大股东维护公司利益的积极性,因为维护公司利益就是维护其自身的利益,大股东的利益得到维护的同时中小股东的利益也将得到相应的保护.实现全额流通,统一价值参照体系,进而实现上市公司的同股同权,以解决我国股市多年来的积弊是当前迫在眉睫最应该解决的首要问题.

我们用 SPSS 对上证 50 的最近 20 日均价与总股本、流通股股本、流通股占总股本的比例、2003 年每股收益、净资产做出相关性分析和聚类分析,得出各个量之间的相关系数.因为全流通价格的计算对于全流通方案至关重要,所以我们重点研究股票价格与其他量之间的关系,找出与其关系比较密切的量,并以此为依据做线性回归分析,得到估算全流通价格的线性回归方程.

在全流通方案实际操作过程中,首先,是确定合理的竞价询价区间,以此得到股票全流通价格的预期值;其次,给出优化的各种配、竞、送比例与配售价格.构建模型以及进一步选择各种竞、配、送及控股比例来构造出一种能均衡参与市场各方利益的优化国有股全流通方案.

让各方利益均衡,一是要让流通性折价冲抵流通性溢价,二是各方资产增值均衡.

我们从参与方案各方主体的利益角度出发,本着"公开、公平、公正"的原则.

采用"公开竞价＋非流通股股东向流通股股东送股＋非流通股股东向流通股股东配售＋非流通股股东自己继续持有"的方法,我们建立了线性回归和非线性形规划模型,力求更科学、更合理优化的竞价区间,竞、配、送及控股比例,从而营造出兼顾流通股东、国家股东及竞价方的利益,最终达到"共赢"格局的国有股全流通方案.通过该模型中全流通股票有一部分要公开竞价,因为市场竞价是最公平最合理的价格决定机制我们预测了全流通股票价格,得到了非常好的结果,我们用一部分国有股进行竞价进而求出全流通的股票价格,剩余的国有股进行送股,配售后转为流通股. 这样的设想主要是出于如下两个方面的考虑:一方面,不出售而转为流通股的国有股可以减少对与市场即时的资金需求;另一方面,只有成为流通股后的国有股的价值由股票市场决定了,大股东和小股东才真正坐在了同一条船上,有望实现同舟共济,减少大股东严重侵害中小股东利益事件的发生,并促进大股东关心股票价格的波动.

非线性规划模型求解程序:

```
function R = c1(k,vr,kga,ba,xa)


A = clat(k,vr,kga,ba);
a = A{1,1};
b = A{1,2};
aeq = A{1,3};
beq = A{1,4};
[x,f] = fmincon('cfun',xa,a,b,aeq,beq,[],[],'cctr',[],k,vr,kga,ba);
k3 = x(7);
kz = x(1)/(x(3) + x(2)) * kga + x(3)/(x(2) + x(3)) * k3;
k4 = k * ba/(1 + ba) + kz/(1 + ba);


f1 = k4 * (ba + x(1) + x(2))/(k * ba + x(1) * kga) - 1;
f2 = (x(1) * kga + x(3) * k3 + x(4) * k4)/kz - 1;
f3 = k4/k3 - 1;
R = cell(1,7);
R{1,1} = x;
R{1,2} = f;
R{1,3} = f1;
```

```
R{1,4} = f2;
R{1,5} = f3;
R{1,6} = kz;
R{1,7} = k4;


function fb = cfun(x,k,vr,kga,ba)
k3 = x(7);
kz = x(1)/(x(3) + x(2)) * kga + x(3)/(x(2) + x(3)) * k3;
k4 = k * ba/(1 + ba) + kz/(1 + ba);
f1 = (k4 * (ba + x(1) + x(2))/(k * ba + x(1) * kga) - 1);
f2 = ((x(1) * kga + x(3) * k3 + x(4) * k4)/kz - 1);
f3 = (k4/k3 - 1) * (-1);
fb = ((f1 - f2)^2)^(1/2) + ((f2 - f3)^2)^(1/2) + ((f3 - f1)^2)^(1/2);
function[c,ceq] = cctr(x,k,vr,kga,ba)
k3 = x(7);
kz = x(1)/(x(3) + x(2)) * kga + x(3)/(x(2) + x(3)) * k3;
k4 = k * ba/(1 + ba) + kz/(1 + ba);
c(1) = (k4 * (ba + x(1) + x(2))/(k * ba + x(1) * kga) - 1) * (-1);
c(2) = ((x(1) * kga + x(3) * k3 + x(4) * k4)/kz - 1) * (-1);
c(3) = (k4/k3 - 1) * (-1);
akz = (x(1) * kga + x(3) * x(6) * kga)/(x(2) + x(3));
ak4 = (k * ba + akz)/(1 + ba);
bkz = (x(1) * kga + x(3) * x(5) * kga)/(x(2) + x(3));
bk4 = (k * ba + bkz)/(1 + ba);
c(4) = (((ak4 - bk4)/(ak4 + bk4))^2)^(1/2) - vr;
c(5) = x(5) - k4/kga;
c(6) = x(6) * kga - x(7);
c(7) = x(7) - kga * x(5);
c(8) = (x(4) - 0.3) * (-1);
ceq = [];


%function cal
% 需引入[k,ba,kga]矩阵 kgab
```

```
kgab = kgabab;
n = 50;
t = kgab(:,2);
for i = 1:n
    ta(i) = t(i)/(1 - t(i));
end
ta = ta´;
kkgab = zeros(n,3);

size(ta);
kkgab(:,1) = kgab(:,1);
kkgab(:,2) = ta;
kkgab(:,3) = kgab(:,3)
%v = ones(n,1);%v = p3/Pg,需调节
vr = 0.03;
%xa = [0.3,0.3,0.3,0.1,1.1];%xa 为初值
result = zeros(n,15);% 每一行表示
[1x(1),2x(2),3x(3),4x(4),5f,6f1,7f2,8f3,9kz,10k4,11k,12ba,13kga,
14k3,15v]
for i = 1:n
    k = kkgab(i,1);
    ba = kkgab(i,2);
    kga = kkgab(i,3);
    %k3 = kga * v(i);
    rr = cell(1,7);
    xa = [0.3,0.3,0.3,0.1,1,1.05,kga];
    rr = cl(k,vr,kga,ba,xa);
    x = rr{1,1};
    f = rr{1,2};
    f1 = rr{1,3};
    f2 = rr{1,4};
    f3 = rr{1,5};
    kz = rr{1,6};
    k4 = rr{1,7};
    k3 = x(7);
```

```
        result(i,1:4) = x(1,1:4);
        result(i,5:17) = [f,f1,f2,f3,kz,k4,k,ba,kga,k3,x(5),x(6),x(7)];


            akz = (x(1) * kga + x(3) * x(6) * kga)/(x(2) + x(3));%
            ak4 = (k * ba + akz)/(1 + ba);%
                                        %
            bkz = (x(1) * kga + x(3) * x(5) * kga)/(x(2) + x(3));%
            bk4 = (k * ba + bkz)/(1 + ba);%
            kmax4(i) = ak4;%
            kmin4(i) = bk4;%
        %%%
end
result


%
choose = [43,44,50,21,4,23,17,40,33,19,7,25];
matrr = max(size(choose));
matrresult = size(result);
matrresult = matrresult(2);
pr12 = zeros(12,matrresult);

profit = [- 1.7381   -.0632 -.0548 .0049  .0489  .0448  .112  .0627
.063  .0505  .053  .087  .121  .113  .11  .101  .1726  .122
.1835  .15  .12  .263  .262  .15  .14  .183  .139  .228  .169
.27  .18  .195  .192  .367  .2344  .23  .51  .347  .373  .3468
.219  .39.4  .38  .434  .63  .642  .91  .553  .56 ];
profit = profit´;
for i = 1:matrr
    pr12(i,:) = result(choose(i),:);
    profit12(i,:) = profit(choose(i),:);
    1kmax4(i) = kmax4(choose(i));
    1kmin4(i) = kmin4(choose(i));
end
for i = 1:12
```

```
k4profit(i) = pr12(i,10) * profit12(i);
1kpmax4(i) = 1kmax4(i) * profit12(i);
1kpmin4(i) = 1kmin4(i) * profit12(i);


end
1kpmaxmin = zeros(12,2);
1kpmaxmin(:,1) = 1kpmax4´;
1kpmaxmin(:,2) = 1kpmin4´;
for i = 1:12% 竞价底价,上限
    lowp312(i) = pr12(i,15) * pr12(i,13) * profit12(i);
    highp312(i) = pr12(i,16) * pr12(i,13) * profit12(i);
end
lowhighp = zeros(12,2);
lowhighp(:,1) = lowp312´;
lowhighp(:,2) = highp312´;


function kgab = kgabab
kgab = [- 3.1126   0.50935        3.51;...
-101.424   0.33313        3.16;...
-131.204   0.66933        6.1;...
3722.449   0.47516        11.31;...
240.2863   0.2486      6.29;...
131.9196   0.22861        3.42;...
71.5179      0.43961        6.93;...
188.6762   1       11.83;...
110.6349   0.56741        5.17;...
144.5545   1       7.3;...
188.8679   0.50511        6;...
80.1149      0.54952        5.1;...
81.157     0.04        4.14;...
86.3717      0.25369        5.08;...
112.6364   0.38622        6.74;...
122.6733   0.40745        6.73;...
```

```
82.5029        0.21876        6.89;...
117.7049  0.3     6.69;...
38.5831        0.69989        6.32;...
78.1333        0.37744        6.35;...
35.5833        0.2407     2.54;...
48.0608        0.43931        7.85;...
31.5267        0.20439        4.91;...
58.9333        0.16119        3.28;...
61     0.35492        4.33;...
50.6557        0.29608        4.52;...
35.3237        0.15013        2.35;...
35.4386        0.29763        4.43;...
36.7456        0.1996     2.92;...
58.1111        0.22802        6.09;...
34.7222        0.40129        3.79;...
0      0.27739        4.89;...
35.7813        0.1     2.63;...
31.0627        0.00273        4.06;...
24.7014        0.09295        2.88;...
32.3913        0.28571        3.89;...
26.8627        0.65866        10.73;...
35.3314        0.36972        6.62;...
22.0643        0.29197        4.88;...
29.0369        0.65241        7.68;...
23.516     0.03229        1.98;...
27.4872        0.26284        5.18;...
26     0.22989        4.75;...
24.1842        0.27639        4.46;...
32.1429        0.23035        5.41;...
20.127     0.3     6.62;...
19.3769        0.18678        5.64;...
24.8352        0.04148        6.47;...
25.3888        0.23276        5.8;...
12.3571        0.15002        3.44];
```

原始数据 表 15.9

股票号码	总股本	流通股股本	每股收益	每股净资产	近20日均价
600000	391500	90000	0.4	3.068	10.4
600004	100000	4000	0.121	3.9004	9.82
600006	100000	30000	0.63	4.0285	12.68
600008	1100000	3000	0.367	4.0387	11.4
600009	185633.049	68633.049	0.347	3.31	12.26
600011	602767.12	25000	0.91	5.77	22.6
600015	350000	100000	0.23	2.46	7.45
600016	370711.806	102460.534	0.38	2.66	9.19
600018	180440	42000	0.553	3.2954	14.04
600019	1251200	187700	0.56	2.83	6.92
600026	332600	168000	0.053	1.902	10.01
600028	8670243.9	280000	0.219	1.879	5.15
600029	437417.8	100000	0.0448	2.6853	5.91
600030	248150	40000	0.15	2.21	8.84
600033	82200	24000	0.373	3.5034	8.23
600036	570681.803	150000	0.39	3.2	10.72
600038	25950	11400	0.263	4.09	12.64
600050	1969659.64	474100	0.12	1.99	4.27
600098	125280	23400	0.642	4.0835	12.44
600100	57461.2295	27303.0533	0.0049	5.041	18.24
600104	251999	75599	0.122	3.406	14.36
600171	61255.252	24958.596	0.101	2.84	12.39
600221	73025.2801	37195.7765	−1.7381	1.5287	5.41
600350	336380	50500	0.139	1.9	4.91
600569	134549.026	27500	0.262	4.05	8.26
600591	72100	20000			11.61
600597	65118.285	15000	0.434	2.86	13.95
600601	48522.3514	48522.3514	0.0627	3.0023	11.83
600602	92722.773	34997.202	0.15	3.09	11.72
600609	109266.71	36400	−0.0632	1.5356	6.41
600637	81981.2485	20380.5161	0.0489	4.4881	11.75
600642	179308.7769	39225.21	0.1726	4.8367	14.24
600643	46068.7964	30835.2666	−0.0548	3.8802	7.19
600649	188439.501	56085.146	0.228	2.89	8.08
600652	38951.2282	38951.2282	0.0505	1.9565	7.3
600664	95538.8825	62330.739	0.3468	3.1804	10.07
600688	720000	72000	0.192	2.154	6.87
600705	65313.744	35891.52	0.087	2.812	6.97
600705	54544.519	30949.051	0.063	2.82	6.97
600717	72442.022	27978.783	0.11	3.19	12.39
600795	225181.59	57126.43	0.113	3.49	9.76
600808	645530	60000	0.2344	2.5782	5.79
600811	63149.5425	44197.6586	0.1835	4.5369	7.08
600812	116939.419	46926.862	0.18	2.14	6.25
600832	96324.02	21964.149	0.27	3.25	15.69
600839	216421.14	95140.23	0.112	6.084	8.01
600863	198122	39546	0.169	2.097	6.21
600887	39126.499	25771.071	0.51	4.99	13.7
600895	121566.9	43147.081	0.14	2.02	8.54
600900	785600	232600	0.183	2.52	9.27

SPSS 统计分析结果表格.

表 15.10　上证 50 有关财务指标的 Pearson 相关系数（由 SPSS 处理得出）

		流通股股本	流通股占总股本的比例	每股收益	每股净资产	近 20 日均价	流通股股本的倒数（1/亿股）	市盈率	市净率
流通股股本	Pearson Correlation	1	-.151	.012	-.320(*)	-.367(**)	-.334(*)	-.081	-.090
	Sig. (2-tailed)	.	.295	.933	.024	.009	.018	.575	.532
	N	50	50	50	50	50	50	50	50
流通股占总股本的比例	Pearson Correlation	-.151	1	-.291(*)	.010	-.171	-.262	.119	-.193
	Sig. (2-tailed)	.295	.	.040	.944	.236	.066	.412	.178
	N	50	50	50	50	50	50	50	50
每股收益	Pearson Correlation	.012	-.291(*)	1	.372(**)	.868(**)	.060	-.087	.791(**)
	Sig. (2-tailed)	.933	.040	.	.008	.000	.678	.547	.000
	N	50	50	50	50	50	50	50	50
每股净资产	Pearson Correlation	-.320(*)	.010	.372(**)	1	.725(**)	.244	.262	-.096
	Sig. (2-tailed)	.024	.944	.008	.	.000	.088	.066	.508
	N	50	50	50	50	50	50	50	50
近 20 日均价	Pearson Correlation	-.367(**)	-.171	.868(**)	.725(**)	1	.221	.504	.569(**)
	Sig. (2-tailed)	.009	.236	.000	.000	.	.124	.071	.000
	N	50	50	50	50	50	50	50	50
流通股股本的倒数（1/亿股）	Pearson Correlation	-.334(*)	-.262	.060	.244	.221	1	.002	-.016
	Sig. (2-tailed)	.018	.066	.678	.088	.124	.	.988	.910
	N	50	50	50	50	50	50	50	50
市盈率	Pearson Correlation	-.081	.119	-.087	.262	.504	.002	1	-.110
	Sig. (2-tailed)	.575	.412	.547	.066	.071	.988	.	.448
	N	50	50	50	50	50	50	50	50
市净率	Pearson Correlation	-.090	-.193	.791(**)	-.096	.569(**)	-.016	-.110	1
	Sig. (2-tailed)	.532	.178	.000	.508	.000	.910	.448	.
	N	50	50	50	50	50	50	50	50

*　Correlation is significant at the 0.05 level(2-tailed).

**　Correlation is significant at the 0.01 level(2-tailed).

表 15.11 凝聚状态表(按流通股股本的倒数进行聚类分析)

Agglomeration Schedule

Stage	Cluster Combined		Coefficients	Stage Cluster First Appears		Next Stage
	Cluster 1	Cluster 2		Cluster 1	Cluster 2	
1	7	13	.000	0	0	4
2	6	21	.000	0	0	22
3	28	41	.000	0	0	6
4	7	8	.000	1	0	16
5	29	35	.000	0	0	23
6	14	28	.000	0	3	26
7	37	43	.000	0	0	17
8	1	40	.000	0	0	16
9	23	34	.000	0	0	30
10	30	36	.000	0	0	23
11	10	11	.000	0	0	21
12	20	31	.000	0	0	19
13	26	32	.000	0	0	33
14	12	44	.000	0	0	25
15	24	27	.000	0	0	32
16	1	7	.000	8	4	34
17	9	37	.000	0	7	26
18	3	33	.000	0	0	30
19	5	20	.000	0	12	29
20	15	19	.000	0	0	27
21	10	16	.000	11	0	28
22	6	42	.000	2	0	27
23	29	30	.000	5	10	29
24	22	38	.000	0	0	31
25	12	18	.000	14	0	28
26	9	14	.000	17	6	31
27	6	15	.001	22	20	35
28	10	12	.001	21	25	36
29	5	29	.001	19	23	34
30	3	23	.001	18	9	35
31	9	22	.002	26	24	33
32	24	39	.002	15	0	37
33	9	26	.003	31	13	38
34	1	5	.003	16	29	36
35	3	6	.004	30	27	37
36	1	10	.009	34	28	38
37	3	24	.012	35	32	40
38	1	9	.022	36	33	40
39	17	25	.044	0	0	41
40	1	3	.072	38	37	41

续表

Stage	Cluster Combined		Coefficients	Stage Cluster First Appears		Next Stage
	Cluster 1	Cluster 2		Cluster 1	Cluster 2	
41	1	17	.324	40	39	43
42	2	4	.694	0	0	43
43	1	2	7.288	41	42	0

表 15.12　部分股票部分财务指标的 Pearson 相关系数矩阵
Correlations

		流通股股本的倒数(1/亿股)	每股净资产	每股收益	流通股股本	近 20 日均价
流通股股本的倒数(1/亿股)	Pearson Correlation	1	.338(*)	.186	−.616(**)	.527(**)
	Sig. (2-tailed)	.	.029	.238	.000	.000
	N	42	42	42	42	42
每股净资产	Pearson Correlation	.338(*)	1	.400(**)	−.354(*)	.733(**)
	Sig. (2-tailed)	.029	.	.009	.021	.000
	N	42	42	42	42	42
每股收益	Pearson Correlation	.186	.400(**)	1	−.134	.692(**)
	Sig. (2-tailed)	.238	.009	.	.399	.000
	N	42	42	42	42	42
流通股股本	Pearson Correlation	−.616(**)	−.354(*)	−.134	1	−.509(**)
	Sig. (2-tailed)	.000	.021	.399	.	.000
	N	42	42	42	42	42
近 20 日均价	Pearson Correlation	.527(**)	.733(**)	.692(**)	−.509(**)	1
	Sig. (2-tailed)	.000	.000	.000	.000	.
	N	42	42	42	42	42

* Correlation is significant at the 0.05 level(2-tailed).

** Correlation is significant at the 0.01 level(2-tailed).

表 15.13　线性回归分析 1
Variables Entered/Removed[a]

Model	Variables Entered	Variables Removed	Method
1	每股净资产	.	Stepwise(Criteria: Probability-of-F-to-enter <=.050, Probability-of-F-to-remove >=.100).
2	每股收益	.	Stepwise(Criteria: Probability-of-F-to-enter <=.050, Probability-of-F-to-remove >=.100).
3	流通股股本的倒数(1/亿股)	.	Stepwise(Criteria: Probability-of-F-to-enter <=.050, Probability-of-F-to-remove >=.100).

a　Dependent Variable: 近 20 日均价

表 15.14 线性回归分析 2

Model Summary

Model	R	R Square	Adjusted R Square	Std. Error of the Estimate
1	.733(a)	.537	.525	1.94194
2	.853(b)	.727	.713	1.51013
3	.895(c)	.800	.785	1.30772

a Predictors：(Constant)，每股净资产
b Predictors：(Constant)，每股净资产，每股收益
c Predictors：(Constant)，每股净资产，每股收益，流通股股本的倒数(1/亿股)

表 15.15 线性回归分析 3

ANOVA(d)

Model		Sum of Squares	df	Mean Square	F	Sig.
1	Regression	174.854	1	174.854	46.366	.000(a)
	Residual	150.846	40	3.771		
	Total	325.700	41			
2	Regression	236.761	2	118.380	51.910	.000(b)
	Residual	88.939	39	2.280		
	Total	325.700	41			
3	Regression	260.714	3	86.905	50.817	.000(c)
	Residual	64.985	38	1.710		
	Total	325.700	41			

a Predictors：(Constant)，每股净资产
b Predictors：(Constant)，每股净资产，每股收益
c Predictors：(Constant)，每股净资产，每股收益，流通股股本的倒数(1/亿股)
d Dependent Variable：近 20 日均价

表 15.16 线性回归分析 4

Coefficients(a)

Model		Unstandardized Coefficients		Standardized Coefficients	t	Sig.
		B	Std. Error	Beta		
1	(Constant)	3.586	.984		3.645	.001
	每股净资产	2.007	.295	.733	6.809	.000
2	(Constant)	3.095	.766		4.433	.000
	每股净资产	1.487	.250	.543	5.945	.000
	每股收益	7.042	1.352	.476	5.210	.000
3	(Constant)	2.126	.668		4.628	.000
	每股净资产	1.261	.226	.452	5.471	.000
	每股收益	6.842	1.173	.458	5.783	.000
	流通股股本的倒数(1/亿股)	7.063	1.213	.289	3.743	.001

a Dependent Variable：近 20 日均价

附　　录

　　在附录中给出数学实验课实验教学大纲及四个数学实验报告的格式,仅供参考.

　　在教学实践中,我们体会到学生的学习潜力是超乎想像的,尤其对源于实际问题的实验题,其钻研精神与为获取好的结果所表现出的科研能力及编写程序中为达到令人赞叹的各种效果而不懈努力的执着态度更令教师欣慰和感动;学生对课程的态度与他们的意见是促进这一新生课程不断改进、完善和提高的源泉与动力.

　　我们意识到,在今后开设的实验中,应更多加入与专业相关的内容.而最后的考核,则更应以对实际问题转化的应用题目的处理结果作为评定成绩的重要依据.为实践这一设想,在教学的后期阶段,我们向不同专业的班级布置了不同问题,要求每三人一组,完成如下工作:查找图书文献资料及计算机网上信息资料,写出问题综述,包括历史背景,做出重要贡献的人物简记及主要工作及现存的问题与发展方向,对所处理的具体问题则要写出摘要并对涉及的理论与算法要有详细论述.因为所布置的题目一般均易上机验证并表现结果,所以要求对所处理的问题最终汇总于一个应用程序中,而应用程序的界面质量将作为评定成绩的重要指标.

A　数学实验课实验教学大纲

开课实验室:数学系机房　　　　　　　　　　　　　　　课程总学时:46

教学学时:16　　　　　　　　　　　　　　　　　　　　上机学时:30

一、实验教学的指导思想与目的

　　1. 指导思想:数学实验课作为学生学习数学知识与应用数学知识的一个重要的中间环节,其主要解决的问题与主导思想如下:

　　(1) 结合实际问题加深对所学数学原理的认识与理解;

　　(2) 数学的实际应用往往牵涉到繁冗的推导和大量的数值计算,这部分内容很难进入教学课堂,而数学实验课正是对此部分内容的重要补充;

　　(3) 作为基本要求,今天的学生应具有驾驭现代计算设备和技术,以进一步提高应用数学知识解决实际问题的能力,数学实验课是对此种能力培养的一种尝试;

　　(4) 通过对实际问题的接触,从根本上认识数学知识在现代化建设中所起的独一无二的作用.

　　2. 教学目的:通过具体实验内容,能较好地掌握数学通用优秀软件 MATLAB 的使用,并进一步加强所学数学知识应用于具体问题的能力.

二、实验教学的基本要求

　　1. 掌握数学软件 MATLAB 的基本原理与基本使用方法,并能结合实际问题编写短小的简要程序.

2. 通过解决实际问题,学生对所学的数学分析、线性代数、概率论的部分等常用理论有更深的了解与体会.

3. 通过实验,学生在实际问题中应用数学知识的能力得到加强.

三、实验教材与参考书

"数学实验",焦光虹等编,2006 年版.

"MATLAB综合辅导与指南",李人厚等译,1997 年版.

"数学实验",姜启源等编著,1999 年版.

四、实验考核方法

1. 考核方法的指导思想:数学实验作为一门新兴的课程,与历经百年已成定型的工科基础课不同,尚无固定模式,但参考其他院校教材及所了解的授课方式,大体可分为三类.

(1) 以计算方法为主线,辅以实际问题为铺垫,结合大量上机实践,达到学习与应用并举的教学目的.

(2) 以建模为主线,结合不同专业所提的问题,培养学生应用数学的能力.

(3) 以所学数学知识为主线,配以实际应用实例,加深扩充学生对所学知识的理解、认识与应用能力,并在此基础上,配以适应不同专业的实际建模问题,增强学生的动手上机与解决实际问题的能力. 教材的编写基本按第三种模式.

现在我校数学实验课的授课模式基本按上述三种模式进行. 而实验课内容本身贴近不同学生所在不同专业提出的侧重点不同的数学内容应为数学实验课本身所具有的重要特点,且实验内容应灵活并不断更新,包含近代数学思想的内容,任何要求所谓统一模式,统一实验内容,统一评分方法,甚至具有统一的实验报告格式的提法我们认为是不正确的,是一种僵硬的官僚式管理模式,势必失去数学实验课的活力,而变成一种形式的东西,而无法达到其应有的教学效果.

2. 具体考核方式:为了使考核有序进行,基于上述思想,规定必作实验与选作实验共计 5～7 个. 同时应给学生一定的自主创新机会,允许部分学生根据本专业的具体情况自行选择实验课题目.

(1) 必作实验:考虑各种模式所公用的教学内容,作如下安排.

序　　号	实验项目	学　时	实验要求	每组人数
1	MATLAB 入门	4	必修	1
2	常微分方程数值解	4	必修	1
3	平面线性映射迭代	4	必修	1

(2) 选作实验:下面给出的选作试验仅为一种参考,教师可依据实际情形自行安排实验题目.

序　　号	实验项目	学　时	实验要求	每组人数
1	导弹与飞机	4	选修	1
2	二次离散系统	6	选修	1
3	曲线拟合或插值	4	选修	1
4	非线性方程近似解	4	选修	1
5	敏感问题随机调查	4	选修	1
6	二次函数迭代	4	选修	1
7	优化工具箱	4	选修	1

说明:必修与选修实验机时应不少于 30 学时,教师自行选择与部分学生自定题目的实验机时应不少于 8 学时,缺 4 个机时,期末成绩扣除 20 分,缺 8 个机时,期末成绩扣除 40 分,缺 8 个机时以上者,本门课无成绩.

注:1. 本大纲自 2001 年春季学期开始执行.

2. 与专业相关的实验题目由相应授课教师自行确定,并核定上机时数.

B　数学实验报告

(试 行 稿)

数学实验作为一门旨在使学生更深入了解体会所学数学原理内涵并强化应用所学知识能力的新兴课程,尚无固定模式与基本内容相对统一的教材. 而基于各不同专业不同的实际需要并为适应不断发展的科学技术,不应也不可能要求此类课出现类似有几百年历史而形成的相对稳定的基础数学教学模式与相对统一的教材. 而相应配套的实验报告更应具有相当的灵活性,包括格式与基本要求. 此试行稿仅提供一种模式参考,希望在使用过程中不断改进,去旧纳新. 我们热切期望教师与同学们提出自己的想法与意见,使报告无论从形式、内容与基本要求诸方面不断完善,而这一过程是无止境的.

在报告中依据需要附加了一些 MATLAB 的使用方法及与实验相关的部分程序,仅供参考.

实验一　　MATLAB 使用

班号:
学号:
姓名:
成绩:

目的　　初步掌握 MATLAB 的常用功能,包括:

(1) 算术运算及常用函数的数值运算;

(2) 矩阵的运算,应特别强调求逆、特征值、特征向量等的运算指令与使用方法;

(3) 掌握 2 维及 3 维画图方法;

(4) 初步掌握编写几个语句的小程序,并学会编辑、修改、存盘、打开及调用自己编写的程序的方法;

(5) 了解符号数学工具箱.

注　　教师可依据实际需要,强调或增加实验内容,重点介绍某些工具箱的使用.

内容

1. 上机操作第 1 章所给实例,学习掌握各种数据输入方法. 包括 Linspace(a,b,n). 这一函数生成从 a 到 b 共 n 个数值的等差数组,公差不再给出.

2. 完成下列题目,对每一题应附有必须的程序语句.

(1) $A \backslash B$ 称为矩阵 A 左除矩阵 B,其计算结果与 $A^{-1}B$ 大致相同,但二者又有差异. B/A,称 A 右除 B,结果基本相同于 BA^{-1}.

用左除与求逆的方法求解方程组 $Ax = B$,其中

$$A = \begin{bmatrix} -3 & 5 & 0 & 8 \\ 1 & -8 & 2 & -1 \\ 0 & -5 & 9 & 3 \\ -7 & 0 & -4 & 5 \end{bmatrix}, \quad B = \begin{bmatrix} 0 \\ 2 \\ -1 \\ 6 \end{bmatrix}.$$

(a) 方法:

程序语句:

计算结果:

(b) 方法:

程序语句:

计算结果:

(2) 设有分块阵 A 如下:

$$A = \begin{bmatrix} E_{3\times3} & R_{3\times2} \\ O_{2\times3} & S_{2\times2} \end{bmatrix},$$

其中 E, R, O, S 分别为单位阵、随机阵、零阵与对角阵,通过数值计算验证

$$A^2 = \begin{bmatrix} E & R + RS \\ O & S^2 \end{bmatrix}.$$

要求:使用矩阵生成函数 eye,rand,zeros 及 diag 分别生成上述 4 个矩阵,写出生成语句.

E =   ;R =
O =   ;S =

写出 A 的生成语句

A =

计算 A^2,写出验证时你所用的指令:

附 diag( ) 生成一个对角阵,一般调用格式为 diag(v,k).

v 是一个 n 维行向量,k 是一个整数,$k = 0$ 时可缺省,用下例说明其使用方法. 例如 $v = [1,2]$,diag(v) 生成 $\begin{bmatrix} 1 & 0 \\ 0 & 2 \end{bmatrix}$,diag($v$,1) 生成 $\begin{bmatrix} 0 & 1 & 0 \\ 0 & 0 & 2 \\ 0 & 0 & 0 \end{bmatrix}$.

(3) 通过 MATLAB 的帮助系统掌握函数 roots,poly,polyval 的用法,并用诸命令解决以下问题.

(a) 已知一个多项式零点为 $\{2, -3, 1+2i, 1-2i, 0, -6\}$，求此按降幂排列的多项式.

要求：生成多项式的语句为

(b) 计算 $x = 0.8, -1.2$ 之值的指令与结果为

(4) 矩阵 $\boldsymbol{A}$ 的特征方程 $|\lambda\boldsymbol{E} - \boldsymbol{A}| = 0$ 是关于 λ 的多项式，其根为 $\boldsymbol{A}$ 的特征值，现已知多项式 $P(x) = 0$，若能确定一个矩阵 $\boldsymbol{A}$，使 $\boldsymbol{A}$ 的特征多项式恰为 $P(x)$，则称 $\boldsymbol{A}$ 为 $P(x)$ 的友元矩阵，从而求 $P(x) = 0$ 的根的问题转化为求 $\boldsymbol{A}$ 的特征值问题. MATLAB 完成求 $P(x)$ 友元阵 $\boldsymbol{A}$ 的函数为 A = compan(p)，这里 p 是一个按 x 的降幂排列得到的系数行向量.

利用求友元阵 $\boldsymbol{A}$ 的特征值的方法求

$$P(x) = x^4 - 6x^2 + 3x - 8 = 0$$

的根，并与求根函数 roots(p) 比较所得结果.

要求：求 $\boldsymbol{A}$ 的指令与结果为

求 $\boldsymbol{A}$ 的特征值的语句结果分别为

roots(p) 的结果为

结论：

(5) 作函数 x^2, x^3, x^4 与 x^5 的图形.

要求：在一幅图上用 plot 画出这 4 条曲线，你的指令为

用 subplot 画 4 个函数图形的指令为

(6) fplot 是专用于绘制一元函数曲线的命令,其自变量取值点步长是通过内部自适应算法而产生的,所以对曲线起伏剧烈的函数,用 fplot 命令比用一般等距取点的 plot 命令给出的曲线更光滑准确. fplot 的具体使用格式为

$$[x,y] = fplot(`fun',[x\min,x\max],tol)$$

要求:创建如下函数:

function　　y = funfplot(x)

　　　　　　y = sin(1. /tan(pi * x));

在 $[-0.1,0.1]$ 上,令误差 $tol = 2e-4$,

绘图

(7) 用作图法求 $4\sin x - x - 2 = 0$ 的根的近似值.

要求:绘图语句为

对 x 轴 y 轴加标志并加网格线的程序语句为

(8) 作曲面 $z = x^2 - y^2$ 的三维图形.

要求:用你所知的方法绘图

(a)

(b)

注　在(5)、(6)、(7)、(8)各作图题目中,所画图形若有条件请打印出来,若不具备条件,请用手工绘制略图,附在你的试验报告上,以后的绘图题目亦有类似要求.

(9) 建立 M 函数作以下计算:

(a) 自然数 n 的阶乘;(b)n 中取 m 的组合.

要求:

(a) 的程序文件为

(b) 的程序文件为

(10) input 是编程中人机对话的主要函数之一,用 help 查询其用法,编制满足如下要求的
程序.

- 用 input 语句输入一个函数.
- 求其一阶导数与二阶导数.
- 将函数及其一阶与二阶导数画在同一幅图中.

要求:编写满足要求的程序:

(11) 绘制极坐标系下曲线 $r = a\cos(b + n\theta)$.

要求:绘图语句:

讨论参数 a, b, n 的影响.

(12) 空间两曲面交线.

将 $z_1 = x^2 + 2y^2$ 与 $z_2 = a$ 的曲面图形和交线图形分别画在两张图上(用函数 subplot).其
图附于报告上.

(13) 编写任意函数展开为各阶 Taylor 多项式的程序,并将各阶展开画在同一幅图中.

要求:你的程序:

| 班号: |
| 学号: |
| 姓名: |
| 成绩: |

实验二 平面线性映射的迭代

目的 明确在线性映射中,特征值与特征向量所起的作用,通过具体实例,感受线性变换 A 的特征值中模最大者在计算机动画设计中所扮演的角色.

内容

(1) 已知概率转移矩阵

$$A = \begin{bmatrix} \dfrac{3}{4} & \dfrac{1}{2} & \dfrac{1}{4} \\ \dfrac{1}{8} & \dfrac{1}{4} & \dfrac{1}{2} \\ \dfrac{1}{8} & \dfrac{1}{4} & \dfrac{1}{4} \end{bmatrix},$$

计算 A 的特征值 λ_1,λ_2 与 λ_3 及属于它们的特征向量 ξ_1,ξ_2,ξ_3,写出求它们的 MATLAB 指令.

指令:

结果:

(2) 已知今天晴、阴、雨的概率为 $(P_{11},P_{21},P_{31})'$,则第 n 天晴阴雨的概率计算公式为

$$\begin{bmatrix} P_{1n} \\ P_{2n} \\ P_{3n} \end{bmatrix} = A^n \begin{bmatrix} P_{11} \\ P_{21} \\ P_{31} \end{bmatrix},$$

其中

$$\begin{bmatrix} P_{11} \\ P_{21} \\ P_{31} \end{bmatrix} = \begin{bmatrix} 0 \\ \dfrac{1}{2} \\ \dfrac{1}{2} \end{bmatrix}.$$

利用(1)的结果,写出利用 A 的特征值与特征向量的利于计算的计算公式,你的公式为

$$\begin{bmatrix} P_{1n} \\ P_{2n} \\ P_{3n} \end{bmatrix} =$$

$n = 100$ 时, 你的计算结果为

$$\begin{bmatrix} P_{1100} \\ P_{2100} \\ P_{3100} \end{bmatrix} =$$

(3) 与 A 的特征向量作比较, 你发现了什么? 请叙述你的想法.

(4) 设有 2×2 矩阵 A 及 4 个二维向量如下

$$A = \begin{bmatrix} 1 & 1 \\ 1 & -1 \end{bmatrix}, V_1 = \begin{bmatrix} 0 \\ 0 \end{bmatrix}, V_2 = \begin{bmatrix} 2 \\ 0 \end{bmatrix}, V_3 = \begin{bmatrix} 2 \\ 2 \end{bmatrix}, V_4 = \begin{bmatrix} 0 \\ 2 \end{bmatrix}$$

求 A 的特征值与属于它们的特征向量的指令为

(5) 计算 AV_2, 　$A^2 V_2$, 　$A^3 V_2$, $\cdots$

　　　　AV_3, 　$A^2 V_3$, 　$A^3 V_3$, $\cdots$

　　　　AV_4, 　$A^2 V_4$, 　$A^3 V_4$, $\cdots$

考察三个点列的轨迹, 在 MATLAB 上画出它们的图形, 将图形附在下面, 注意在图中加标记, 最好将三个图画在同一个图中以作比较, 结合教材中问题 5 谈谈你的感想.

(6) 对迭代

$$x_{n+1} = x_n + 2y_n$$

$$y_{n+1} = 3x_n - y_n$$

迭代映射 f 为

从某个方便的 (x_0, y_0) 开始, 画出由 (x_0, y_0) 生成的点列. 下面用 $\langle x_0, y_0 \rangle$ 表示该点列.

(7)
$$A = \begin{bmatrix} \dfrac{1}{5} & \dfrac{99}{100} \\ 1 & 0 \end{bmatrix}$$

将⟨1,1⟩与⟨1,0⟩迭代足够多次,观察点列的图形.将 PLANAR1 改写为 MATLAB 程序,并用该程序完成本练习.

PLANAR1.m

(8) 由实验结果看出,多次迭代后映射的作用近似于下式

$$x_{n+1} = ax_n$$

$$y_{n+1} = ay_n$$

说明 a 的含意

(9) 运行本节后所附 PLANAR2 的 MATLAB 程序,观察这 17 条轨线,结合 3.2 节练习 4,体会模最大的特征值在变换中所起的作用.

(10) 对矩阵

$$B = \begin{bmatrix} 0 & 1 \\ \dfrac{100}{99} & -\dfrac{20}{99} \end{bmatrix}$$

重复(9)的练习,注意 $AB = BA = E$,与 A 的生成图形作比较,找出它的按绝对值最大的特征值与属于这一特征值的方向.

(11) 试编写一个程序,不妨称之为动画演示程序,将所给图形沿 $\boldsymbol{\alpha}_1 = (1,1)$ 方向拉长,沿 $\boldsymbol{\alpha}_2 = (-1,1)$ 方向压缩,使其变成一个斜置棱形.你的程序为

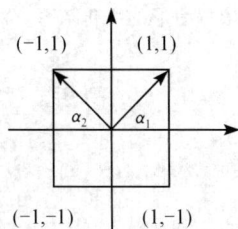

运行你的程序得到的图形是

　　(12) 对单位圆面 $x^2 + y^2 = 1$, 用满秩矩阵作坐标变换, 对得到的数据画图, 观察图形与你所选矩阵的关系.
　　你所选坐标变换矩阵

　　　　$C =$

　　你的画图程序为

　　变换后的图形为

　　C 的特征值与特征向量分别为
$\lambda_1 =$ 　　　　　　；　　$\lambda_2 =$
$$\xi_1 = \begin{bmatrix} & \\ & \end{bmatrix} \quad ; \quad \xi_2 = \begin{bmatrix} & \\ & \end{bmatrix}$$
依据图形的变化情形, 你的结论是

　　按你的意愿将单位圆在某些方向拉伸或压缩,依据事先的设定,你如何设计你的坐标变换矩阵.

　　你提的压缩,拉伸方案是

　　你设定的矩阵 C 应如何得到

　　上机验证之.

　　注意　fill 作为绘图函数,绘制并充填二维图形,请借助 help 了解它的详细使用情况.运行下列程序语句

　　≫ x＝[0 1 1 0 0];y＝[0 0 1 1 0];　　%　　正方形顶点

　　≫ fill(x,y,'y')　　%　　绘图并以黄色填充

　　≫ axis([－1 2 －1 2])　　%　改变坐标轴

　　说明　fill 画出连接点$(0,0)\rightarrow(1,0)\rightarrow(1,1)\rightarrow(0,1)\rightarrow(0,0)$的封闭折线图形,并用缺省或指定的颜色填充内部区域.

班号:
学号:
姓名:
成绩:

实验三　　常微分方程数值解

目的　　对实际问题建立其所满足要求的微分方程并解之,是培养学生应用数学知识能力的重要环节.因一般非线性微分方程大都不存在解析解,因此采用数值算法,分析所得数据并结合对其相关图形的研究就成为处理具体课题的重要科研手段.

通过该实验,学生体会到在何种情形下可对非线性方程近似转化为线性方程以便求得解析解,而在何种情形下,这一近似因产生大的误差被放弃而采用求数值解的方法.

通过实验,要求同学们熟练掌握 MATLAB 中求解微分方程数值解的函数 ode23 与 ode45 的用法.

实验布置的题目一般为简化的实际问题,一方面旨在培养学生的建模能力,另一方面亦要求其有一定的编程、求解方程及对相关数据包括图形的分析能力,这正是安排此实验的初衷.

内容

(1) 通过课堂学习,明了 ode23 与 ode45 两函数其程序内核的数学方法分别近似为二阶与四阶龙格-库塔法.需要强调的是尽管 ode45 的误差精度高于 ode23,但在一些情形下,ode23 处理实际问题的效果要优于 ode45.

(2) 对方程(单摆问题)

$$\begin{cases} ml\theta'' = -mg\sin\theta \\ \theta(0) = \theta_0, \qquad \theta'(0) = 0 \end{cases}$$

令 $x_1 = \theta, x_2 = \theta'$,方程化为与其等价的一阶方程组

$$\begin{cases} x_1' = x_2 \\ x_2' = -\dfrac{g}{l}\sin x_1 \\ x_1(0) = \theta_0, \qquad x_2(0) = 0 \end{cases}$$

求解程序为(取 $\theta_0 = 10° \doteq 0.1745$(弧度))

① function xdot = danbai(t,x)

② g = 9.8;

③ l = 25;

④ xdot(1) = x(2);

⑤ xdot(2) = - g/l * sin(x(1));

⑥ xdot = [xdot(1);xdot(2)];

⑦ [t,x] = ode23('danbai',[0,10],[0.1745,0])

针对上述程序,回答如下问题:

(a) t 的维数由什么确定?运行程序试一试.

(b) 写出[t, x]的形式, 说明矩阵 x 两列的含意.

(c) 去掉语句 ⑥ 中分号, 观察出现的情形, 并解释说明之.

(d) t 的值在第几条语句中赋值?

   仔细体会程序的运作原理.

(3) 对改进欧拉公式

$$\begin{cases} y_{n+1} = y_n + \dfrac{h}{2}(k_1 + k_2) \\ k_1 = f(x_n, y_n) \\ k_2 = f(x_{n+1}, y_n + hk_1) \end{cases}$$

(a) 编写求微分方程数值解的程序

你的程序为

(b) 用上述程序与 ode23 解下列微分方程

① $y' = x^2 - y^2$ $y(0) = 0$ 或 $y(0) = 1$

② $y'' + y\cos x = 0$ $y(0) = 1, y'(0) = 0$

(4) 一只小船渡过宽为 d 的河流, 目标是起点 A 正对着的另一岸上 B 点, 已知河水流速 v_1 与船在静水中的速度 v_2 之比为 k.

(a) 建立小船航线的方程, 求其解析解.

(b) 设 $d = 100\text{m}, v_1 = 1\text{m/s}, v_2 = 2\text{m/s}$，用数值解法求渡河所需时间，任意时刻小船的位置及航行曲线，作图并与解析解比较.

(5) 研究种群竞争模型，当甲、乙两个种群各独自生存时，数量演变服从下面规律.

$$\dot{x}(5) = r_1 x \left(1 - \frac{x}{n_1} \right), \qquad \dot{y}(t) = r_2 y \left(1 - \frac{y}{n_2} \right)$$

其中 $x(t), y(t)$ 分别为 t 时刻甲、乙两个种群的数量，r_1, r_2 为其固有增长率，n_1, n_2 为它们的最大容量. 而当这两个种群在同一环境中生存时，由于乙消耗有限资源对甲的增长产生影响，将甲的方程修改为

$$\dot{x}(t) = r_1 x \left(1 - \frac{x}{n_1} - s_1 \frac{y}{n_2} \right) \tag{1}$$

这里 s_1 的含义是对于供养甲的资源而言，单位数量乙（相对 n_2）的消耗率为单位数量甲（相对 n_2）消耗率的 s_1 倍. 类似地，甲的存在也影响了乙的增长，乙的方程应改为

$$\dot{y}(t) = r_2 y \left(1 - s_2 \frac{x}{n_1} - \frac{y}{n_2} \right) \tag{2}$$

给定种群初始值为

$$x(0) = x_0, \qquad y(0) = y_0$$

及参数 $r_1, r_2, s_1, s_2, n_1, n_2$ 后方程（1）与（2）确定了两种群的变化规律，因其解析解不存在，试用数值解法研究以下问题：

(a) 设 $r_1 = r_2 = 1, n_1 = n_2 = 100, s_1 = 0.5, s_2 = 2, x_0 = y_0 = 10$，计算 $x(t), y(t)$，画出它们的图形及相图 (x, y)，说明时间 t 充分大以后 $x(t), y(t)$ 的变化趋势.

(b) 改变 r_1，r_2，x_0，y_0，但 s_1，s_2 不变(或保持 $s_1 < 1$，$s_2 > 1$)并分析所得结果，若 $s_1 = 1.5$，$s_2 = 0.7$ 再分析结果，由此你得到什么结论，请用各参数生态学上的含义作出解释.

(c) 实验当 $s_1 = 0.8(< 1)$，$s_2 = 0.7(< 1)$ 时会有什么结果；当 $s_1 = 1.5(> 1)$，$s_2 = 1.7(> 1)$ 时又会出现什么结果，能解释这些结果吗？

(6) 前言中，曾就导弹 B 追踪飞机 A 的轨迹问题展开讨论. 那里，为简化问题，假设 B 与 A 的距离 $K = \sqrt{(X-x)^2 + (Y-y)^2}$ 不变，其中 $x = x(t)$，$y = y(t)$ 为 B 的飞行轨迹的参数方程，待求函数 $X = X(t)$，$Y = Y(t)$ 是 A 的飞行轨迹. 下面，我们继续讨论，并去掉 K 不变的条件，而令 $K \to 0$.

(a) **证明**　B 的飞行路线 $x = x(t)$，$y = y(t)$ 满足微分方程

$$\begin{bmatrix} \dot{x} \\ \dot{y} \end{bmatrix} = \frac{\omega}{\left\| \begin{bmatrix} X-x \\ Y-y \end{bmatrix} \right\|} \begin{bmatrix} X-x \\ Y-y \end{bmatrix}$$

其中 $\omega^2 = \dot{x}^2 + \dot{y}^2$ 为 B 的恒定速率.

(b) 下面的 4 个程序动态显示了 B 追踪 A 并最终追上 A 的过程. 读懂并运行程序.

A 的逃逸路线：

```
function S = A(t)
If t < 6
    S = [8 * t;0];
else
    S = [8 * (12 - t);1];
end
```

说明　A 先沿 x 轴正向飞行，后当 $t \geqslant 6$ 时，调头往回飞.

B 的追踪路线(待求解方程)：

```
function [zs,isterminal,direction] = B(t,z,flag)
global w  %  speed of the  B
X = A(t);
h = X - z;
nh = norm(h);  %  nh = √((X-x)² + (Y-y)²)
```

```
    if nargin < 3  |   isempty(flag)
    zs = (w/nh) * h;
    else
    switch(flag)
    case'events'
        zs = nh - le - 3;
        isterminal = 1;
        direction = 0;
    otherwise
        error(['unknown flag:',flag]);
    end
    end
```

说明　由(a),待解方程中存在 $K = \left\| \begin{bmatrix} X - x \\ Y - y \end{bmatrix} \right\| \to 0$;为在适当时间($K$ 变的很小时) 中止运算,求解方程的积分器 ode23 及 ode45 借助函数 odeset( ) 设定 events 选项为 on 时,当 isterminal $= 1$,且 direction $= 0$ 时,将终止迭代运算. 详见 help odeset.

求解方程及图示追踪过程的主程序如下:

```
% 以 main 1.m 存盘
global w
yo = [60;70];% initial starting point of B
w = 10;   % speed of the B
options = odeset('RelTol',le - 5,'Events','on');
[t,y] = ode23('B',[0,20],yo,options);
j = [];
for h = 1:length(t)
    w = A(t(h));
    j = [j;w'];
end
xmin = min(min(y(:,1)),min(j(:,1)));
xmax = max(max(y(:,1)),max(j(:,1)));
ymin = min(min(y(:,2)),min(j(:,2)));
ymax = max(max(y(:,2)),max(j(:,2)));
clf;
hold on;
axis = ([xmin,xmax,ymin,ymax]);
for h = 1:length(t) - 1
plot([y(h,1),y(h + 1,1)],[y(h,2),y(h + 1,2)],'-',…
    'color','red','EraseMode','none');
```

```
    plot([j(h,1),j(h + 1,1)],[j(h,2),j(h + 1,2)],':',…
        'color','black','EraseMode','none');
    drawnow;
        pause(0.3);
    end
        p = max(size(y));
        cross_1(y(p,1),y(p,2));
hold off
```

说明 cross_1 是在 B 追上 A 的那点处作一个标记. 下面是这一函数的代码.

```
function cross_1(cx,cy)
v = 2;
kx = [cx,cx,cx,cx - v,cx + v];
ky = [cy,cy + 2.5 * v,cy + 1.5 * v,cy + 1.5 * v,cy + 1.5 * v];
plot(kx,ky)
plot(cx,cy,'o')
```

(c) 如果建立微分方程很困难,则可用仿真的方法在计算机上一步步模拟 B 追踪 A 的实际过程. 请给出算法,并编写程序动态显示 B 追踪 A 的过程.

你的理论依据是:

你的程序

实验四　MATLAB 程序编写

目的　程序的编写调试,是建模的重要组成部分.为进一步提高同学们的编程能力,本节实验给出了一系列具有一定难度的实用程序,要求同学们读懂并上机运行之.

关于程序的功能说明,除必要的文字简述,大部分附加于程序的帮助系统内.而更深入了解程序的运作机制,则需同学们进一步阅读相关书籍.

程序的选择力求其实用性,并重视动画的演示效果,希望这些程序的给出,对激发同学们编写高质量应用程序的热情起到抛砖引玉的效果.

一、options = odeset( ) 的设定形式

以求解高阶微分方程为例,重点说明结构变量 options 中事件变量 events 的使用.

(1) 求解高阶方程时,还须将其等价地转化为一阶方程组,已知待求解方程为

$$y''' + 2x^2 y'' - xyy' + \sin x = 0$$

与其等价的一阶微分方程组为

(2) 求解范德波尔(van der Pol)方程

$$\begin{cases} \dfrac{\mathrm{d}^2 y}{\mathrm{d}t^2} - \mu(1 - y^2)\dfrac{\mathrm{d}y}{\mathrm{d}t} + y = 0 \\ y(0) = 2, \qquad y'(0) = 0 \end{cases}$$

与其等价的一阶微分方程组为

在前项给出的结果下,编写待求解程序为:% 以 vdpol. m 存盘

```
function   ydot = vdpol(t,y,mu)
if   navgin < 3
    mu = 2;
end
ydot = [y(2,:);mu * y(1 - y(1,:).^2). * y(2,:) - y(1,:)];
```

% 或写为

%ydot = [y(2);mu * (1 - y(1)^2) * y(2) - y(1)];

% 程序中采用的 y(2,:) 及 y(1,:),称为向量形式

%,此时应注意.*,.^ 的使用.

下面编写的程序为事件终上程序,以 vdpolevents.m 存盘.

```
function [value,isterminal,direction] = vdpolevents(t,y,mu)
value(1) = abs(y(2)) - 2;
isterminal(1) = 1;
direction(1) = 0;
```

接下来的程序为求解方程的主程序,以 mainvdpol.m 存盘.程序语句如下:

```
clear all
mu = 2;yo = [2;0];    %yo 为初始值.
ts = [0,20];          %ts 为时间区间.
options = odeset('events',@vdpolevents);
[t,y,te,ye] = ode45(@vdpol,ts,yo,options,mu);
plot(t,y,te,ye(:,2),'o')
```

说明 ode23 或 ode45 的一般调用方式为[t,y,te,ye] = ode45(@ 函数名,ts,yo,options,参数 1,参数 2,…),其中 options 由函数 odeset 设定,它规定求解微分方程的精度等一系列特征,在命令窗口键入:

≫ odeset↙   % 显示 odeset 的设定内容

Abstol:(绝对误差),缺省值 1e - 6

Reltol:(相对误差),缺省值 1e - 3

…

Events: @function

在本问题中,结构 options 除 Events 的选项设定为函数 Vdpolevents 的地址(指针)外,其余全部用缺省值,在调用 ode45 时,积分器指向 vdpol,由上一步值,递归的计算下一步值,同时调用 events 所指向的函数 vdpolevents,并将新计算的函数值传给 vdpolevents,之后计算 value 是否为 0.若不为 0,返回 ode45 继续计算,否则,检查 isterminal 的值.若此值为 0,则 ode45 继续计算,并将使 Value 为 0 的值返给 te 与 ye.但若 isterminal 值为 1,则终止 ode45 的调用,并将使 Value = 0 的 t 与 y 值返给 te 与 ye.对 direction 的赋值为 0,1,−1,值为 0 时,忽略 Value 是大于 0 还是小于 0 趋于 0,赋值为 1 时,则当 Value 大于 0 趋于 0 时,终止运算,…….在实验三的(6)中,给出了导弹追踪并追上击中飞机的追踪路线求解程序,在那里终止 ode45 运算的事件程序混编在待求解方程中.重新改写程序,将终止运算程序与待求解方程分离.你的程序为

(a) 待求解的 B 的追踪路线程序:

（b）终止 ode45 调用的事件函数：

（c）求解方程的主程序为

二、应用程序 1：ex_draw(arg)

这一程序在当前坐标轴下用鼠标拖动画线，在画线起点，按鼠标左键，出现一个"+"字，之后按住左键（不放键），拖动鼠标，则可画出一条红线，指针到哪儿，红线跟到哪儿，放开鼠标，一条线画线结束，之后可重复画第二，第三条线，……．按任意键结束画线．函数以 es_draw.m 存盘．以下为程序代码．

```
% 递归调用的画线程序
function    ex_draw(arg)
global   DRAW_HL                    % 全局变量一般用大写字母.
if nargin = 0
    arg = 'ex_line';
end
if  isstr(arg)                    % initial call,
    clear all                     % set things up.
    Hf = gcf;
```

% 若当前有图形窗口，将窗口句柄赋于 Hf，若无图形窗口，则建立
% 新窗口对象，并将其句柄值存于 Hf 中．

```
    Set(Hf,'Pointer','crossh',…;% set up callback for line start
                'BackingStore','off'…
                'WindowButtonDownFcn','ex_draw(1)')
    figure(Hf)
elseif arg = = 1   % callback is line start point
    fp = get(gca,'CurrentPoint');   % start of line point
    set(gca,'Userdata',fp(1,1:2))% store in axes userdata
    ser(gcf,'WindowButtonMotionFcn','ex_draw(2)',…
                'WindowButtonUpFcn','ex_draw(3)')
```

```
    elseif arg = = 2    %callback is mouse motion
        cp = get(gca,'CurrentPoint');cp = cp(1,1:2);
        fp = get(gca,'Userdata');
        H1 = line('Xdata',[fp(1);cp(1)],'Ydata',[fp(2);cp(2)],…
                            'EraseMode','xor',…
                            'Color','r','LineStyle','-',…
                            'Clipping','off');
        if ~ isempty(DRAW_HL)   %delete prior line if it exists
                    delete(DRAW_HL)
        end
        DRAW_HL = H1;%store current line handle
    elseif arg = = 3    %callback is line end point,finish up
        set(gcf,'Pointer','arrow',…
                            'BackingStore','on'…
                            'WindowButtonDownFcn','',…
                            'WindowButtonMotionFcn','',…
                            'WindowButtonUpFcn','')
        set(gca,'Userdata',[]);
        set(DRAW_HL,'EraseMode','normal')   %render line better
        key = waitforbuttonpress;
        if key
                gtext('finish');
                return
        else
                ex_draw;
        end
    end
  end
```

说明   nargin 与 nargout 为 MATLAB 提供的检测函数输入输出参数个数的函数. arg 则表明函数有输入参数,但参数形式不定.亦可无参数调用.

注意程序的递归调用.说明:

arg = = 1 时的调用情形:

arg = = 2:

arg = = 3：

说明 Key = waitforbuttonpress 的功能：

三、应用程序 2：eigshow(arg)

eigshow(　)动态显示线性变换中特征值与特征向量的作用.

注意各子程序的功能.读懂并上机运行.简述各程序模块的功能.

initialize：

initv：

action：

movev：

```
setmode；
```

```
function eigshow(arg)                    ％ 显示二维矩阵的特征值的本质.
if nargin = = 0;
     initialize
elseif arg = = 0
   action
elseif arg < 0
   setmode(arg)
else
   initialize(arg);
end
function initialize(arg)
if nargin = = 0
   arg = 6;
end
if isequal(get(gcf,'tag'),'eigshow');
   h = get(gcf,'userdata');
   mats = h.mats;
else
   set(gcf,'numbertitle','off','menubar','none')
   h.svd = 0;
   mats = {                              ％ 二阶方阵数组.
        '[5/4 0;0 3/4]'
        '[5/4 0;0 - 3/4]'
        '[1 0;0 1]'
        '[0 1;1 0]'
        '[0 1; - 1 0]'
        '[1 3;4 2]/4'
        '[1 3;2 4]/4'
        '[3 1;4 2]/4'
        '[3 1; - 2 4]/4'
        '[2 4;2 4]/4'
        '[2 4; - 1 - 2]/4'
        '[6 4; - 1 2]/4'
        'randn(2,2)'};
```

```
end
% 根据参数的不同确定变换矩阵.
if all(size(arg) = = 1)
    if(arg < length(mats))
        mindex = arg;
        A = eval(mats{mindex});    % 变换矩阵由二阶方阵数组中的某一个.
    else
        A = randn(2,2);
        S = ['['sprintf('%4.2f %4.2f; %4.2f %4.2f',A.')']'];
            % 一个二维随机阵.
        mindex = length(mats);
        mats = [mats(1:mindex - 1); {S};mats(mindex)];
    end
else
    A = arg;                    % 变换矩阵直接在参数中指定.
    if isstr(A);
        S = A;
        A = eval(A);
    else
        S = ['['sprintf('%4.2f %4.2f; %4.2f %4.2f',A.')']'];
    end
    if any(size(A)~ = 2)
        error('Matrix must be 2 - by - 2')
    end
    mats = [{S};mats];
    mindex = 1;
end


clf
if h.svd,t = 'svd/(eig)';
    else,t = 'eig/(svd)';
end
uicontrol(…                                    % 界面控制按钮
    'style','pushbutton',…
    'units','hormalized',…
    'position',[.86 .60 .12 .06],…
    'string',t,…
    'value',h.svd,…
```

```
                   'callback','eigshow(- 1)');
    uicontrol(···
        'style','pushbutton',···
        'units','normalized',···
        'position',[.86 .50 .12 .06],···
        'string','help',···
        'callback','helpwin eigshow')
    uicontrol(···
        'style','pushbutton',···
        'units','normalized',···
        'position',[.86 .40 .12 .06],···
        'string','close',···
        'callback','close(gcf)')
    uicontrol(···
        'style','popup',···                  % 变换矩阵选择下拉菜单.
        'units','normalized',···
        'position',[.28 .92 .48 .08],···
        'string',mats,···
        'tag','mats',···
        'fontname','courier'···
        'fontweight','bold,···
        'fontsize',14,···
        'value',mindex,···
        'callback','eigshow(get(gco,"value"))');
    s = 1.1 * max(1,norm(A));                 % 图形绘制.
    axis([- s s - s s])
    axis square
    xcolor = [0  .6  0]
    Axcolor = [0  0  .8]
    h.A = A;
    h.mats = mats;
    h.x = initv([1  0]','x',xcolor);
    h.Ax = initv(A(:,1),'Ax',Axcolor);
    if h.svd
        h.y = initv([0  1]','y',xcolor);
        h.Ay = initv(A(:,2),'Ay',Axcolor);
        xlabel('Make A * x pependicular to A * y','fontweight','bold')
        set(gct,'name','svdshow')
```

```
else
    xlabel('Make A * x parallel to x','fontweight','bold')
    set(gcf,'name','eigshow')
end
set (gcf,'tag','eigshow',…
    'userdata',h,…
    'windowbuttondownfcn',…
        'eigshow(0);set(gcf,"windowbuttonmotionfcn"''''eigshow(0)")',…
    'windowbuttonupfcn',…
        'set(gcf,"windowbuttonmotionfcn",'' '')')
%-------------------------------
function h = initv(v,t,color)                    % 动画演示程序体.
h.mark = line(v(1),v(2),'marker','.','erase','none','color',color);
h.line = line([0 v(1)],[0 v(2)],'erase','xor','color',color);
h.text = text(v(1)/2,v(2)/2,t,'fontsize',12,'erase','xor','color',color);
%-------------------------------
function action
h = get(gcf,'userdata');                         % 与用户的交互作用程序.
pt = get(gca,'currentpoint');
x = pt(1,1,:2)';
x = x/norm(x);
movev(h.x,x);
A = h.A;
movev(h.Ax,A * x);
if h.svd
    y = [- x(2);x(1)];
    movev(h.y,y);
    movev(h.Ay,A * y);
end
%-------------------------------
function movev(h,v)
set(h.mark,'xdata',v(1),'ydata',v(2));
set(h.line,'xdata',[0 v(1)],'ydata',[0 v(2)]);
set(h.text,'pos',v/2);
%-------------------------------
function setmode(arg)
h = get(gcf,'userdata');
h.svd = ~ h.svd;
```

```
set(gcf,'userdata',h)
initialize(get(findobj(gcf,'tag','mats'),'value'))
```

四、阅读与理解

1. 给出三段程序. mmgetxy( )调用 mmcxy( ),mmcxy( )调用 mmgcf,程序代码如下:

```
-------------------------------------------------------------------------
function        Hf = mmgcf
Hf = get(0,'Children');
if isempty(Hf)
      return
else
      Hf = get(0,'CurrentFigure');
end
-------------------------------------------------------------------------
function  out = mmcxy(arg)
global MMCXY_OUT
if~ nargin
      Hf = mmgcf;
      if isempty(Hf);error('No Figure Availale.'),end
      Ha = findobj(Hf,'Type','axes');
      if isempty(Ha),error('No Axes in Current Figure.'),end
      Hu = uicontrol(Hf,'Style','text',…
                        'units','pixels',…
                        'Position',[1 1 140 15],…
                        'HorizontalAlignment','left');
      set(Hf,'Pointer','crossh',…
                'WindowButtonMotionFcn','mmcxy("move")',…
                'WindowButtonDownFcn','mmcxy("end")',…
                'Userdata',Hu);
      figure(Hf)    %bring figure forward
      if nargout    %must return x－y data
        key = waitforbuttonpress;    %pause until mouse is pressed
        if dey,
            out = [];                %return empty if aborted
            mmcxy('end');            %clean things up
        else
            out = MMCXY_OUT;%now that move is complete return point
        end
        return
```

```
          end
elseif  strcmp(arg,'move')   %mouse is moving in figure window
        cp = get(gca,'CurrentPoint');   %get current mouse posstion
        MMCXY_OUT = cp(1,1:2);
        xystr = sprintf('[%.3g,%.3g]',MMCXY_OUT);
        Hu = get(gcf,'Userdata');
        set(Hu,'String',xystr);   %put x - ycoordinates in text box
elseif  strcmp(arg,'end')   %mouse click occurred,clean things up
        Hu = get(gcf,'Userdata');
        delete(Hu)
        set(gcf,'Pointer ','arrow',
                    'WindowButtonMotionFcn','',...
                    'WindowButtonDownFcn','',...
                    'Userdata',[]);...
end
```

```
function    xy = mmgctxy(n)
if nargin = = 0,n = 5;end % nobody wants more points!
xy = [];
s = {'1','2','3','4','5','6','7','8','9','10','11','12','13','14','15',''};
axis(axis);
hold on
for i = 1:n
        tmp = mmcxy;
        if isempty(tmp)
                return
        else
                xy = [xy;tmp];
                plot(xy(i,1),xy(i,2),'r* ')
                text(xy(i,1),xy(i,2) + 0.05,s{i})
        end
end
for  j = 1:2
    for  i = 1:2
        waitforbuttonpress;
        dot = get(gca,'CurrenPoint');
        xdata(i) = dot(1,1);
        ydata(i) = dot(1,2);
```

```
        end
        line(xdata,ydata);
    end
    hold off
```

说明三段程序的各自功能,并详细描述 mmgetxy 的运行结果:

2. 面向图形对象的程序设计

(1) 句柄

对象:由一组紧密相关而形成的一个整体数据结构与相关操作函数组成的集合称之为对象.

在 MATLAB 中,图形对象是一幅图中的独特成分,它可通过句柄对其进行单独操作.

一个图形对象包括:坐标轴,线条,曲面,文本及相关操作函数等组成的子对象,而这些对象均按"父对象","子对象"形成层次结构如下图:

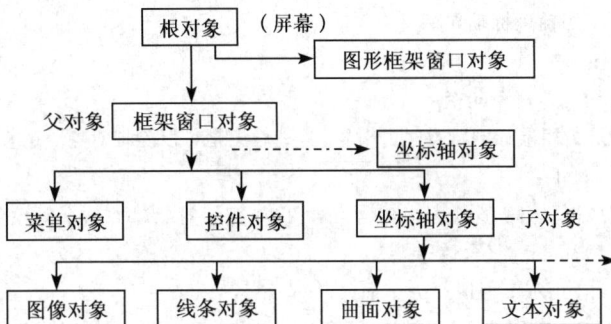

操纵这些对象依赖于一个所谓句柄(指针)概念.句柄:对每一个对象(包括父,子),在 MATLAB 中都对应一个唯一的数值,作为其标识,称这一数值为该对象句柄.约定,根对象句柄值总为 0.

如下指令:

≫ Hf_fig = figure(2)↙

创建一个编号(句柄)为 2 的图形窗口,并将句柄值存放于变量 Hf_fig 中.图形框架对象句柄为整数,通常显示在窗口标题条中.而其子对象如菜单,坐标系等的句柄为一双精度浮点值,通常应以一个变量存放这一句柄.MATLAB 可用句柄值对对象进行各种操作,而相应操作函数为 get 与 set.

(2) get 与 set

所有对象都由属性定义它们的特征,正是通过修改这些属性的属性值并调用相关函数以修正图形的显示方式.

对象属性包括:位置、颜色、线型、父对象、子对象等相关内容,每一个对象都有相关属性列表,get 与 set 是获得并修改属性列表中属性值的函数. 在属性名的书写中,不区分大小写.

例   get(handle,'propertyname')

获得以 handle 为句柄的图形对象的以 propertyname 为名字的属性值.

p = get(Hf_1,'position')↙

则 p = 以 Hf_1 为句柄的图形对象的具体位置,

如 p = [10,10,100,100].

set 使用格式同 get,如:

set(Hl_line,'color','r')↙

则对以 Hl_line 为句柄的线对象设置为红色显示.

(3) 寻找句柄的函数

句柄提供了对图形对象的访问途径,且可用 set 定制图形,但若忘记保存对象句柄或根本不知某些图形句柄,如何使用 get 与 set?

MATLAB 提供了查找对象句柄的工具函数.

① Hf_fig = gcf

gcf 获取当前图形窗口句柄值(当图形窗口对象存在时),若不存在当前对象,gcf 创建一个窗口对象并将句柄值存于 Hf_fig 变量中.

② Ha_ax = gca

gca 返回当前图形下当前坐标轴句柄.

③ Ho_obj = gco

gco 返回当前窗口中当前对象句柄.

注:所谓当前对象是指用鼠标刚刚点过的对象,这一对象是可以除根对象外的任何对象.

④ Hg_bac = gcbf

gcbf 返回一个窗口对象句柄,这个窗口包含一对象(如按钮对象),而这个对象的回调当前正在执行. gcbf 常与函数 findobj 复合使用.

⑤ H = findobj(objecthandle,'property','name1',value1,…)

findobj 获取对象句柄,它用"属性 / 属性值"的方式搜索符合条件的对象句柄. 如

ct = get(findobj(gcbf,'tag','ex_edit'),'string');

这里,ex_edit 是一个文本编辑框对象,在框中输入文字后,需将其存贮,按回车键,执行一个回调函数. 而文本框对象在创建时对其标签属性 tag 赋值为 'ex_edit'. 例句中 gcbf 返回正执行回调函数的窗口句柄,而这一窗口有众多功能子对象. findobj 函数只返回具有标签属性 tag 之值为 'ex_edit' 的对象句柄,而 get 一旦获得这句柄,便将句柄所指对象(编辑窗口)的属性 'string' 的属性值(编辑框内输入的内容)赋值给变量 ct.

⑥ callback 回调属性.

在图形对象属性中,一个重要属性为 'callback',它给出这一对象在某种特定状态下执行的特定任务,其属性值为一"字符串",MATLAB 将"字符串"传给函数 eval,并在命令窗口的工作空间执行. 如

≫ uimenu(…,'callback','grid on')↙

用 uimenu 创建一个菜单,其中一项为 grid on,则当鼠标点击此项时,为其所在窗口加网格线.即调用 grid 函数,其参数为 on.

五、用户界面程序编写

MATLAB 带有界面程序生成系统,键入:

```
≫ guide↙          %graphics user interface development environment
```

显示如下内容:

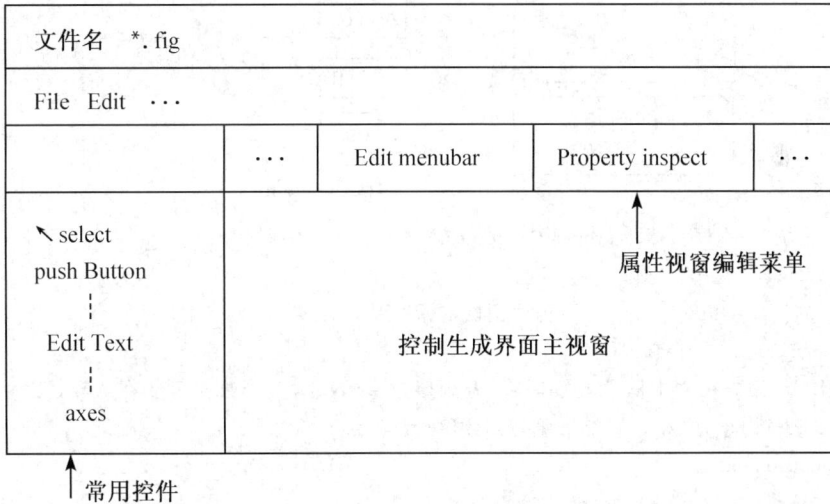

文件名　*.fig				
File　Edit　···				
	···	Edit menubar	Property inspect	···
↖ select push Button ⋮ Edit Text ⋮ axes		属性视窗编辑菜单 控制生成界面主视窗		

↑ 常用控件

如按钮 push Button [close] 用鼠标点击,则关闭窗口,Edit text 生成含有初值的空白方框,用户可在其中填写自己的数据等等.每个控件对象,都有各自属性,可通过 property inspector 查看及修改,公共的最重要属性为"callback",它是连接图形界面与整个程序系统的钮带,该属性值为一可直接求值的字符串,在该对象被选中时或改变时,系统将对字符串求值,一般地,经常调用一个函数,称之为回调函数.

如何使用 findobj 编写回调函数,是应掌握的主要技巧,findobj 用于获取对象句柄,它用"属性／属性值"的方式搜索符合条件的对象.

例:

```
≫ plot(rand(10,1),'Tag','My_line')
≫ He_line = findobj('Tag','My_line');
≫ Set(He_line,'linewidth',4,'color','red')
```

例 编写一个完整的界面应用程序.用鼠标拖动工具栏中所需控件至主视窗中,形成如图界面.过程如下:(在命令窗口键入)

```
≫ figure          % 创建图形窗口,存于 A 盘,名为 ex01.fig.
≫ guide           % 打开界面引导程序,并打开 ex01.fig.
                   % 在控制区内构造下图.
```

下面对各控件和菜单设置新的属性值,以执行特定功能,编辑哪一个对象,用鼠标选定之.

Figure No.1

...		Property inspect

图形显示区 (axes)	1	load	color ▽
	2	Apply	popup menu
	3	grid on	
	4	grid off	
Edit text 输入 数据	5	close	

↑push button

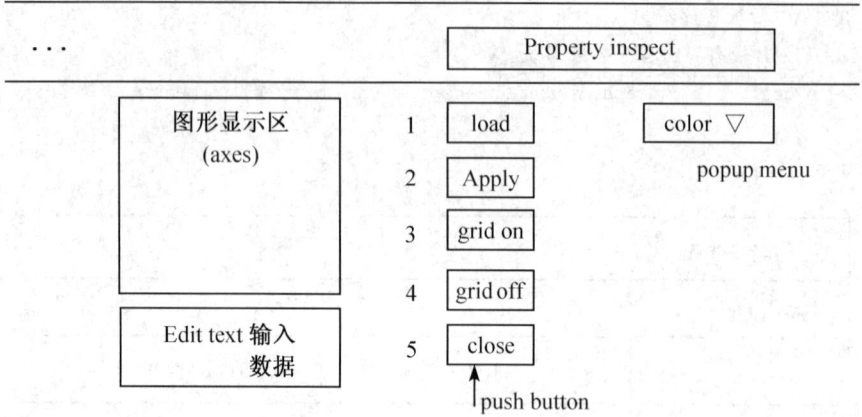

1. 编辑"文本框"(打开 property inspector)

1° string　　[　　]

2° tag　　ex_edit　　　　　　　　％ 为回调设定标签.

3° callback　　ex_edit

说明　　用户在文本框输入数据后,调用函数 ex_edit,其函数代码放在 A 盘,文件名为 ex_edit.m.按回车,输入结束,下面编写函数代码:

```
function ex_deit
    ct = get(findobj(gcbf,'Tag','ex_edit'),…
        'string');
    save mydata ct
```

说明　　上述程序功能为:在文本框中输入字符串,并将其存放在"string"中,回车后调用 callback 中的 ex_edit,将输入字符串存入 mydata.mat 文件中以备后用.

2. Load 按钮(按下此钮,执行回调函数 ex_load.)

1° string　　load

2° tag　　　ex_load

3° callback　ex_load

以 ex_load.m 存盘下面程序,以获取用户的数据.代码如下:

```
function　ex_load
    load mydata
        set(findobj(gcbf,'tag','ex_load'),'userdata',ct);
```

说明　　第一条语句执行后,函数 ex_load 的工作区中存放了变量 ct ="输入的字符串",之后将当前对象(按下的按钮)的属性"userdata"的值设定为用户数据 ct.

3. 编辑 apply 按钮

1° string　　　Apply

2° tag　　　　ex_apply

3° callback　　ex_plot

说明　　apply 按下,回调 ex_plot,ex_plot 存盘下列代码:

```
function ex_plot
        ct = get(findobj(gcbf,'tag','ex_apply'),'userdata');
        eval(ct);      % 计算字符串 ct 的值.
        plot(x,y,'tag','my_line')
```

画曲线 $y = f(x)$,并给曲线加标签 my_line,曲线画在 axes 窗口中,按钮 3、4 略.

4. close 按钮

1° string　　close

2° tag　　　ex_close

3° callback ex_close

ex_close 关闭当前窗口,代码如下:

```
function   ex_close
        close(gcbf)
```

现在文本编辑框中输入:

```
x = 0:pi/50:2 * pi;     y = sin(x).^(3/2);
```

单击"load",再按"Apply",即完成绘图.接下来编辑色图弹出式菜单(popup menu)在属性列表 string 属性下,按按钮,打开一个编辑器,写出所需项目,之后按 OK.

1° string:red

　　　　　green

　　　　　blue

　　　　　yellow

2° tag　ex_color

3° callback　ex_color

以下程序按 ex_color.m 存盘,其作用为所画图形涂以不同颜色.

```
function   ex_color
        popstr = {'red','green','blue','yellow'};
        vpop = get(findobj(gcbf,'tag','ex_color'),'value');
        set(findobj(gcbf,'tag','my_line'),'color',popstr{vpop});
```

说明　　popstr 为一细胞数据结构,存放色图矩阵,第二句获取选项中选中项的值,确定画线颜色,用一个数值表示,为 4 个分量选中量的排序序号,最后一句则设定画线颜色.

练习　　将所给程序组装至 A 盘,完成省略部分并运行之,仔细体会程序的运作机制.

六、熟练与提高

按如下要求编写应用程序,将其存盘,以作业形式同大作业一同上交.

MATLAB 中,给出多项式系数向量,即可面对向量作求根、画图、求导等一系列运算.但最后显示的结果仍为向量,要求编写如下应用程序,对输入的多项式的系数向量,以所熟知的形式显示:如输入 $[3,5,0,4]$,显示形式为 $3x^3 + 5x^2 + 4$,再针对新的形式完成一些功能操作,如求导、积分、求根、画图、因式分解等,期待同学们自行设计出好的作品.